菅野智博

満洲の
農村社会

流動する労働力と
農家経営

慶應義塾大学出版会

満洲の農村社会
流動する労働力と農家経営

目　次

序章　農村から満洲を問う意味　　1

1　満洲農村の軌跡——歴史的背景　　2

2　日本における満洲研究の展開　　4

3　満洲農村をめぐる論点——先行研究の整理と課題　　6

4　研究手法と史料　　14

5　本書の構成　　16

第1章　近代日本の満洲農村調査　　25

はじめに　　26

1　満洲国成立以前の調査　　28

2　産調による農村実態調査　　29

3　農村実態調査の意義と批判　　40

おわりに　　45

第2章　雇農と村落社会　　53

はじめに　　54

1　村落形成と農業形態　　55

2　雇農の労働形態　　59

3　労働条件　　62

4　年工の雇用と社会関係　　67

5　雇用主との関係　　70

おわりに　　73

第3章　雇農の移動からみる社会関係　　81

はじめに　　82

1　雇農農家の移動　　83

2　移動の動機と経路　　87

3　大経営農家と雇農の関係──綏化県蔡家窩堡の事例　91

おわりに　102

第4章　農業労働力の雇用と労働市場　107

はじめに　108

1　南満洲における工夫市の形態分析　110

2　工夫市の利用者と雇用方法　118

3　工夫市と地域社会──盤山県を事例に　125

おわりに　134

第5章　農業外就業と農家経営──南満洲の遼陽県前三塊石屯を事例に　145

はじめに　146

1　農業外就業の展開　147

2　南満洲における農業経営と労働力　150

3　農業外就業と農家経営の多角化　156

おわりに　165

第6章　分家からみる農家経営の変容──北満洲の蒼氏一族を事例に　171

はじめに　172

1　北満洲における農家経営形態　174

2　蒼氏の分家　176

3　分家に伴う農家経営の変容──大経営の拡大と中小経営の零細化　182

おわりに　193

補節　1980年代以降における蒼氏の宗族活動　195

蒼氏一族の分家資料　202

補論　1945年以降の農村社会——土地改革の影響と互助合作の展開　213

はじめに　214

1　土地改革の展開　216

2　土地改革に伴う農業生産の諸問題　220

3　互助合作運動と農業生産　226

おわりに　236

終章　労働力と農家経営からみる満洲農村社会　247

1　本書の内容　248

2　本書の成果と位置づけ　252

主要史料一覧　259

主要参考文献一覧　263

あとがき　277

索引　285

図表目次

序章
扉図版　農村の水辺で豚の放牧（安奉線橋頭附近）　I

第1章
扉図版　燃料となる農作物の根の前にて日本人調査員と思われる人物と現地農民（龍鎮県）　25

表1-1　農村実態調査の関連報告書一覧　36
表1-2　北満農業機構動態調査の実施状況　38

第2章
扉図版　雇農の家族（上図は打頭的、下図は日工）　53
図2-1　工夫帳　63

表2-1　北満洲における年工職務別賃金変動　65
表2-2　北満洲における日工の賃金変動　65
表2-3　1935年における遼中県黄家窩堡の年工の雇用形態　68

第3章
扉図版　南満洲撫順附近にて北へ向かう「植民する苦力群」の家族　81
図3-1　綏化県蔡家窩堡の位置　92

表3-1　南満洲における雇農農家の移動形態　84
表3-2　北満洲における雇農農家の移動形態　86
表3-3　10年以内に来住した北満洲における純雇農農家の移動動機（1934年）　89
表3-4　10年内に来住した北満洲における純雇農農家の移動経路（1934年）　90
表3-5　1934年に綏化県蔡家窩堡に在住する農家略歴および概況　96
表3-6　1938年における綏化県蔡家窩堡の農家概況　97
表3-7　1934-1938年綏化県蔡家窩堡からの転出農家　99
表3-8　1934-1938年綏化県蔡家窩堡に転入した雇農農家　IOI

第4章
扉図版　大連西広場で職を求める労働者　IO7
図4-1　慶城県龍泉寺住持の工夫単　III
図4-2　盤山県における工夫市の開市位置　126
図4-3　河北省保定市近郊の「工夫市」　138

v

図 4-4　雇用主の車に駆け寄る労働者たち　138

表 4-1　1930 年代南満洲における工夫市の概況　114-115
表 4-2　1935 年における盤山県工夫市の概況　131
表 4-3　1930 年代の北満洲における工夫市の概況　136

第 5 章
扉図版　2013 年 5 月、遼陽県前三塊石屯の村の入り口と村碑　145
図 5-1　遼陽県略図　152
図 5-2　太子河周辺における棉花の摘採　154

表 5-1　1935 年遼陽県前三塊石屯における農業外就業者と農家概況　158
表 5-2　1935 年遼陽県前三塊石屯における農家経営状況　161

第 6 章
扉図版　2011 年 7 月、綏化県蔡家窩堡の風景　171
図 6-1　蒼氏家系図　179
図 6-2　『蒼氏家譜』表紙　197
図 6-3　蒼氏一族の祠堂「宝倫書屋」　200
図 6-4　「宝倫書屋」に安置されている蒼氏の位牌　200
図 6-5　蒼家分家以前の家屋配置略図　205

表 6-1　1931 年蒼氏における分家後の家産状況　181
表 6-2　1934 年における蒼氏一族の農家経営概況　183
表 6-3　1934 年における経営概況と農家収支　187
表 6-4　1938 年における蒼氏一族の農家経営概況　189
表 6-5　蒼毓英一家の分家　192
表 6-6　土地改革時における蒼家五世族人の階級区分　198

補論
扉図版　土地改革で分配された馬を連れて帰る農民　213
表補-1　満洲における国共内戦と土地改革の展開　217
表補-2　呼蘭県永貴村における土地改革前後の所有状況　220
表補-3　1950-1956 年主要地方における互助合作の参加率　232

終章
扉図版　農村における冬の備蓄用および都市へ出荷用の白菜の山　247

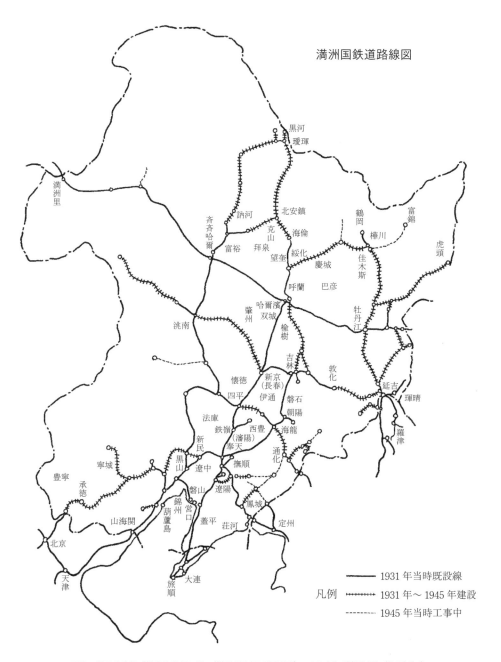

出典：榊谷仙次郎『榊谷仙次郎日記』（榊谷仙次郎日記刊行会、1969年）所掲地図に基づき作成。

凡例

- 本書では、地域を表す概念として「満洲」（マンチュリア）を用いる。「満洲」は地域名ではなく、民族名や国号を指す言葉であることは論を俟たない。地域名として日本に徐々に浸透したのが19世紀前半頃であり、日本がヨーロッパから持たされた地図にある記載を、漢語文献からの知識を活用して「満洲」と訳したのが、地域名として理解されるようになった端緒であるといわれている。それがやがて「満鮮」や「満蒙」などとともに日本独特の地域概念として形成された背景には、近代以降における日本人の対外観の醸成やアジアへの侵出拡大などがあった。そして、これらの地域概念はその時々の政治背景によっても指す範囲が微妙に変化していた。当該地域については清朝・民国期に慣用された「東三省」、「関外」、「関東」という呼称もあるが、歴史的経緯や史料の性質、さらに日本の読者にとっての馴染みなども含めて、史料用語や研究文献の引用以外は統一して「満洲」を地域概念として用い、1945年の日本敗戦以降を表す場合も「満洲」を用いる。「満洲」という用語を使用することで満洲国の存在を肯定・是認するような意図はまったくない。

- 「南満洲」と「北満洲」という表現は、20世紀初頭に日本、ロシアが行った外交交渉の中で利用された曖昧な地域概念である。また、遼河水系と松花江水系で南北を区分することもある。本書は、現在の長春以南を「南満洲」、長春以北を「北満洲」とする。これは政治・外交的な意味を表すものではなく、おおまかな地理的区分を指すものである。また、参照した史料の関係で「南満洲」、「中満洲」、「北満洲」とする場合もあるが、その際には明記する。1945年の日本敗戦以降についても上記の地域概念の点を踏まえて「南満洲」、「北満洲」を使用する。

- 満洲、満洲国、満洲事変については、記述の煩雑さを避けるため、かぎ括弧を付けずに使用する。

- 漢人および満洲人、朝鮮人は、民族名を示す用語として使用する。

- 金銭単位は圓や円という表記が従来用いられてきたが、本書では統一して円を使用し、1945年の日本敗戦以降については元を利用する。

- 労働者の労賃については賃金や賃銀などの語が用いられているが、本書では引用部分以外は統一して賃金という表記を使用する。

- 本書では、表の中で「番号」と記載されているのは、農村調査報告書の中で使用されている農家番号を表し、「記号」は著者が便宜上付けたものである。

- 引用文中の〔　〕は引用者による補足説明である。

- 史料の歴史的仮名遣いを現代仮名遣いに、異体字を常用漢字に直して引用する。

序　章

農村から満洲を問う意味

農村の水辺で豚の放牧（安奉線橋頭附近）
出典：亜東印画協会『亜東印画輯』第 98 回、亜東印画協会、1932 年 9 月。

1 満洲農村の軌跡——歴史的背景

　本書は、満洲の基層部である農村社会およびそこに暮らす現地農民の生活の一端について、労働力と農家経営に着目して明らかにするものである。

　近代以降、満洲は複雑な内外情勢の中で急速に変容した地域である。満洲の本格的な開発は 1860 年代以降、すなわち清朝政府が「封禁政策」を緩和し、山東省や河北省などから大量の漢人が満洲に移住するようになってからである。移住した漢人は農耕に長けていたため、森林や山林、牧草地、荒地を開墾していき、村落が徐々に形成された。このような 19 世紀末から 20 世紀前半にかけての漢人移住については、中国で「闖関東」（山海関の東へ進出する）という言葉で表現されている。

　近代満洲の開発をさらに加速させたのは、列強の進出である。特に 19 世紀末から 20 世紀はじめにかけて、中東鉄道や京奉鉄道が敷設されたことで、満洲の社会経済が大きく変容した[1]。なかでも顕著であったのが大豆栽培を中心とする農業分野である。満洲の農産統計がとられるようになった 1924 年以降、作付面積と収穫高ともにおおむね増加傾向にあった[2]。鉄道敷設は人やモノの移動を促して耕作面積を拡大させるとともに、農産物の大量輸送を可能にした。それによって、満洲では世界市場と中国本土の市場との交流が増え、農業と沿線地域における商業がより活発となり、「大豆モノカルチャー」が成立した。

　満洲でこのような「大豆モノカルチャー」が成立した背景には、華北地方からの移民増加、耕作地の拡大、国内・国外市場の競合などのほかに、統治者や植民地支配者の権力掌握・利益獲得という意図があったことは看過できない。満洲大豆が世界的貿易品として短期間で急速に注目を浴びはじめた 1920 年前後は、張作霖が満洲の支配権を確立させた時期と軌を一にする。張作霖・張学良政権は、まさに大豆と農村日常消費財の流通網を掌握することによって、軍事力を支えるための経済力を得ていたのである[3]。

満洲の農業生産高は、世界恐慌や自然災害、農法の問題などにより 1930 年にピークに達し、その後は下落する傾向にあった。1932 年に傀儡国家である満洲国が成立すると、満洲の農業は新たな段階を迎えた。満洲国建国期の農業政策は大豆を柱とする単一的耕作から、そのほかの普通作物（高粱、粟、トウモロコシ、米）および特有作物（棉花、麻類、甜菜、煙草）にわたる多角的耕作への転換が図られた [4]。満洲は正式に日本帝国の円ブロック内に組み込まれ、食糧・原材料供給基地へと変化していった。特に日中全面戦争期以降、戦時経済の色彩が一層強まり、強力な統制策のもとで対日農産物の供出が行われるようになった。満洲の農業は、満洲国期に衰退や回復を繰り返しながら日本帝国の食糧基地としての役割を担っていた。

　その上、昭和恐慌下における日本農村の更生策および対ソ兵站地形成のために実施された満蒙開拓民送出事業もまた、満洲の農村や農民に大きな影響を及ぼした。満洲国が存続した約 14 年間にわたり、日本から約 900 にのぼる開拓団、約 27 万人の満洲移民が送り出された。周知の通り、満洲移民に配分された農地や家屋のほとんどは現地住民から強制的に安価な値段で買収されたものであったが、農業経営・労働も多くは現地の小作人や労働者に依存していた。日本人は「指導民族」として農村に君臨し、優越感を持って現地住民と接していた [5]。

　このような「指導民族」としての日本人と現地農民との非対称的な関係は、調査のために農村を訪問した調査員の観察記録にもあらわれている。たとえば、農村調査に参加し、後に学生の農村調査を指導した大野保は以下のように述べている [6]。

　　兎に角満洲の農村が極めて貧しいと言うことは一般に分る事ですが、どれ位貧しいかと言うことは中々分り難いと思いますので二、三の例を挙げて御話して見たいと思います。非常に貧乏人が多い、南満地方には非常に貧しい零細農と言うものが極めて多い、北満に行きますと言うと雇農と言いますか全然自分では土地を耕さずに人に雇われて労賃を貰って生活して居ると言うような連中が大部分を占めて居るのであります。

序　章　農村から満洲を問う意味　　　3

従って、1年間の経済と言うものをスムーズに暮して行くと言うことが出来ず、毎年々々破綻をして居る。…〔中略〕…満洲に於ても支那に於ても日本人が指導的な立場に立ってやって行く場合、それを旨く解決するか否かと言うことは実にそう言う本質的なものと取り組んで行く力にある。

　この内容からもわかるように、彼らの目に映る満洲農村は、日本人にとって理解できない風俗や慣行が多くあり、貧しく、また教育水準も低く、生活や技術、社会、文化などのあらゆる側面で「非文明的」で「遅れている」場所であり、まさに日本人が教化すべき対象であった。いうまでもなく、こうした認識は意識的にせよ、無意識的にせよ、日本による満洲統治を正当化する口実となった。

　以上でみてきたように、満洲農村は一般的に「大豆モノカルチャー」、「日本の食糧・原材料供給基地」、「日本人開拓民の移住先」など日本側の視点で認識され、満洲経営の観点から理解されてきた。それに対して本書の目的は、満洲農村を現地農民の視点や行動原理から捉え直し、彼らの生活の営みを分析することを通して、その等身大の姿を浮き彫りにすることである。

2　日本における満洲研究の展開

　本書の各論点を整理する前に、まず日本における満洲研究の展開を概観する。

　戦前日本における満洲研究は日露戦争前後から徐々に始まり、日本の利権拡大や満洲国建国を契機にさらに大きく進展していった[7]。これらの研究は政府や企業の様々な現地調査と同時進行で展開され、満洲理解を深めることを通じて、植民地支配や経済活動に資するという狙いがあり、日本の満洲政策と密接に関連していた。

　戦後日本において満洲を語ることは長らく忌避されていたが、高度経済成

長が本格化する 1960 年代以降になると、かつての「満洲経済建設推進者」すなわち満洲国の国家建設に関わった者たちが定年を迎え、彼らを中心に満洲の歴史編纂が行われ、様々な満洲回想録が刊行された。そこでは、満洲経済の歩みは侵略ではなく、開発であったことが焦点になっている[8]。このような、満洲経営の歴史を美化する動きに対して、1970 年代には日本史の分野を中心にその帝国主義的歴史観を是正しようとする目的で、戦後の満洲研究が本格的に開始された[9]。これ以降、日本植民地研究者を中心に、政策の立案や実行、工業化政策、経営政策など多岐にわたるテーマから日本による満洲支配を検討する個別実証研究が行われ、その侵略性が明らかにされてきた。

　一方、地域史としての「中国東北地方」に光があてられるようになったのは 1980 年代に入ってからのことである。その代表として西村成雄『中国近代東北地域史研究』（法律文化社、1984 年）が挙げられる。西村は、中国近代史全体像の中で東北地域の歴史を捉えた点に大きな意義がある。そして、この時期から中国史研究の方法や枠組みからの研究が徐々にみられるようになった。地域史としての満洲研究が展開していった背景には、日本国内および中国における史料の整理や公開があった。特に 1980 年代後半からは中国に残存している史料の整理や公開が進み、関連史料の復刻が行われた。それによって史料的基盤が形成され、日中双方の史資料を活用した長期的視点からの社会変動についての研究が可能になったのである。そして、1990 年代はじめに日本史、中国史のみならず、モンゴル史や朝鮮史など含めた研究交流・意見交換の恒常的な「場」として中国近現代東北地域史研究会（現在、近現代東北アジア地域史研究会）が発足した。

　2000 年代以降、研究方法や史料の多様化に伴い、様々な視角からの研究があらわれるようになった。その中で、特筆すべき成果として『近代中国東北地域史研究の新視角』（江夏由樹・中見立夫・西村成雄・山本有造編、山川出版社、2005 年）がある。同書は、「戦後の中国東北地域、1945-49 年」という部が設けられている点が注目に値する。従来の満洲研究はその分析対象を日本敗戦までと設定することが多かったのに対し、2000 年代前後から満洲国

崩壊後も射程に入れる研究が活発化した。その代表として、満洲国期の産業がどのように戦後の中国に継承されたのかを扱った松本俊郎の業績[10]や、2006年に結成された戦後「満洲」史研究会の諸成果が挙げられる[11]。

　以上のように、戦後日本における満洲研究は日本植民地研究の文脈から始まり、1980年代以降から徐々に中国史研究の文脈から満洲を捉える研究が行われていった。その後、満洲の歴史を所謂「一国史」の枠組みに閉じ込めず、多様な関係性の総体として歴史実態を明らかにしていくために、ロシア史や朝鮮史、モンゴル史の中で満洲を位置付けようとする動きが顕著になった。そして、時代が進むにつれ、研究者の問題関心も従来の経済史から拡がり、文学や人類学、社会学など多様な方法論を用いた研究があらわれた。また、対象時期も満洲国期から延ばし、清末や中華民国期、国共内戦期、中華人民共和国期など、より長いスパンから満洲を理解しようとする研究がみられるようになった[12]。

3　満洲農村をめぐる論点——先行研究の整理と課題

　ここからは、いくつかのテーマに分けて関連する先行研究の成果を整理した上で、本書が農村社会を検討する際の具体的な視点や課題について述べる。

満洲の地域的特質

　広大な領域を擁する中国は、地域によって歴史的な経緯や自然環境、農業形態などが異なり、必然的にその社会的・経済的構造も多様であった。日本における中国史研究の成果を一つ挙げるとすれば、まさに中国における多様な地域的特性を明らかにしたことであろう。特に1980年代「地域社会論」が登場して以降、地域社会を対象とした精緻な個別実証研究が多くみられるようになった[13]。山本英史が鋭く指摘しているように、「戦前の中国社会の認識の仕方には、一口にいえば中国全体を普遍的に理解しようとする傾向があった」のに対し、この時期から一層明確に「中国を地域から見る」という

研究方向に転換した[14]。

　それでは、満洲の地域的特質については現在までにどのように議論されてきたのだろうか。このテーマについて、まず挙げなければならないのは、石田興平『満洲における植民地経済の史的展開』（ミネルヴァ書房、1964年）である。石田は、投資植民地（日本やロシア）と移住植民地（漢人による移住）という二重構造から満洲の経済を捉え、「上からの帝国主義的な投資植民地化は、下からの民主主義的な中国移住植民地化を促進し、また逆に後者が前者を可能ならしめる」ことを明らかにし、その後の研究に大きな影響を与えた。

　この石田理論が端的にあらわれているのは、鉄道敷設と満洲地域社会との関係である。塚瀬進（『中国近代東北経済史研究──鉄道敷設と中国東北経済の変化』東方書店、1993年）はこの地域固有の要因に着目しながら、19世紀末から1945年までの通商ルート、農業生産、金融状況などの長期にわたる変化について考察を行った。塚瀬によれば、満洲農業の発展は、農産物の輸出量の増加と19世紀末からの大量の移民による急激な開墾とが結びついたことによって生じたもので、両者を結びつけたのは鉄道であったという。

　また、満洲の地域的特徴について、安冨歩らの共同研究は社会生態史的視点から近代満洲の成立過程を明らかにし、近年最も注目を集めた。同書の中で、安冨は石田興平の成果を踏まえ、満洲地域経済構造の特徴を「県城経済」という流通システムから見出した[15]。つまり、満洲においては中国の他地域のような定期市の稠密な分布はみられず、県城の機能が卓越する流通システムであったという。この背景には、モンゴルからの役畜（馬）供給、長白山系からの木材供給、冬季の輸送・貯蔵のコストの低下、大豆を中心とする物資流通の季節性などがあり、これらの諸要素が相互に関わり合いながら県城経済の形成・発展に繋がった。さらに、華北地方との比較を通して満洲の特性をより浮き彫りにした点も従来の満洲研究にない独自の成果であろう。

　以上の代表的な研究成果にみられるように、満洲の地域的特質は近代以降における地域経済の形成過程と関連づけて、鉄道敷設による影響と移民社会

の形成という点から捉えられてきた。すなわち、満洲地域社会の形成や、華北地方からの移民増加、耕地面積の拡大、大豆生産の増大、「大豆モノカルチャー」の確立など多くのものが鉄道と関係しており、その過程において県城経済という特有な流通システムがみられていたのである。

労働力と農家経営

　本書のテーマである農村社会についても、中国の各地域における特殊性や普遍性を理解しようとする目的で、中国史研究を中心に様々な議論が展開されてきた。たとえば、農村における内在的な社会結合原理を明らかにした研究[16]や、市場圏から中国農民の社会範囲を考察した成果[17]、中国農村経済発展の特質を分析した議論[18]、小農経営的な発展過程から中国農村経済のあり方や地域経済構造との関係を解明した研究[19]など、テーマが多岐にわたる。また、研究手法も実に多様である。一村落や一県、あるいは一地域に絞った緻密なものあれば、ほかの地域と比較検討するもの、複数の村落を個別分析した上で類型化するものもある。分析にあたっては、多様な史料に加えて、フィールドワークの成果も積極的に活用されてきた。こうした長年の研究蓄積によって、多様な村落社会像が明らかにされてきたといえる。

　本書はこれらの研究成果を踏まえながら、労働力と農家経営を中心に満洲の農村社会について検討する。農家経営は農民の再生産を直接反映しているものであり、労働力は時代を問わずに経済や社会を構築する要素である。この両者はまさに農民の生活の営みと彼らの行動原理を知る上で重要なものである。以下では、満洲の労働力と農家経営をめぐる研究について整理する。

　満洲農家経営は自然環境や伝統的な在来農法などに規定されながら、大農経営を中心に展開されてきた。たとえば、衣保中は富農、経営地主、大型農場の三つの経営形態から近代以降の満洲農業経営を概括した上で、満洲においては他地域と比して経営規模が大きいこと、農業投資が多いこと、農作物の集中生産という三つの独自性を指摘した[20]。また、角崎信也は、満洲国期と土地改革以降における北満洲の農業形態の比較を通して、大農経営が小農経営に比して著しく合理的かつ有効であった点に北満洲農業経営の特徴を

見出している[21]。

　ところが、このような満洲における大農経営の優位性は、化学肥料や農薬を使用したり、機械化を導入したり、生産効率を重視したりするようないわゆる「近代農業」の上に確立したものではなく、開墾初期の高い土地生産性と労働生産性を犠牲にした結果であるという点も指摘されている[22]。王大任によると、北満洲で行われていた大量の雇農を利用した大規模な農業経営は、単位あたりの収穫量と土壌の保肥力を犠牲にする上で成り立っていた。このような土地生産力の低下をもたらす粗放的・掠奪的農法は、地力では限界に達したため崩壊した。一方、先に開墾された南満洲は、経営方式や労働力使用などの面で北満洲と多くの類似点を有していたが、零細化の進行により雇用労働力への依存度が北満洲ほどではなかったという[23]。

　このように、大経営を中心とする北満洲と、零細化が進行し始めた南満洲との間に差異があったとはいえ、労働力は依然として満洲農業の成否を左右する要素であった。そして、満洲農業労働において中心的な役割を果たしていたのが、雇農と称される賃金農業労働者であった。満洲全域における雇農の割合が高く、中国の他地域と比較してその独自性が際立っていた。本書はこのような雇農に着目して、労働力と農業との関係について分析する[24]。

　また、満洲の労働力は農業外諸産業の発展に伴い、それらの諸産業を支える重要な存在となった[25]。特に1930年代以降における満洲の急速な工業化に伴い、これらの労働力は工業や関連産業の発展を支えた存在として、それまでの華北地方から満洲という地域間の移動に加えて、農業と非農業セクター間の移動もみられ、労働者にとってより多くの就業機会が生まれた。

　この点については、荒武達朗『近代満洲の開発と移民——渤海を渡った人びと』（汲古書院、2008年）が重要な研究成果である。荒武は、移民送出側である山東半島の社会と移民需要側である満洲の社会とに注目し、双方をつなぐ社会的・経済的・文化的連関を視野に入れて分析を行い、満洲における相対的な高賃金の存在、つまり多くの華北地方の人々は有利な就業機会を求めて満洲に渡っていたことを解明した。荒武によれば、清末民初における労働力移動は、南満洲と北満洲という地域間・同業種内での移動であったが、

序　章　農村から満洲を問う意味　　9

1920年代以降工業・鉱業という異業種への移動も加わったため、人々はより良い条件を求めて地域間・業種間を自由に移動するようになったという[26]。同研究は、「受動的」要素のみで捉えられてきた華北地方から満洲への移民の理解に、出稼ぎという「積極的」要素を加えており、さらにそれまでにほとんど議論されてこなかった労働力の地域間や産業間の移動を明らかにすることに成功している[27]。

植民地支配と農村社会

次に、本書と日本植民地研究との関係について触れておきたい。

日本植民地研究は、植民地政策の立案や実行、工業化政策、満洲農業移民の送出や経営状況などをめぐって多くの成果が積み上げられている。特に満洲移民史研究は1970年代以降に本格化し、現在も注目を浴び続けている分野である。その中でもしばしば焦点となるのは、満洲移民の経営状況をめぐる問題である。この点については、浅田喬二をはじめとする一連の研究が明らかにしたように、日本人移民の農業経営が政策意図に反し、雇用労働力の依存経営化や地主化していった[28]。浅田は満洲移民の営農からの離脱傾向を土地所有形態から検討したのに対し、今井良一は商品作物と雇用労働力に着目し、経営と生活という視点からその原因を考察した。すなわち、開拓農家が多量の雇用労働力を導入する背景には、満洲在来農法の影響や家族労働力の脆弱性があったと指摘する。労働力の雇用と賃金の高騰に加えて、生活維持の面でも現金が必要とされていたため、商品作物栽培へ特化せざるをえない状況にあった。こうした経営と生活の不安定さが地主化につながったという[29]。

こうした長年の研究蓄積によって、政策の限界や、土地略奪によって現地住民に与えた被害、日本人移民の現地生活などが明らかにされ、満洲農業移民の植民者としての収奪的・寄生的な側面が相当浮き彫りになったといえる。近年では、研究視角や利用史料が多様化し、加えて引揚史や農業史、社会学などの分野においても実証的な研究が行われるようになってきている。そして、入植地であった中国東北地域の歴史的な文脈の中に満洲移民を位置づけ、

地域変容を視野に入れながら移民政策の展開過程や現地社会に与えた影響についても分析されている[30]。

　また、本書に関連していえば、満洲移民の北海道農法の導入をめぐる議論も大変示唆に富む。玉真之介『総力戦体制下の満洲農業移民』（吉川弘文館、2016年）は、満洲移民を日本の総力戦体制に位置づけ、日本帝国の円ブロック内食糧自給態勢との関わりにおいて考察を行った。その中で、玉は満洲特有な在来農法と日本人農家の営農との関係について述べた上で、満洲移民における北海道農法の導入にも注目し、その可能性に一定の評価を与えた。一方、今井良一と白木沢旭児は北海道農法導入の理念と実態の間には非常に大きな乖離があったことを指摘した上で、その問題点や限界を明らかにした[31]。このような北海道農法をめぐる問題もまた、満洲固有の自然環境や農法と密接に関連しているといえよう。

　そして、日本による植民地支配が現地農民の生活や農家経営に与えた影響に関する議論も重要である。それらの研究では、強力な統制策や満洲移民政策のもとで困窮化する現地農民の姿が描かれてきた[32]。風間秀人は、満洲国の統制経済期における農家経営の変容に着目し、「富農の地主転化、小・零細農の雇農転落という農業経営の縮小・後退現象が普遍的にみられたのであった。しかも、満州農村では農業経営の自給化傾向が進行しており、農村全体が資本主義化とは逆行した動向」にあったと結論づけている[33]。日本の植民地支配による影響から農民層分解を検討した風間の研究は興味深いが、満洲における内的要因や農民層分解後の農家経営に関する分析が欠けているという点も課題である[34]。

本書の課題と意義

　以上のように、満洲の農村社会をめぐっては一定の研究蓄積があるが、いくつかの課題も残されている。以下では、これらの問題点について触れながら、本書の課題および労働力と農家経営を検討する際の具体的な視点を4点述べる。

　第一に、村落レヴェルというミクロな視点から満洲を理解する点である。

序　章　農村から満洲を問う意味　　II

従来の満洲研究はマクロな視点から地域経済のあり方を捉える傾向にあり、中国史研究のような村落レヴェルから視点は必ずしも十分とはいい難い。個別村落という「点」から地域という「面」を捉えるのには一定の限界を有しているとはいえ、このような「点」こそが中国社会の基層部であり、農民の生活空間である。また、「点」と「面」とを掛け合わせてはじめてみえるものや、さらに深められるものもあると考えれば、村落レヴェルからの視点は欠くことができない。そのため本書は、村落固有の自然環境や地理環境、歴史的な経緯などに注目し、それらと結びつく満洲の社会・経済構造の特性について明らかにする。また、村落レヴェルからの分析に加えて、南満洲と北満洲、満洲と中国の他地域などの比較検討も意識する。満洲の地域内でも南満洲と北満洲とでは社会構造が異なっており、さらに満洲と中国の他地域も大きな構造的差異がみられていた。本書はこのような比較を通して、満洲農村の普遍性と特殊性について検討することも課題である。

　第二に、「農村経済」という視点から満洲の農家経営を捉え直すことである。これまでの関連研究は、満洲における大農経営の優位性と農業生産力、大豆三品（大豆・豆粕・豆油）を中心とする産業構造、農産物の買い取りと輸送、粗放的・掠奪的な伝統農法の限界などをめぐる議論に集中されてきた。しかし、これら研究は農業生産・収入のみから農家経営が分析されており、非農業セクターが農家経営に果たした役割や、農村と都市との関係についてはほとんど検討されてこなかったという大きな問題がある[35]。なぜなら、中国の農村を理解するためには、「農業経済」のみでは不十分であり、手工業や商業、運輸業、サービス業、鉱山業などをも含めた「農村経済」という枠組みからの分析が欠かせないからである[36]。本書は、農業経営に加えて、20世紀以降に漸次発展した諸産業が農村社会に与えた影響や、諸産業と農家経営との関係などについても分析を行う。

　第三に、農家や労働力の「能動性」を明らかにする点である。これまでの満洲研究は、農民をめぐる様々な環境が変化する中で、生活を維持させるために「仕方なく」生業を選択してきたというような「受動的」な側面が強調されて描かれてきた[37]。それらに対して、本書は荒武が明らかにした「能

動的」な移民像を踏まえながら、農家における労働力の利用や分配、労働者の職業選択などを考察する。具体的にいえば、農家はどのように農業セクターと非農業セクターを有利に組み合わせながら家計を構築し、社会環境や経営環境が変化する中でいかに農業経営形態を変えたのか、就業選択や雇用形態の多様化に伴い出稼ぎ労働者と村落在住の労働者がどのように就業先や雇用主を選択したのかなどについて解明する[38]。

　第四に、農村社会の根底を支えてきた多様な社会関係についても注目する点である。既に多くの研究が明らかにしたように、中国において家族主義は社会を構成する原理であり、農民の行動原理の根元にあるものである。また、農村社会は血縁的結合や地縁的結合、宗教的結合などによって支えられ、その様相も地域的差異がみられた。しかし、満洲農村の社会関係に関する論考は、一部の歴史人類学や社会学の視点からの分析を除いてほとんどないという課題が挙げられる[39]。本書は、こうした課題を乗り越えるべく、農村社会における社会関係にも留意し、労働力移動や雇用先・就業先選択、農家経営の展開などにおいてそれらがどのような役割を果たしていたのかについて検討する。

　最後に、本書が中国史研究や日本植民地研究に与えうる意義について簡単に述べる。前述したように、中国史研究は長年の研究蓄積によって多様な村落社会像が明らかにされてきた。しかし、このような議論は主に華北地方や江南地方などのいわゆる「中国本土」を対象としており、満洲についてはほとんど分析の俎上に載せられてこなかった。これはおそらく満洲が長い中国史の中で「周縁」として位置づけられることが多く、また近代以降の欧米進出や日本の植民地支配と関わっていたこともあり位置づけし難い地域であるからであろう。一方、中国史研究が満洲を等閑視してきたように、満洲農村をめぐる研究もまた中国の中における満洲の位置づけを明示してこなかった傾向がある。両者は交わることがなく、平行線のまま展開されてきたといっても過言ではない。満洲と「中国本土」の間には、自然環境や歴史的な経緯、構造上の差異がみられ、両者を同一視することは不可能である。本書はこれまで対話することがほとんどなかった両研究を、農村社会を通して取り結ぶ

序　章　農村から満洲を問う意味　　13

ことも目的の一つである。満洲の事例を中国農村の中に位置づけることは、
「中国本土」を中心に展開されてきた農村史研究にも新たな視点をもたらし
うるだろう。

　また、本書は労働力と農家経営に着目して、従来ほとんど注目されなかっ
た現地農民の村落社会を明らかにすることは、日本人満洲移民研究にも示唆
を与えうる。特に日本人満洲移民が現地で直面した農業経営上の問題は、満
洲固有の自然環境や農法、経営方式などに由来するものが多い。両者を比較
対照し、その共通性を明らかにすることは、移民政策や移民の現地生活を検
討する手がかりにもなる。また、日本による統治が満洲村落社会の細部にま
で浸透できなかったという指摘も含めて考えると[40]、本書のように現地農
民の生活を解明することは、農村から日本植民地支配を再考することにも裨
益すると考える。

4　研究手法と史料

　本書の最も中心的な史料は、満洲国期に日本人によって実施された農村調
査の報告書である。満洲国が存続した期間に、満洲国政府の中央機関をはじ
め、南満洲鉄道株式会社や教育機関、各地方政府機関などによって多くの農
村調査が行われた。その中でも最も規模が大きかったのは、1935 年前後に
満洲国国務院実業部臨時産業調査局によって実施された農村実態調査および
その関連調査である。これらの調査では「農村に於ける社会経済諸関係の基
礎的事項を闡明し、以て土地制度・小作関係・農業労働関係に対する諸対策、
農業経営・農村金融・物資配給方法の改善、農民負担の合理化等政策樹立の
資を提供せん」とすることを目的とし、各農家の歴史や農業経営（雇用労
働・小作関係・賃借関係など）、生活状況（農家収支など）などの諸項目につ
いて詳細な聞き取りが実施された[41]。加えて、同一村落の全農家を対象とし
たため、村落全体の状況を把握することができることも、これら調査資料が
有する価値の一つである。また、約 40 の村落に関する報告書がほぼ同じ項

目・形式で構成されており、それらの村落データを比較対照することも可能である。これらの調査報告書はまさに本書の課題である労働力と農家経営を考察する上で好個の史料である。

　他方で、これらの調査報告書は、調査が行われた時代背景やその目的を考えれば、内容に少なからぬ問題点を有していることもまた事実である。日本人による植民地支配を目的とした調査に対して、農民は経営状況や村落社会の内部について事実を語ったのかという疑問が常に提起されてきた[42]。また、調査地が鉄道沿線の治安の良い地域に限定されていたため地域の代表性に欠けている点や、調査者の個性や意図などが反映されており、客観的とはいえない一面も含まれていることなども夙に指摘されている。したがって、使用の際にはこれらの諸要素を慎重に斟酌する必要があることに贅言は要さない。

　本書では史料上の制約を乗り越えるために、量的調査資料と質的調査資料とを相互参照しながら、文献史料とフィールドワークの成果とを組み合わせて調査報告書を利用する。満洲国期の調査報告書は膨大な量的データによって構成されており、農家経営について検討する際の最適の史料である。しかし、量的データのみでは必ずしも論じきれない一面も存在する。たとえば、村落内部の社会関係や人間関係などを考察する際にはこれらのデータのみでは不十分である。したがって、本書では量的調査資料に加えて、日本人調査員によって残された様々な質的調査資料を対照していく。また、従来の日本植民地研究でほとんど利用されなかった中国語の地方文献や著者による現地調査の成果を組み合わせながら利用する。これらの史料を用いることにより、異なる視点から農村調査報告書を解析することになるばかりでなく、農村社会の状況をより多面的に分析することが可能になる。なお、満洲国期における農村調査の実施過程や成果、問題点などについては、第1章でさらに具体的に述べる。

　そして、本書は満洲国期を主軸に据えながら、満洲農村社会が徐々に形成されはじめた 1860 年代以降から、1945 年以降の中国共産党による様々な大衆運動までを分析の射程に入れる。1945 年以降も分析対象に入れるのは、

序　章　農村から満洲を問う意味　　15

土地改革や互助合作運動が農村社会に大きな変容をもたらしたからである。また、1945年以降の変容をみることは、本書の分析対象である近代期を理解する上でも重要だからである。

5　本書の構成

本書は、序章と終章を除き、全6章と補論から構成される。各章の概要は以下の通りである。

第1章では、本書で利用する満洲国期の農村調査、とりわけ満洲国国務院実業部臨時産業調査局による一連の農村実態調査の背景や実施過程、成果を整理した上で、その意義や限界を考察する。

第2章では、近代以降における満洲の開墾・開発に着目し、村落の形成時期や形成過程、農業形態について整理した上で、満洲の農業労働において重要な役割を果たしていた雇農に着目し、その概況について明らかにする。

第3章では、雇農農家の移動からみえる雇用主と雇農との関係、特に血縁や知人などの社会関係がどのような役割を果たし、また移動をどのように規定していたのかについて考察を行う。

第4章では、労働力雇用において重要な役割を果たしていた「工夫市」（労働市場）の実態を、雇用主と労働者との関係、工夫市と地域社会との関係などから検討し、労働市場の形態の違いからみえる南満洲と北満洲の構造的な差異についても論じる。

第5章では、農家経営と農業外就業との関係に注目し、産業化が進展していた地域における農村経済のあり方を検討する。具体的には、農民がどのように様々な生業を組み合わせながら最も有利な農家経営を行っていたのかを明らかにする。

第6章では、ある一宗族の分家に着目し、大農経営の解体過程および解体に伴う農家経営の変容過程を描く。分家の後に、それぞれの農家がどのように経営方式を選択し、その背景には何があったかを分析することを通じて、

16

北満洲における農家経営の特質を指摘する。

　補論では、1945 年 8 月以降における農村社会を理解するために、中国共産党による土地改革や互助合作運動に焦点をあてる。これらの大衆動員がどのような意図で実施され、その実施過程やそこで浮上した問題、対応策からどのような満洲の特徴がみられたのかについて初歩的な分析を行う。

　終章は、本書の内容をまとめながら、労働力と農家経営という二つの視点から本書の成果と位置づけを述べる。

1　鉄道が満洲に与えた影響については、塚瀬進『中国近代東北経済史研究——鉄道敷設と中国東北経済の変化』（東方書店、1993 年）が詳しい。

2　山本有造『「満洲国」経済史研究』名古屋大学出版会、2003 年、89-101 頁。

3　上田貴子「第 6 章 1920 年代東北の経済構造」『奉天の近代——移民社会における商会・企業・善堂』京都大学学術出版会、2018 年。

4　山本前掲『「満洲国」経済史研究』92-93 頁。大豆とほかの作物との関係について、江夏由樹『「満洲国」の農村実態調査』（『年次研究報告書』第 6 号、2006 年）は満洲国期の各種農村調査報告書を活用し、農家の作付や農産物の商品化、自給率を検討した。そこでは、地域の自然環境や農民の移住経緯などが異なるため、満洲全域において大豆が中心的作物であったとは一概にはいえず、地域によって収穫作物が異なっていたことが示されている。加えて、当時の農村社会では、各種の穀物が相当の規模で流通していたことも指摘されている。また、近年の最新研究として、李海訓「中国東北北部における農業と『満洲国』」（『歴史と経済』65 巻 4 号、2023 年）は、農作物と農地利用との関係について分析した。

5　日本人と現地住民の非対称的な関係は、日本人が現地住民の性格を「満人は汚い」、「忍耐力はあるが、ずるい」、「知識が低い」など蔑視を含んだ表現を用いていた点からもみてとれる。この点については、細谷亨『日本帝国の膨張・崩壊と満蒙開拓団』（有志舎、2019 年、193-200 頁）が示唆に富む。細谷は開拓団の史料（団報）を用いて日本人開拓民の現地住民に対する認識を丁寧に分析している。また、細谷は、日本人開拓民は現地住民との接触を通じて新たな認識を獲得し、冷静に現地住民を認識する視座が生み出されたという意識変化についても論じている。

6　これは大野保が 1941 年 9 月に東京で開催された「満洲農業懇話会」の壇上で講演した「満洲農村の現状に就て」から抜粋したものである。東亜経済懇談会『満洲農業懇話会報告書』東亜経済懇談会、1941 年、6-14 頁。

7 戦前の満洲をめぐる研究については、塚瀬進が詳細に整理している。塚瀬進「第2章 マンチュリア史研究の成果と問題点」「Ⅰ マンチュリア史研究の軌跡」『マンチュリア史研究——「満洲」六〇〇年の社会変容』吉川弘文館、2014年。

8 小林英夫『〈満洲〉の歴史』講談社現代新書、2008年、264-266頁。また、当時の編纂された資料からみえる満洲経済建設推進者の歴史認識については、加藤聖文「第6章 引揚体験の記憶化と歴史認識——満洲引揚者の戦後史」(『海外引揚の研究——忘却された「大日本帝国」』岩波書店、2020年)が論じられている。

9 この時期における代表的な研究成果は、浅田喬二や小林英夫らによるものがある。『日本帝国主義下の満州——「満州国」成立前後の経済研究』(満州史研究会編、御茶の水書房、1972年)は、経済統制政策や労働政策などの問題から、日本帝国主義による満洲支配の経済的特質を解明しようとするものである。

10 主要な成果として、松本俊郎『「満洲国」から新中国へ——鞍山製鉄業からみた中国東北の再編過程 1940-1954』(名古屋大学出版会、2000年)や、松本俊郎編『「満洲国」以後——中国工業化の源流を考える』(名古屋大学出版会、2023年)がある。

11 戦後「満洲」史研究会の研究成果として、梅村卓・大野太幹・泉谷陽子編集『満洲の戦後——継承・再生・新生の地域史』(勉誠出版、2018年)がある。同書は、満洲国期から日本敗戦、中華人民共和国を経て1954年の大行政区の廃止までの地域史の連続性に着目し、移行の実態を明らかにしたものである。

12 こうした多様化する満洲研究の一つの到達点として、貴志俊彦・松重充浩・松村史紀編『二〇世紀満洲歴史事典』(吉川弘文館、2012年)が挙げられよう。当該事典には800以上の項目が設けられ、20世紀の満洲をトータルしてその全体像を理解することが目指された。

13 森正夫は、それまでの生産関係に基づく階級構成の分析から中国の各時代を歴史の発展段階に位置づける研究の限界を指摘し、「地域社会」概念の有効性を提唱した。森正夫は地域社会を、「階級的矛盾、差異を孕みながらも、広い意味での再生産のための共通の現実的課題に直面している諸個人が、共通の社会秩序の下におかれ、共通のリーダー(指導者、指導集団)のリーダーシップ(指導)の下に統合されている地域的な場」と規定している。森正夫「中国前近代史研究における地域社会の視点——中国史シンポジウム『地域社会の視点——地域社会とリーダー』基調報告」『名古屋大学文学部研究論集 史学』第28巻、1982年。地域社会論については特に明清史研究を中心に様々な成果が挙げられた。たとえば、浙江省の農村に着目し、砂鉄、磁力、磁場、回路という概念を用いて農村や農民を動態的に把握した上田信「村に作用する磁力について(上)(下)——浙江省勤勇村(鳳渓村)の履歴」(『中国研究月報』第40巻第1号、第2号、1986年)や、四川省の移住民社会について検討した山田賢『移住民の秩序——清代四川地域社会史研究』(名古屋大学出版会、1995年)などがある。山本英史はこれらの研究の特徴として、「彼らはみずからの留学生活を通じて

内山完造のいう『生活文化』を体得するとともに現地での相対的に自由になった研究
環境の下で『族譜』などの私蔵された史料の閲覧やフィールドワークを可能にした世
代である」と位置づけている。山本英史「序章　日本の伝統中国研究と地域像」山本
英史編『伝統中国の地域像』慶應義塾大学出版会、2000年。

14　山本前掲「序章　日本の伝統中国研究と地域像」。

15　安冨歩「第5章　県城経済——1930年前後における満洲農村市場の特徴」、安冨歩
「第12章　スキナー定期市論の再検討」安冨歩・深尾葉子編『「満洲」の成立——森
林の消尽と近代空間の形成』名古屋大学出版会、2009年。

16　この点について最も有名なのは、戦時中に行われた中国農村慣行調査をもとに展開さ
れた共同体論争であろう。共同体論争を整理したものとして、旗田巍『中国村落と共
同体理論』（岩波書店、1973年）や、三品英憲「大塚久雄と近代中国農村研究」（小
野塚知二・沼尻晃伸編『大塚久雄『共同体の基礎理論』を読み直す』日本経済評論社、
2007年）などがある。共同体論争は、戦後日本の中国農村史研究を形作る重要なも
のであったといっても過言ではないだろう。

17　G. W. スキナー著、今井清一ほか訳『中国農村の市場・社会構造』法律文化社、1979
年。

18　Philip C. C. Huang（黄宗智）は近代における華北地方の農業経営の発展過程を「経
営式農場」（雇用労働力による大土地の経営）と「家庭式農場」（零細経営）とに分け
て、土地生産性と労働生産性について考察し、中国経済の特質を「内巻化（involu-
tion）」、すなわち「発展なき増長」であると主張した。Philip C. C. Huang, *The
Peasant Economy and Social Change in North China*, Stanford, California: Stanford
University Press, 1985. また、Huang の代表作として、数世紀にわたる江南農村経済
の変容を議論した Philip C. C. Huang, *The Peasant Family and Rural Development
in the Yangzi Delta, 1350–1988*, Stanford, California: Stanford University Press, 1990.
がある。

19　たとえば、弁納才一『近代中国農村経済史の研究——1930年代における農村経済の
危機的状況と復興への胎動』（金沢大学経済学部、2003年）や、弁納才一『華中農村
経済と近代化——近代中国農村経済史像の再構築への試み』（汲古書院、2004年）、
弁納才一『近代中国の食糧事情——食糧の生産・流通・消費と農村経済』（丸善出版、
2019年）などがある。

20　また、衣はこのような農業経営の発展は満洲における「農業生産の企業化と農業技術
の近代化」を促進させ、「資本主義型農業」の発展にもつながったと述べる。衣保中
「論近代東北地区的『大農』規模経済」『中国農史』2006年第2期。衣の議論を鋭く
批判したのが弁納才一である。「大農経営の発展が東北〔地方〕のみに生じたのか、
また、中国全体の中で東北がいかに位置づけられるのかは明らかにされていない」と
いう弁納の指摘からもわかるように、衣は満洲における大農経営の意義や中国全土の

序　章　農村から満洲を問う意味　　19

中における位置づけは必ずしも明らかにしていない。弁納才一「農村経済史」久保亨編『中国経済史入門』東京大学出版会、2012 年。

21 角崎信也「土地改革と農業生産——土地改革による北満型農業形態の解体とその影響」『国際情勢』第 80 巻、2010 年。

22 塚瀬進の指摘に代表されるように、満洲の農業生産は大豆が世界経済と結びつくことで急速に伸展したが、1930 年にピークに達しており、それ以降は停滞した。そして、停滞する背景には、世界恐慌や自然災害、帝国日本の政策など様々な要素が存在していたが、旧来からの伝統農法が抱えている限界もあって、満洲農業技術の転換を迎えたのは 1960 年代前後からであった。塚瀬前掲『中国近代東北経済史研究』242 頁。満洲農業生産の動向について塚瀬と同じような指摘をしたのは Kungtu C. Sun である。Sun は、1900 年代はじめから 1930 年代までの満洲農業の高い成長率を述べた上で、1930 年代末から 1940 年代初頭にかけて満洲の農業が衰退していったことを指摘した。Kungtu C. Sun, *The Economic Development of Manchuria in the First Half of the Twentieth Century*, Cambridge, Mass.: Harvard University Press, 1969. また、中兼和津次「中国の農業生産構造の変容——東北三省にかんする分析的試論」(『経済研究』第 33 巻第 1 号、1982 年) も塚瀬と同様に、満洲で農業技術改革が行われるようになったのは 1950 年代末以降であると指摘している。

23 王大任「第 4 章 農場経営形式的変動」、「第 5 章 農場耕作技術的整合」『圧力與共生——動変中的生態系統與近代東北農民経済』北京、中国社会科学出版社、2014 年。王の研究は、近代中国農村経済のモデル、特に Philip C. C. Huang の議論を土台にしながら、従来の研究が注目していなかった自然環境や農法、様々な在地社会の内的要素から満洲の事例を検討しており、これまでにない画期的な成果であるといえよう。

24 満洲の雇農に関する専論として、石田精一(南満洲鉄道株式会社調査部編)『北満に於ける雇農の研究』(博文館、1942 年) がまず挙げられる。満洲の中でも特に雇農の割合が高かった北満洲の雇農について注目し、その労働形態や賃金、生活などについて詳細に論じている。この論考には、石田が一員として参加した満洲国期の様々な農村調査や、自らが実施した調査の成果が反映されている。したがって、同研究は先行研究でありながら、雇農を分析する上で重要な史料ともなりうるといえよう。雇農をめぐる中国の研究は概括的なものにとどまっており、日本帝国主義や植民地統治に対する批判に重点を置いている。

25 日本植民研究の分野でも満洲の労働力問題については様々な視点から分析が進められてきた。たとえば、国策会社の南満洲鉄道株式会社や昭和製鋼所などで働く現地労働者の生活を描いた松村高夫・解学詩・江田憲治編著『満鉄労働史の研究』(日本経済評論社、2002 年) や、現地労働者に対する強制労働を分析した王艶紅『「満洲国」労工の史的研究——華北地区からの入満労工』(日本経済評論社、2015 年) などが挙げられる。これらの研究によって労働力に対する搾取性や、現地労働者が受けた被害が

明らかになり、帝国日本の侵略性がより一層浮き彫りになったといえよう。

26　荒武達朗「第4章　1920-1930年代北満洲をめぐる労働力移動の変容」『近代満洲の開発と移民——渤海を渡った人びと』汲古書院、2008年。

27　従来の研究は、華北地方から満洲への移住は戦乱や自然災害、土地の零細化による貧困などが動機であったと強調されてきた。その代表として、池子華『中国流民史・近代巻』（合肥、安徽人民出版社、2001年）や、范立君『近代関内移民與中国東北社会変遷（1860-1931）』（北京、人民出版社、2007年）、馬平安『近代東北移民研究』（済南、齊魯書社、2009年）などがある。内山雅生も従来の研究に疑問を呈した上で、満鉄調査課の栗本豊が1930年に大連と営口で行った調査を活用して、満洲移民に関する新しい論証を提示している。すなわち、山東省から満洲への移民を貧困化の理由としただけではなく、所得格差を前提とした出稼ぎの面を併せて考察する必要があることを指摘した。内山雅生「第5章　伝統社会の構造変動と華北からの東北移民」『日本の中国農村調査と伝統社会』御茶の水書房、2009年。

28　浅田喬二「満州農業移民の富農化・地主化状況」（『駒沢大学経済学論集』第8巻第3号、1976年）や、浅田喬二「満州移民の農業経営状況」（『駒沢大学経済学論集』第9巻第1号、1977年）などがある。

29　今井良一「第2章　試験移民における地主化とその理論——第3次試験移民団瑞穂村を事例として」『満洲農業開拓民——「東亜農業のショウウィンドウ」建設の結末』三人社、2018年。

30　小都晶子『「満洲国」の日本人移民政策』（汲古書院、2019年）は、三つの県を事例に、清末から戦後までの長期的な時間軸の中で、さらに地域変容や農業形態も視野に入れながら検討している。

31　今井良一「第6章　『満洲』における地域資源の収奪と農業技術の導入——北海道農法と『満洲』農業開拓民」野田公夫編『日本帝国圏の農林資源開発——「資源化」と総力戦体制の東アジア』京都大学学術出版会、2013年。白木沢旭児「満洲開拓における北海道農業の役割」寺林伸明・劉含発・白木沢旭児編『日中両国から見た「満洲開拓」——体験・記憶・証言』御茶の水書房、2014年。

32　たとえば、寺林・劉・白木前掲『日中両国から見た「満洲開拓」』や、陳祥「『満洲国』期の農村経済関係と農民生活——吉林省永吉県南荒地村を中心に」（『環日本海研究年報』第17号、2010年）などがある。

33　風間秀人「『満洲国』における農民層分解の動向（I）（II）——統制経済期を中心として」『アジア経済』第30巻第8-9号、1989年。また、満洲国期の農村実態調査を利用して満洲農村の社会経済を分析したRamon H. Myersは、満洲において階級分化がなかったと指摘しているが、精緻な分析には至っていない。Ramon H. Myers, *"Socioeconomic Change in Villages of Manchuria during the Ch'ing and Republican Periods: Some Preliminary Findings"*, Modern Asian Studies, 10(4), 1976.

34 この点については中国農村史研究の議論が示唆に富む。1970 年代以降、農民層分解を理解する枠組みとして「小ブルジョア的発展論」が注目され、多くの議論がなされてきた。詳細は第 6 章を参照。

35 たとえば、満洲の重工業部門の中心であった昭和製鋼所について考察した趙光鋭は、南満洲の農村より雇用されていた労働者の多くが農村・農業から完全に離脱してなく、家庭収入はあくまで農業で出稼ぎ収入は補助的であったと指摘している。趙光鋭「昭和製鋼所」松村・解・江田前掲『満鉄労働史の研究』。また、王大任は、土地の零細化が進展した南満洲では中小経営農家は生活を維持させるために、「仕方なく」副業を農家経営に取り入れたと指摘した。さらに、環境の変化に伴って農家が最大利益の獲得から家計の均衡維持に生計戦略を転換したという。王大任「圧力下的選択——近代東北農村土地関係的衍化與生態変遷」『中国経済史研究』2013 年第 4 期。このような趙と王の議論は、農業収入が農家経営に占める絶対性を前提としたものであろう。

36 弁納前掲『近代中国の食糧事情』。従来の近代中国農業経済史研究は、欧米ないし日本の農業経済史を基準として考えていたために、食糧の需給関係に焦点をあてており、食糧不足が中国農民の貧困や中国農業経済の遅れとして捉えられてきた。それらに対し、弁納は農業・手工業・商業・運輸業・雑業などを含む農村経済という分析枠組みを利用して、食糧農産物の生産だけでなく、その流通と消費もあわせて解明している。

37 この点についても、趙前掲「昭和製鋼所」と王前掲「圧力下的選択」に指摘できる点である。

38 この点については、副業や非農業セクターが農家経営における役割を重視している中国農村史研究の成果が大変示唆に富む。弁納才一と三品英憲は綿業と農家経営の関係に着目して分析を行っている。弁納は、アメリカ棉種栽培と在来綿業との対比を通して農家側がいかに選択していたのかという点を明らかにしている。三品は河北省定県に着目して農家経営の多様性と変容を検討した。三品によれば、当該地域では鉄道敷設に伴って綿業の商品化が進み、土壌や鉄道からの距離などの客観的な条件を満たしている農家は「副業」（綿業）と「主業」（農業）の経営展開の逆転が生まれ、家計の重心が綿業に移行していたという。弁納才一「20 世紀前半中国におけるアメリカ棉種の導入について」『歴史学研究』第 695 号、1997 年。三品英憲「近代における華北農村の変容過程と農家経営の展開——河北省定県の例として」『社会経済史学』第 66巻第 2 号、2000 年。また、手工業や商工業が進展していた江南地方では、非農業セクターが農家経営において果たした役割が一層明確であり、商工業の発展に伴って、農家余剰労働力は主に家庭内副業や非農業セクターに用いられ、その収入が家計の主要な収入源になっていた。曹幸穂『旧中国蘇南農家経済研究』北京、中央編訳出版社、1996 年。

39 社会人類学の視点から満洲の血縁組織と村落社会との関係を分析した聶莉莉『劉堡——中国東北地方の宗族とその変容』（東京大学出版会、1992 年）が大変示唆に富む。

同書は、劉堡という南満洲にある漢民族村落の伝統的な社会組織と価値体系、および
その変容過程について、中国社会の政治的変動と関連させながら、現地調査の成果に
基づいて論じている。ほかに首藤明和『中国の人治社会——もうひとつの文明とし
て』（日本経済評論社、2003年）がある。

40 塚瀬進『満洲国——「民族協和」の実像』吉川弘文館、1998年、184頁。

41 「緒言」国務院実業部臨時産業調査局編『康徳元年度農村実態調査　戸別調査之部』
第1分冊、国務院営繕需品局用度科、1935年。

42 田中義英『農村実態調査の理論と実際』富民社、1957年。

第 1 章

近代日本の満洲農村調査

燃料となる農作物の根の前にて日本人調査員と思われる人物と現地農民（龍鎮県）
出典：実業部臨時産業調査局編『康徳元年度農村実態調査報告書　産調資料（45）ノ（4）販売並に購入事情篇』実業部臨時産業調査局、1937年。

はじめに

　明治時代以降、日本は欧米諸国を対象に、他者理解としての組織的な「フィールド調査」を開始したが、その関心は 19 世紀末から 20 世紀初頭にかけて徐々に「帝国版図」のターゲットになりつつあったアジア地域に移っていった[1]。日本がアジア各地から様々な利権を獲得する中で、いかに現地の状況を把握しその統治に資するか、日本企業や日本人の進出のための土台をどのように構築するかが喫緊の課題であった。そのため、現地の資源、政治、社会、経済、文化などの各方面を理解すべく、軍部や植民地行政機関、大学、研究機関、日本の政府機関などによって様々な調査が実施され、膨大な情報や研究成果が蓄積された。

　戦後、これらの植民地調査の性質やその報告書の史料的価値をめぐり、多くの議論がなされた。そこでは、日本統治下という調査当時の時代背景や調査目的、調査方法などから、「帝国主義的調査」としての限界がしばしば指摘されてきた。一方、内山雅生が「農民のダイナミックな動きを読みとれることが可能な部分がある」と指摘しているように、これらの報告書は現地社会を理解する重要な手がかりをもたらしてくれるものでもある[2]。これらの史料から何を読み取るか、膨大な史料群をどのように活用するかは関連分野の共通課題であろう。

　満洲の調査に関しては、いくつかの先駆的な研究がある。その中でまず挙げなければならないのは、井村哲郎による業績である。井村は長年かけて国内外で関連史料の収集・整理を行うと同時に、関係者を対象とする聞き取り調査を 10 年以上にわたり実施してきた[3]。特にこの関係者に対する聞き取り調査のデータは、調査の背景や過程などを知る上で貴重なものとなっている。これらの成果は、まさに当該分野に関する研究の土台を築いたものであるといえよう。

　また、塚瀬進は戦前から戦後にかけての「マンチュリア」史研究の動向を

検討する中で、日露戦争以前から満洲国崩壊までの調査を整理した上で、「満洲国期にマンチュリアに対する認識が拡大、深化したことは疑いない事実である。今後は満洲国期に調査された史料をどのように利用するかが問われている」と問題提起をしている[4]。

　井村と塚瀬は満洲における調査の全体的な状況を概観しているのに対し、中兼和津次は農村調査に焦点をあてている[5]。中兼は満洲における各種農村調査を系統的に整理することで、調査の推移のみならず、調査報告書の性格や限界も明らかにした。興味深いことに、同書には調査地をもとに作成した「主たる農村・農業実態調査地点一覧」が掲載されており、各県・各村落で実施された調査の索引としても利用できる。

　以上のように、満洲の調査についてはこれまでの様々な史料・研究史整理によって、その全体像が明らかにされてきた。本章では、膨大な農村調査の中で主に個別農家レヴェルで行われたものを中心に整理する。その中でも、とりわけ満洲国国務院実業部臨時産業調査局（以下、産調）が実施した農村実態調査に焦点をあてる。その理由は、産調による当該調査は満洲農村調査事業の中心であり、最も大規模かつ詳細な調査であったからである。

　産調の満洲農村実態調査に関しては長岡新吉の論考がある[6]。長岡は、調査の立案・策定・実施から打ち切りに至るまでの経緯、とりわけ関東軍との関わりや、「満洲産業開発永年計画案」および「満洲産業開発五カ年計画」との関係などを仔細に検討することで、日本支配下という調査の性格と意義を明らかにした。

　本章は、長岡の成果を踏まえ、農村実態調査の調査過程や成果を中心に整理しながら、満洲国期の農村調査の意義と問題点を明らかにする、いわば第2章から第6章までのための史料論である。以下、第1節では満洲国成立以前の調査を概観する。第2節と第3節では、産調による一連の調査を中心に満洲国期の農村調査を整理し、その調査の背景や実施過程、成果などを明らかにした上で、これらの調査の意義や限界を述べる。

1 満洲国成立以前の調査

　満洲における植民地調査は、日露戦争以降から満洲への関心が高まるにつれて実施されるようになった。調査主体には、陸軍、関東都督府、農商務省、外務省、南満洲鉄道株式会社（以下、満鉄）などがあり、主な目的は資源開発や貿易振興などのための情報収集であった。たとえば、農商務省による調査には『清国奉天府鳳凰庁及興京庁管内金鉱調査報告』（農商務省鉱山局、1905年）や『清国遼東半島金鉱調査報告』（農商務省鉱山局、1905年）、『満洲森林調査書』（農商務省山林局、1906年）、『東部内蒙古産業調査』（農商務省、1916年）などがあり、外務省による調査には『南満洲ニ於ケル商業』（外務省、1907年）や『吉林経済事情』（外務省通商局、1908年）などがある。塚瀬進が指摘するように、この時期の調査は日本人の商業的な関心から、調査対象が鉱山、森林、農産物などに集中しており、満洲を市場として調査する傾向が強かった[7]。

　そして、この時期における特筆すべき調査として「満洲旧慣調査」が挙げられる。これは「台湾旧慣調査」に続くものであり、満鉄調査部部長の岡松参太郎を中心に、宮内季子、天海謙三郎、亀淵龍長、花岡伊之助、野村潔己、原邦造などによって遂行されたものである。調査の成果は『満洲旧慣調査報告書』（1913-1915、全9巻）として刊行された[8]。当該報告書は当時の満洲における複雑な土地状況を理解する上で一定の有用性がある[9]。

　満洲国成立以前、個々の村落や農家に言及した調査はほとんど行われていないが、サンプル調査がいくつかみられた。たとえば、『南満洲農村土地及農家経済ノ研究』（南満洲鉄道地方部地方課、1916年）が挙げられる。同調査は、1915年5月から7月にかけて、満鉄本社調査課員亀淵龍長、川村宗嗣、松村菊蔵および地方課員播待初郎、駒井徳三、石津半治らによって、満鉄沿線13県の農村土地および農家経済状況を対象に実施したものである[10]。同報告書は「農村土地経済状況」、「農家経済状態」、「農家年中行事」の三編か

28

ら構成されており、それぞれ「北部」、「中部」、「南部」からいくつかの村落やその中の農家をサンプルとして選びながら述べられている。

そして、より詳細な調査としては、『満洲農家の生産と消費』がある[11]。同調査は 1921 年 9 月から翌年 3 月までの間、約 70 日にわたって、奉天省 17 戸、吉林省 8 戸、黒龍江省 1 戸、関東州 4 戸の農家を対象に、「満洲経済界の重心たる農民の生産並に消費の状態を明にし、彼等か其の営む所の生業により幾何の利得を得つつありや其購買力の程度如何に攻究」する目的で実施された[12]。報告書は、大きく「生産経済」と「消費経済」の二部分に分けられ、農家収支などを中心に記述されている。

以上のように、日露戦争前後から満洲を対象とする調査が徐々に展開されるようになったが、初期の調査は試行錯誤しており、調査方法が未熟であった点は否めない。また、農村調査についていえば、一部の農家に限定したサンプル調査にとどまっていたため、農村社会の全体像を把握するには限界がある。

2　産調による農村実態調査

満洲国成立後、日本は統治の安定性を図り、的確な統治計画と開発計画を策定するため、まず全人口の 8 割以上が生活する農村の実情を知る必要性に迫られた。そのため、様々な農村調査が次々と実施されるに至った。そして、満洲国が存続した約 14 年の間に満洲国政府中央機関をはじめ、満鉄、官僚養成機関である満洲帝国大同学院（以下、大同学院）、地方政府機関などによって多くの農村調査が行われた。本節では、産調によって実施された農村実態調査に注目し、その立案や、実施過程、調査成果を中心に満洲国期の農村調査を整理する。

立案と予備調査

農村実態調査の実施主体である産調は、1934 年に満洲国政府実業部の外

局として設置された政府の調査立案機関である[13]。「康徳元年度産業調査之実施計画概要」には産調発足時点の業務として、土性調査や漁業調査、森林資源調査、発電水力資源調査、全国工場調査などの計 21 項目が記載されている[14]。その最初の項目が「農村実態調査」であり、産調にとっての最重要な任務であったといえる。

　野間清[15]の回想によれば、農村実態調査の企画は塩見友之助[16]に由来するが、具体的な立案者は鈴木辰雄[17]であった[18]。鈴木は、天野元之助の勧めで吉林省懐徳県大泉眼部落の調査に参加した。この調査は満鉄公主嶺農事試験場のメンバーを中心に臨時に構成した公主嶺経済調査会によって行われ、メンバーには農事試験場の場員 5 人以外に、公主嶺農業実習所の水野薫と、満鉄経済調査会の天野元之助や鈴木辰雄、水谷国一も参加していた[19]。それまでのサンプル調査とは異なり、村落内全農家を対象としたという点に特徴がある。調査は 1933 年 3 月 4 日から 5 日間という極めて短期間で行われており、報告書の「凡例」には「将来の本調査へ備える予備調査たるに過ぎない」と記されている[20]。とはいえ、同調査は村落の雇用、耕作、小作、賃借、社会生活などの各方面を対象とした体系的なものであり、後の農村実態調査の「予備調査」として位置づけられている。

　大泉眼部落調査に参加した鈴木は、翌年に満鉄経済調査会が行った吉林省永吉県南荒地における調査の企画および調査表の作成を担当し、その経験が後の農村実態調査にもつながった[21]。1934 年には日本農林省から満洲国実業部に出向した塩見友之助が鈴木に農村実態調査を提案し、鈴木も塩見の提案に賛同を示した上で満鉄経済調査会から臨時産業調査局に異動した。また、調査の準備段階から満鉄経済調査会の大上末広の意見が多分に反映されていた。これらの点を踏まえて考えれば、農村実態調査は産調を主体とする満洲国政府による調査ではあったが、調査表の作成や調査そのものは満鉄経済調査会のメンバーが関わり、満鉄と不可分な関係にあったといえる。

農村実態調査の実施過程

　産調による農村実態調査は、1935 年と 1936 年の 2 回実施されている。第

1回は、1935年2月26日から、北満洲穀倉地帯を中心に濱江省から10県、龍江省から6県の計16県17村落を対象に行われた。第2回は、1936年2月下旬より約75日間にわたって、黒河省から1県、龍江省から1県、三江省から2県、吉林省から3県、間島省から1県、奉天省から9県、熱河省から2県、安東省から2県の合計21県22村落で実施された。第2回の方は南満洲を中心としつつも、満洲全域にわたっている点に特徴がある。

ここからは、2回の農村実態調査はどのような準備を経て、どのようにして調査県や調査村落を選定したのか、調査がどのように行われたのかなどについて、調査員の回想をもとに概観していく[22]。

①調査地の選定

まず調査地の選定についてである。調査員は満鉄の『農産物収穫高豫想』[23]を参考に各地方の作物収穫量を把握し、人口や作物が標準的で、かつ満洲国治安部が抗日遊撃隊の根拠地として認定されていない県を調査地として選定した[24]。その上、県公署の日本人参事官と相談して調査村落を決めていた。

そして、調査村落を選定するにあたって、最も重視されたのが治安状況であった。すなわち、「匪賊」の襲撃を受けない安全な村落が優先して選定されていた。安全問題は村落での調査期間中のみならず、県城と村落を往復する道中も配慮され、県城からの行程がおよそ半日の村落が選択されていた。

治安問題に加えて、調査者の人数と調査日数も村落選定を左右する重要な要素であった。調査員は全部で8班に分けられ、各班に6人から10人が配属されていた。各班は調査期間中に二つの村落を担当しなければならなかったため、一つの村落に10日間から2週間前後しか日数を費やせなかった。また、限られた調査期間の中で、1人の調査員が5、6戸以上の農家を担当することは困難なため、規模が大きい村落は調査対象から外されていた。以上のような制約を受けながら、経済的・社会的な条件において、県を代表できる村落が選定されていたという。

このような調査地の選定過程や治安との関係について、調査員の工藤魁（元産調、牡丹江省開拓省）は以下のように振り返っている[25]。

各調査班はハルピンをベースキャンプのようにして、入県に先立って県の概況や治安状況、交通事情等について省公署や各関係方面と調査打合わせをし、また農村滞在期間中の生活物資の調達も班員の分担に応じて行われた。なんと言っても当時は治安が最大問題で、阿城県は治安が悪くまず肇州県から調査することになった。肇州県には浜州線満溝駅からトラック二台で保安隊もつけてもらい北満の大平原を西に向け約6時間突走り肇州県城には小林参事官藤尾副参事官警務指導官や県の高官に迎えられて入った。この県城は鉄道沿線から遠く離れているので、軍隊以外に日本人が多数できたのは初めてとのことであった。

　県城では調査屯の選定や、約3週間にわたる滞在中の警備連絡等について参事官を中心に打合わせるとともに、入屯前の準備調査として県公署や商務会、農務会等にいて開拓の歴史、土地制度、物資の生産流通事情の調査も行ない、その4-5日後に大車に分乗し保安隊をつれ入屯した。

　屯ではまず屯長等の有力者と協議し宿舎を定め部落内農家の概略をきき、全農家の戸別調査計画を決めた。そして翌日から各自はそれぞれの分担に従い通訳をつれ調査に入った。戸別調査の終り頃には同時にその部落の自然的条件や開拓の歴史、土地制度を始め社会経済的慣行、交易事情、耕種技術の概要などについても分担に応じ調査が進められた。…〔中略〕…

　ハルピンに帰って次の調査県の打合わせをする一方今までの調査の総合整理を行ない、また調査中に生じた問題点について関係諸官庁に行き補充調査もした。そのようにして約1週間後に次の安達県の調査に向った。前述したように阿城県は治安上から変更になったわけである。

　興味深いことに、工藤は治安の関係で調査地を臨時に変更せざるをえなかったことについて記している。また、事前準備のほかに、調査後の補充調査についても回想からうかがえる。

②調査中の生活

　調査期間中は現地で農家1軒、あるいは2間ぐらいの部屋を借りて滞在し、

食事は現地の人を雇って料理をしてもらい、肉類や野菜の一部の食材以外は現地に持ち込んでいた。また、現地農民と関係を構築するために、調査員は子どもたちや年配の婦女たちへの贈り物を用意し、調査中に村民たちとの交流会も開催されていたようである。

　交流会の重要性については、満鉄調査会から派遣された新居芳郎（元満鉄調査部、産調）の回想からも看取できる[26]。新居によると、調査の前半は農民の警戒心を解きほぐすことに時間をかけ、「蓄音機を備えて宣伝用の歌曲の合奏や新満州国々歌の伴奏をやったり、子供達には小旗やキャラメル等を与えて賑やかに唄ったり、一方では仁丹、老篤目薬、歯磨粉等々の宣撫品を与えて病人には他方で施療を始めたり、手土産として最も彼等の欲しがっている綿糸綿布類を贈ったりして」宣伝工作に重点を置いていたという。

　また、上で引用した工藤魁の回想の中にも、調査中の生活に関する言及がある。調査中は「入浴はもちろん、厳冬であるため水浴もできず用意して持って行った読物も見終り四斗樽一本の日本酒もそう長くもたなかった。そのような娯楽的なことよりも毎日夕方戸別調査から帰ってはその日の調査を通じてのいろいろの問題、とくに調査農家間の土地、金銭物資等の取引上の横の関係の突合わせ整理や討論が唯一の慰安でもあった」という[27]。こうした回想からもわかるように、調査中は農村漬けの日々であった。

第1回調査の成果

　第1回調査の主要な成果として、『康徳元年度農村実態調査　戸別調査之部』[28]が刊行されている。農村実態調査は、村落内全農家の農家経済の態様を聞き取る「戸別調査」、一定条件で選出した農家の経済内容を詳細に調査する「選択調査」、全村落および当該地方の自然的・社会的・歴史的条件と各農家の相互関係を調査する「一般調査」、近隣部落に関する「概況調査」の四部分から構成され、そのうち最も重点が置かれていたのは「戸別調査」であった。このことは報告書の詳細さからも読み取れる。村落ごとに整理された戸別報告書は、調査地の概況説明から始まり、続いて「農家概況表」、「農家略歴表」、「農家人員表」、「被傭労働表」、「雇傭労働表」、「土地関係表」、

「建物・大農具表」、「飼養家畜表」、「雇傭関係表」、「小作関係表」、「公租公課表」、「作物別播種面積並びに収量表」、「主要農産物収入処分表」、「農産物売却表」、「生活費現銀支出表」、「賃借関係表」など計 16 の調査集計表に全農家の情報が収録されている。

第 2 回調査の成果

第 2 回調査も「戸別調査」が中心であり、『康徳 3 年度農村実態調査 戸別調査之部』[29] がその成果である。第 1 回調査と同様に各村落に関する計 16 の調査集計表のほか、「附表」として「四隣屯其の他概況調査表」が収録されている。そうした内容が加わったことで、対象村落を含む地域一帯の状況がより明らかになっている。

同一調査機関によって、同様の手法で実施された継続調査ではあるものの、第 2 回調査の方がより広い範囲で実施され、さらに様々な関連報告書が刊行されている。たとえば、『一般調査報告書』[30] や『康徳 3 年度農家経営経済調査』[31]、『農村実態調査（綜合・戸別）調査項目』[32]、『康徳 3 年度農村実態調査報告書（戸別調査之部）正誤表』[33] などがある。『一般調査報告書』は、大きく「県の一般事情」と「調査屯事情」から構成され、記述資料が中心となっている。『戸別調査之部』は村落概況を除き、ほとんど集計表で構成されている。これらの集計表は農家経営を知る上で好個な量的データであるが、数字の裏に隠されている村落の政治状況や社会関係、文化、慣行などを読み取るのには限界がある。『一般調査報告書』という質的データと組み合わせることで、はじめて『戸別調査之部』にある数字の持つ意味が明らかになることも少なくない[34]。『農村実態調査（綜合・戸別）調査項目』は調査で用いられた調査表とともに、各調査項目に関する質問事項や注意点、農民への質問の仕方、調査表記入要旨、単位換算表、季節行事用語などが記載されており、いわゆる手引きのようなものである。これもまた調査方法を把握し、さらに『戸別調査之部』や『一般調査報告書』などの報告書を利用する上で欠かせない参考資料である。

農村実態調査の関連報告書

　村落ごとにまとめられた『戸別調査之部』と『一般調査報告書』のほかに、一部の調査者が中心となって、これらの報告書を若干加工・再集計し、また採録されなかった内容を活用して編集された資料も残されている。そのほとんどは、第1回調査がもとになっているが、第2回調査や後述する県技士見習生による調査の成果も一部反映されている。

　資料名や執筆者、対象調査、対象地域については、表1-1にまとめた通りである。資料名からもわかるように、その内容は農家概況、小作関係、農業経営、農村社会生活、土地関係、販売事情など多岐にわたっていた。また執筆者をみると、大野保が7篇、桑田敏郎が5篇、愛甲勝矢が4篇、山縣千樹が3篇を、それぞれ担当していた。このうち、大野保、桑田敏郎、愛甲勝矢の3人はかつて「産調三羽烏」と称され、農村実態調査の中心人物であった[35]。これらの資料は、『戸別調査之部』や『一般調査報告書』とは異なり、むしろこれらの調査成果を利用した満洲農村に関する研究成果ともいえる。それらには多様なテーマが含まれているため、満洲農村を理解する上で有益であるが、同時に注意しなければならないのは、その内容や記述が執筆担当者の個性に相当左右されているという点である。

県技士見習生による調査

　農村実態調査と同一系統のものとして、産調調査員による指導のもとで行われた実業部農村技術員養成所県技士見習生の調査が挙げられる。たとえば、康徳3年度県技士見習生農村実態調査は、1936年11月より約1ヶ月かけて、徳恵県、伊通県、鉄嶺県、法庫県など四つの県から選定した村落で実施されたものである。調査は農村実態調査に倣い、「一般調査」、「戸別調査」、「選択調査」、「概況調査」から構成され、報告書も刊行されている[36]。

　翌年も関連する後続調査が実施された。1937年10月から約1ヶ月かけて、懐徳県、九台県、朝陽県、綏中県、通化県の各県で行われた調査は、上述の1936年のものとは異なり、1937年の満洲国政府機構の改編により、臨時産業調査局の代わりとなった産業部農務司の指導員のもとで行われたものであ

表 1 - 1　農村実態調査の関連報告書一覧

資料名	執筆者	対象調査	対象地域	備考
『45-1 農家概況篇』	大野保、桑田敏郎	第1回	北満洲	
『45-2 小作関係並に慣行篇』	愛甲勝矢	第1回	北満洲	
『45-3 農業経営篇』	桑田敏郎	第1回	北満洲	
『45-4 販売並に購入事情篇』	大野保、桑田敏郎	第1回	北満洲	
『45-5 雇傭関係並に慣行篇』	愛甲勝矢	第1回	北満洲	
『45-6 農家の負債並に賃借関係篇』	大野保、桑田敏郎	第1回	北満洲	
『45-7 農業経営続篇』	桑田敏郎	第1回	北満洲	45-3 の続篇ではあるが、北満県技士の村落概況調査を集約
『45-8 土地関係並に慣行篇』	大野保	第1回	北満洲	
『45-9 農村社会生活篇』	愛甲勝矢	第1回	北満洲	
『45-10 農産物販売事情篇』	山縣千樹	第2回、県技士	南満洲	
『45-11 農家経済収支篇』		第1回	北満洲	45-1 に附属するもの
『45-12 主要農産物之生産篇』	氏家時忠、ほか5名	第2回	全満洲	
『45-13 土地関係並に慣行篇（補遺）』	大野保	第1回	北満洲	
『45-14 租税公課篇』	山縣千樹、大野保	第1回、第2回、県技士	全満洲	
『45-15 農家の負債並に賃借関係篇（南満の部）』	村岡重夫	第2回、県技士	南満洲	
『45-16 耕種概要篇（北満農具之部）』	藤岡恒一	第1回	北満洲	
『40-1 満洲における小作関係──康徳元・二・三年度農村実態調査報告書』	愛甲勝矢	第1回、第2回、県技士	全満洲	45-2 の後続篇としての性質
『40-2 土地関係並に慣行篇（南満・中満の部）──農村実態調査報告書康徳二年度』	大野保	第2回、県技士	中満洲、南満洲	45-8 の後続篇としての性質
『40-3 農民の衣食住──農村実態調査報告書』	山縣千樹	第1回、第2回、県技士	全満洲	

る[37]。

　これらの県技士見習生による調査は、産調調査からの継続性という点を考えれば重要な成果であろう。しかし、「実習」としての性質が強く、さらに報告書の「緒言」で「調査員たる県技士見習生は12月末より県技士として赴任することとなり、其間約1ヶ月の報告取纏め期間あるに過ぎず且調査技術上の理由に因り本局にて従前施行し来りたる農村実態調査と多少異る所あり…〔中略〕…又調査結果取纏めの期間充分ならざる為、戸別調査結果の集計を現地に於て実施することとせり」と述べられているように、報告書としての質や精度が2回の農村実態調査に劣る側面もある[38]。

産調以外の調査——満鉄

　一連の農村実態調査は、当初「継続5年事業」で始動したが、1937年7月から始まった「満洲産業開発五カ年計画」で転機を迎えた。実業部が産業部に改組され、それに伴って産調も解散することとなった。そして、そのことはまた農村実態調査の中止を意味していた[39]。以降、農村調査はほかの形式で継続され、満鉄や、大同学院、農事試験場、満洲国立開拓研究所、各県公署などがその担い手となった。

　満鉄による調査は相当数にのぼる。特に産調解散後、農村調査は満鉄によって牽引されていたといっても過言ではない。満鉄による調査の成果は報告書として刊行されたもののほかに、『満鉄調査月報』にも多く掲載されている[40]。

　満鉄の調査成果を網羅的に述べることはできないが、ここでは農村実態調査との連続性という観点から、北満経済調査所によって実施された調査を紹介する。北満経済調査所は、第1回農村実態調査の対象村落がその後どのように変化したのかを明らかにするために、1939年にその一部の村落で再調査を実施した。それまでの「多くの調査は一定時に於ける静態的調査に止まり、農村の発展状態に関する調査は殆どを見ない」という問題点に対し、「農村、農家に於ける変化、発展の状況を簡明ならしめん」とするために実施されたのである[41]。同調査は、1939年に北満洲の呼蘭、綏化、安達、青

第1章　近代日本の満洲農村調査　　　37

表 1 - 2　北満農業機構動態調査の実施状況

調査県	調査時期	調査期間	調査者（掲載順）	報告書	執筆担当者
呼蘭県	1939 年 7 月 1 日	14 日間	石田精一、八坂友次郎、呉振輝、岩佐捨一、金仁基	有	石田精一
綏化県	1939 年 9 月 1 日	16 日間	石田精一、平野蓄、佐藤武夫、呉振輝、岩佐捨一、海野磯雄、金仁基	有	不明
拜泉県、富裕県	1939 年 9-10 月	34 日間	石田精一、平野蓄、佐藤武夫、呉振輝、岩佐捨一、海野磯雄、金仁基、矢袋繁雄、李桂松、劉啓漢	不明	不明
青岡県、安達県	1939 年 11-12 月	26 日間	梶原子治、佐藤武夫、呉振輝、岩佐捨一、福岡勝、金仁基、張有銘	不明	不明

出典：「凡例」南満洲鉄道株式会社調査部『北満農業機構動態調査報告——第 1 編濱江省呼蘭県孟家村孟家区』博文館、1942 年。

岡、拜泉、富裕の各県、1940 年に南満洲の西豊、遼陽の両県で実施する予定であったが、南満洲での調査が実現したかは定かではない。

　このうち、確認できる北満洲での再調査の実施時期や期間、調査者については、表 1 - 2 の通りである。調査者一覧をみると、岩佐捨一、金仁基、呉振輝はすべての調査、石田精一と佐藤武夫は三つの調査に参加していた。興味深いことに、農村実態調査は冬季の農閑期を利用していたのに対し、この再調査は 7 月から 12 月にかけて実施されていた。また、理由は不明だが、管見の限りにおいて、呼蘭県と綏化県以外の調査成果は報告書という形で出版されていない[42]。刊行された呼蘭県と綏化県の報告書をみると、両者はほぼ同じ構成からなっており、「調査屯の概況」、「農家の移動」、「土地関係」、「小作関係」、「労力関係」、「家畜及び農具」、「土地利用状況」などの項目が含まれている[43]。各項目に関しては、農家戸別の量的データに加えて、文章からなる質的データもあり、5 年間にわたる村落の変容を意識しながら記述されている点が特徴である。

産調以外の調査——大同学院や農事試験場など

　満洲国の中堅官吏養成機関である大同学院は、教育課程の一環として、農村調査を実施していた。この「見学旅行」と題した調査は長年継続され、その範囲が満洲各地にわたり、様々な関連報告書が刊行されていた[44]。また、大同学院による調査は満洲国の地方行政と密接に関わっていたという点にも意義を見出せる[45]。同校卒業生の多くは参事官として満洲各地に赴任したため、この農村調査は実習という意味合いも兼ねていた。要するに、調査は彼らが満洲の基層社会を知る貴重な機会であり、将来地方行政に着手するための感覚や経験を養う機会でもあった。また、準備から報告書作成までの一連の調査活動は、後に彼らが様々な県政に関わる調査資料を作成する際に重要なスキルとして役立っていたと考えられる。

　このうち、第4期生によって行われた調査は産調の農村実態調査と同様の方式がとられていた。それは、彼らを引率していた大同学院教授の大野保[46]は、第1回農村実態調査の中核的存在であったため、その調査経験が活かされたからではないかと推測できる。ここにおいても、産調による農村実態調査の影響力が看取できる。一方、大同学院の調査はほかの調査と比較して研修旅行としての性質が濃厚のため、その調査報告書に一定の限界があることは否めない。

　大同学院以外に、農事試験場による調査も注目に値する。農事試験場の調査は、特定の農作物や家畜に着目したり、農法や農具、土壌との関係、気象から考察したり、いわゆる農学的視点が多く含まれている[47]。その調査成果は、報告書として刊行されたものもあれば、研究論文として『農事試験場研究時報』で発表されたものもある[48]。

　そして、地方政府・機関もまた自らが、あるいは外部に委託して農村調査を実施していた。それらも満鉄や大同学院の調査と同様に、その一部が産調の農村実態調査の手法に倣っているものの、農村実態調査のような大規模かつ詳細な調査には至らなかった[49]。

第1章　近代日本の満洲農村調査

3　農村実態調査の意義と批判

　日本が満洲で実施した農村調査は大量に存在しており、今日でもそのすべてを把握することは困難である。膨大かつ詳細な調査報告書は当時の農村社会を知る重要な手がかりを提示してくれるが、同時に多くの問題や限界を有しているのも事実である。本節では、産調による一連の調査の意義や報告書の史料的価値に言及した上で、これらの調査に対する批判を踏まえながら調査の問題点と限界などを指摘する。

調査の意義

　これほど大規模な農村実態調査にはどのような意義があり、調査報告書にはいかなる史料的価値があるのだろうか。

　まず、調査方法における意義である。満洲国成立以前の農村調査はいくつかの農家を選定するサンプル調査の方式をとっていたが、産調による農村実態調査は村落の全農家を対象とした悉皆調査であった点に特徴がある。このような調査方法や調査経験は、その後の華北地方や華中地方で行われた調査にも一定の影響を与えたことが、農村実態調査の重要な意義の一つである[50]。

　次に、農村実態調査は「調査マン」の訓練という狭義的な面のみならず、満洲国の農政関係者や農村研究者、地方官、技術者など広義的な「農村識者」の育成という面においても一定の役割を果たした。この点については野間清が以下のように述べた[51]。

　　　この調査によって、農村の働く人々の生活、その働く人々に寄生して生活している者たちの生活を、たとえ表面的であったにしても垣間見ることを通じて、中国の農村、中国の農民に一種の親近感をもち、中国の農民に目をむける契機をつくった。このことが、農村実態調査の唯一の、

というのはいいすぎであるとすれば最も重要な、「収穫」であったのではなかろうか。…〔中略〕…農村の人々とある程度言葉を交わし、たとえ表面的であったにせよ、とにかく「農民のなか」で生活した。この生活は、経験したものに、新しい強い印象を残し、目を「農村」にむけさせる強い契機になった。こうして実態調査は、それを分担した調査員の中国の農村、中国の農民への認識を高めるのに役立った。

　この野間の言葉に代表されているように、調査当事者にとって農村実態調査の最大の意義は、日本人調査者が中国農村に目を向ける契機となった点や、現地農民と「親しく」なった点にある。実際、それは満洲国や戦時下の中国の他地域にとどまらず、戦後日本や新中国にも波及した。

　続いて調査報告書の史料的価値についてである。満洲で行われた農村調査は、台湾や朝鮮半島、中国各地、南洋などで行われたものと比較して、はるかに膨大な数の報告書が残されている。特に産調を中心とする一連の農村実態調査は数年間しか実行できなかったにもかかわらず、約40の村落に関する詳細な報告書が刊行されている。さらに、これらはほぼ同じ項目・形式で構成されており、40近くの村落データを比較対照することが可能である。華北地方で実施された中国農村慣行調査の最大の特徴は、報告書が問答方式で作成されている点にあるとするならば、満洲農村実態調査の価値は、農家経営や農村経済の状況を知るための詳細な集計表が数多く収録されている点にある。また、『一般調査報告書』や関連報告書などの相応の記述資料が多数残されていることは、集計表の価値をさらに高めているといえよう。中国側の史料が絶対的に欠落しているなか、これらの調査報告書は満洲農村社会を知るための貴重な手がかりである。

批判と限界
　戦後になると、満洲の農村実態調査を含めて戦前・戦時中に実施された植民地調査をめぐって様々な批判が展開され、多くの問題点や限界が指摘された。いうまでもなく、調査報告書をより有効に活用するためには、調査の問

題点や限界を踏まえる必要がある。以下では、調査地点の選定、調査時期、調査方法、調査者の個性や経歴などから農村実態調査の問題点を整理する。

　まず調査地点の選定についてである。前述のように調査地を選定するにあたって、最優先に考慮されたのが治安問題であった。つまり、満洲国治安部が抗日遊撃隊の根拠地として認定していない県、さらに「匪賊」の襲撃を受けない安全な村落が選ばれていた。調査にあたり綿密な準備が行われたにもかかわらず、治安問題により途中から調査地を変更せざるをえないこともあった。また、全満洲の各県で実施するという当初の計画は途中で頓挫し、東部の森林地帯や西部の草原地帯での大規模な調査は実現できなかった。これらのことを総合して考えれば、農村実態調査で選定されたのは、あくまでも日本の支配が及ぶ満洲の中部平原地帯を中心とする鉄道沿線の地域で、かつ治安が安定している県城近隣村落であった。調査地として代表性が欠けているのではないかと批判されるのはそのためである。

　次は調査時期についてである。満洲で実施された農村実態調査は2月から3月にかけて、すなわち農民が調査に比較的に応対しやすい農閑期に実施されていた。しかし、この時期は大量の労働者が華北地方に正月帰省している時期、あるいはちょうど満洲に戻ってくる時期でもある。このような流動性が高い時期ゆえの難しさがあったのではないかと予想できる[52]。また、調査時期についていえば、第1回調査の対象となる1934年には、北満洲において深刻な洪水被害があったことも留意する必要がある[53]。自然災害による被害がどの程度1935年の調査結果に反映されるかは判断できないが、農業生産に一定の影響を与えたのは確かであろう。

　続いて調査方法についてである。各農家で聞き取りを行う際に、調査員とほぼ同人数の通訳が随行し、また調査員の安全確保のために騎馬警備隊7、8人、多い時は10人あまりが村落に同行していたようである[54]。2週間という限られた時間で、さらに警備隊や通訳が同行するという状況の中で、農民は植民者である日本人に真実を語ったのかという疑問がすべての植民地調査に対して呈されている[55]。調査に携わった野間清は、「特権」階層的存在かつ「支配者」である日本人による調査の限界について振り返り、表面的な実

態しか調査できておらず、農村社会の複雑な実相に迫ることができなかったと語っている。その内容が以下である[56]。

　　私たち調査員は、飲酒を慎しみ質朴な生活に努めた。しかし、食事の世話を専任する炊事人を雇いいれ、肉料理に一日三度の白米飯をたべる生活は、集落の人口の大多数をしめる貧農や雇農にとっては無論、中農層の人びとにとっても、当時異質の生活であったにちがいない。私たち調査員が融和をはかろうと主観的に努力をしても、都会人的体臭をもつ「特権」階層的存在であることに、深刻な内省を加えるまでにはいたっていなかった私たちの生活は、彼等の生活にとっては不協和物であったにちがいない。ましてや私たち調査員は、10名から時には20名にものぼる騎馬武装警備員をひきつれ、それに護られて集落に乗りこんできた「満洲国」の行政言、それも日本人という新しい民族的「支配者」の一翼を担う者たちであった。新しい民族的「支配者」に誼を通じて目先きの利益にありつかろうとする少数の者以外に、はたして、私たち調査員に積極的に近づいてくる者がいたのであろうか。それらの特殊な上層者にしても、小作関係や小作問題というような階級的対立抗争を厳しく反映する、彼等自身の搾取収奪の実態をありのままに、私たちに語る程、彼等と私たちとは親密になり得ていたであろうか。

　また調査結果は、調査者の個性や経歴に影響されるという点もしばしば批判されている。既に多くの研究で指摘しているように、調査者の多くが日本内地で活動の場を失った、いわゆる左翼思想者である。とりわけ、満洲農村実態調査の中核にいたのは大上末広を中心とする「大上グループ」である。彼らは満鉄調査会において大上の理論的影響下にあった「満鉄マルクス主義」のグループであったことから考えると、調査にもその思想背景が相当反映されていたと推測できる。農村実態調査には統一した調査票や調査項目があったとはいえ、詳細な内容や方向性は現場調査者の関心に左右されていた部分もあったと思われる。さらに、調査には専門家のみならず、農村経験が

第1章　近代日本の満洲農村調査　　43

ほとんどない人も多く加わっていた。彼らの能力や経験によって報告書に優劣があることも容易に想像がつくだろう[57]。

　最後に調査の性質についてみてみる。これらの調査は、政策立案のための「植民地調査」であったのか、それとも調査者の関心から出発した「純学問調査」であったのかをめぐり様々な議論がある[58]。農村実態調査の目的は、調査報告書の「緒言」に記載されているように「農村に於ける社会経済諸関係の基礎的事項を闡明し、以て土地制度・小作関係・農業労働関係に対する諸対策、農業経営・農村金融・物資配給方法の改善、農民負担の合理化等政策樹立の資を提供せんと」する、まさに政策立案のためであった[59]。このような調査意図や目的とは対照的に、農村実態調査の立案に深く関わっていた鈴木辰雄は「調査がだんだん細かく行なわれてゆくのにつれて『今頃、こんな調査をやって何の役にたつ』という考えが次第に強くなったのでしょう。第1期計画も終わらぬうちに廃止になりました。…〔中略〕…この調査にはっきりもとづいた結論や施策であったとはいえないように思います。何もかもが新しいので、とにかく研究してみようという素朴な考えであった」と振り返っている[60]。野間清は鈴木の発言を引用しながら、「政策に役立てようと思ってやったのではなく、主観的にはそういうことではなく、いわば学問的というと語弊がありますが、そういった『純粋』な関心を中心にして、この調査に熱意を燃やし、…〔中略〕…この調査は『純粋』な研究者的『良識』の結晶である、当事者はそんなふうに考えがちである」と回想している[61]。これらの調査は、まさにこのような調査当事者の「主観的」な認識と、戦時の日本支配下という「客観的」な事実のもとで行われたものである。

　一方、こうした調査者たちの「純学問的調査」という認識に対して、古島敏雄が「行政目的に役立つ調査ではなく、純学問的な調査を行っているのだという意識がかえって占領者の一員の調査であるという点についての反省を少なくしているのではないか」と鋭く批判している[62]。つまり、調査者らは、「純学問的調査」を通して農民と「親しく」できたということを強調することで、戦争への加担を否定し、自ら「正当化」しようとする側面もあったと思われる[63]。

44

おわりに

　満洲国期に行われた農村調査は、産調による2回の大規模な農村実態調査が中心であり、さらに満鉄や大同学院、各政府機関などが産調の方式や手法に倣いながら進めていった。産調の調査は満洲内部にとどまらず、華北地方をはじめとする中国の他地域の調査にも影響を及ぼした。また、調査員が中国の農村や農民に目を向ける契機を作り、「農村識者」の育成という部分においても一定の役割を果たせた。

　しかし、これらの調査は、「純学問的調査」という調査者としての主観的な認識があったとはいえ、日本支配下という客観的な時代背景や調査の目的、方法などから考えれば、「帝国主義的調査」としての限界を有していることも厳然たる事実である。日本における中国農村研究の伝統の一つとして、戦前・戦中期に残された農村調査報告書の活用および1980年代以降の追跡調査がある[64]。これだけ膨大かつ詳細な調査報告書をいかに活用するかは、今後も引き続き関連分野の共通課題であろう。

　満洲の農村調査を本格的に利用した研究は決して多くなく、中国農村史研究の枠組みでの分析はまだ十分とはいい難い。中国にはこれらの調査報告書を利用した研究成果が数多く存在するが、史料の解読や利用方法に対して些か疑問がある。具体的にいえば、ある特定の調査報告書、あるいは特定の村落に基づく分析というよりも、性質が異なる様々な調査報告書から網羅的に引用するという方法がとられている。これらの報告書を利用するためには、ある特定の事項のみを抽出するのではなく、調査地における地域の文脈から報告書を全面的に解読するという作業が欠かせない。さらに、各調査の調査背景や特質、調査者の思想背景など踏まえ、量的調査資料（数字データ）と質的調査資料（記述資料）を組み合わせたり、同一村落あるいは同一県で行われた異なる調査を同時に対照したり[65]、旧編・新編地方誌、文史資料、民間資料などを含む中国語文献を融合したりすることで[66]、これまでとは

異なる視点から農村社会をうかがうことができる。

---

1 末廣昭「序章 他者理解としての『学知』と『調査』」末廣昭責任編集『岩波講座「帝国」日本の学知 第6巻──地域研究としてのアジア』岩波書店、2006年。

2 内山雅生『現代中国農村と「共同体」──転換期中国華北農村における社会構造と農民』御茶の水書房、2003年、44頁。

3 井村哲郎編『満鉄調査部──関係者の証言』アジア経済研究所、1996年。

4 塚瀬進『マンチュリア史研究──「満洲」六〇〇年の社会変容』吉川弘文館、2014年、41頁。

5 中兼和津次『旧満洲農村社会経済構造の分析』アジア政経学会、1981年。また、中兼は満洲農村社会の特質について定量的な分析を行っている。

6 長岡新吉「『満州国』臨時産業調査局の農村実態調査について」『経済学研究』北海道大学、第40巻第4号、1991年。

7 この時期の調査については、塚瀬進「日本人が作成した中国東北に関する調査報告書の有効性と限界」(『環東アジア研究センター年報』3号、2008年)、および塚瀬前掲『マンチュリア史研究』が詳しい。森林調査については、永井リサ「タイガの喪失」(安冨歩・深尾葉子編『「満洲」の成立──森林の消尽と近代空間の形成』名古屋大学出版会、2009年)がある。

8 戦前アジア地域で展開された慣行調査の関連性や意味などについて検討した研究として、石田眞「戦前の慣行調査が『法整備支援』に問いかけるもの──台湾旧慣調査・満州旧慣調査・華北農村慣行調査」(早稲田大学比較法研究所編『比較法研究の新段階──法の継受と移植の理論』成文堂、2003年)がある。

9 塚瀬前掲『マンチュリア史研究』32-33頁。塚瀬が指摘するように、「満洲旧慣調査」は満洲の土地制度を西欧的な範疇で理解しようとする点に限界があり、それが作成された時点での世界観を考慮して読み解く必要がある。

10 「緒言」南満洲鉄道株式会社地方部地方課『南満洲農村土地及農家経済ノ研究』南満洲鉄道地方部地方課、1916年。本報告書の執筆は、駒井徳三によるものである。

11 南満洲鉄道株式会社社長室調査課『満洲農家の生産と消費』南満洲鉄道株式会社社長室調査課、1922年。

12 野中時雄「緒論」『満洲農家の生産と消費』。

13 産調の設立経緯や組織・人員構成・予算については既に長岡前掲「『満州国』臨時産業調査局の農村実態調査について」で詳細に整理されている。ここではその内容を省略する。

14 『実業部月刊』第2期第12号、1935年。

15 野間清、1907 年生まれ、1931 年京都帝国大学法学部卒業後、満鉄に入社し、交渉部付となる。1937 年 4 月、プリンストン大学聴講生となり、1939 年 1 月帰国。同年 4 月調査部綜合課第 5 班、1940 年調査部綜合課第 1 班に加わる。1941 年 4 月、上海事務所調査役に就き、1942 年 9 月満鉄調査部事件で検挙される。1943 年 3 月満鉄を退職する。1945 年 5 月に判決が下される。9 月、中長鉄路公司理事会調査処（現在の長春市）に留用される。以降、東北自然科学院農学系など東北各地の機関に留用され、1953 年帰国した。中国研究所を経て、愛知大学法経学部教授に就任、1983 年愛知大学を退職した。井村前掲『満鉄調査部』773-774 頁。

16 塩見友之助、1932 年東京帝国大学卒業、農林省から満洲国実業部臨時産業調査局に出向し、満洲国実業部臨時産業調査局の行った農村実態調査の発案者である。井村前掲『満鉄調査部』794 頁。

17 鈴木辰雄、1904 年生まれ、1928 年東京帝国大学農学部農業経済学科卒業後、東京帝国大学農学部副手、太平洋問題調査会、日本評論社を経て、1933 年満鉄調査会嘱託となる。同年満洲国実業部臨時産業調査局に就任し、産業部農務司を経て、1940 年に奉天省実業庁農林科長に就任し、後に興農部農政司農政科長となる。1943 年中央農事訓練所長となった。井村前掲『満鉄調査部』797 頁。

18 野間清「満鉄調査関係者に聞く――『満洲』農村実態調査遺聞（I）・（II）」『アジア経済』第 26 巻第 4 号・第 5 号、1985 年。

19 野間前掲『『満洲』農村実態調査遺聞（I）・（II）」。

20 公主嶺経済調査会『満洲一農村の社会経済的研究――大泉眼部落調査』大連運送組合、1934 年。

21 吉林省永吉県南荒地での調査は、1934 年 3 月 26 日から 4 月 1 日にかけて、同村落の全農家を対象に満鉄経済調査会と吉林事務所によって行われたものであり、その調査の中間報告として野間清「満洲の一農村に於ける農民の租税負担」（『満鉄調査月報』第 14 巻第 10 号、1934 年）、水谷国一（満鉄経済調査会編）「満洲に於ける一農村の農業労働者吉林省永吉県南荒地農村調査中間報告」（『満鉄調査月報』第 14 巻第 10 号、1934 年）、南満洲鉄道株式会社経済調査会編『満洲に於ける一農村の金融――吉林省永吉県農村調査中間報告』（南満洲鉄道株式会社、1935 年）などが発表されている。

22 以下では主に野間前掲『『満洲』農村実態調査遺聞（I）・（II）」や野間清「『満洲』農村実態調査の企画と業績――満鉄調査回想の 2」（『愛知大学国際問題研究所紀要』第 58 巻、1976 年）を中心に利用し、ほかの調査員の回想も適宜参考する。

23 南満洲鉄道株式会社経済調査会『満洲農産物収穫高豫想』満洲農産物収穫高豫想調査連合会、1932 年。

24 この点については、長岡新吉が提示している対照地図が大変示唆に富む。長岡前掲「『満州国』臨時産業調査局の農村実態調査について」。

25 工藤魁（元産調、牡丹江省開拓省）「産調の第 1 回農村実態調査」満洲回顧集刊行会

編『あゝ満洲——国つくり産業開発者の手記』満洲回顧集刊行会、1965 年。

26 新居芳郎（元満鉄調査部、産調）「産調農村実態調査への道」『あゝ満洲』。

27 工藤前掲「産調の第 1 回農村実態調査」。

28 国務院実業部臨時産業調査局編『康徳元年度農村実態調査　戸別調査之部』国務院営繕需品局用度科、1935 年。第 1 分冊（海倫県、望奎県、綏化県、慶城県、呼蘭県、巴彦県）、第 2 分冊（青岡県、蘭西県、安達県、肇州県）、第 3 分冊（富裕県、訥河県、拝泉県、明水県、克山県、龍鎮県）の 3 冊がある。以下、『康徳元年戸別調査之部』。

29 国務院実業部臨時産業調査局編『康徳 3 年度農村実態調査　戸別調査之部』国務院実業部臨時産業調査局、1936 年。第 1 分冊（璦琿県、洮南県、樺川県、富錦県）、第 2 分冊（敦化県、磐石県、楡樹県、延吉県、荘河県、鳳城県）、第 3 分冊（遼陽県、遼中県、蓋平県、新民県、梨樹県、西豊県）、第 4 分冊（海龍県、黒山県、盤山県、豊寧県、寧城県）の 4 冊がある。

30 調査対象村のうち、樺川県、富錦県、遼陽県以外の県、計 20 冊が公刊されている（臨時産業調査局調査部第 1 科編『康徳 3 年度農村実態調査一般調査報告書（新民県上巻）』臨時産業調査局調査部第 1 科、1936 年）。ただし、遼陽県については『産業部月報』（第 2 巻第 2 号および第 5 号、1938 年）に一部分だけ発表されている。

31 こちらは『戸別調査之部』をもとに、各県から数戸の農家を選択して 1 年間にわたる収支決算を再集計・作成したものである。産業部大臣官房資料科『康徳 3 年度農家経営経済調査』産業部大臣官房資料科、1936 年。第 1 分冊（遼陽県、遼中県、黒山県、盤山県）、第 2 分冊（新民県、蓋平県、敦化県、海龍県、梨樹県、楡樹県、西豊県、洮南県）、第 3 分冊（璦琿県、延吉県、樺川県、富錦県、豊寧県、寧城県）の 3 冊がある。磐石県、荘河県、鳳城県の 3 県は含まれていない。

32 産業部大臣官房資料科『農村実態調査（綜合・戸別）調査項目』産業部大臣官房資料科、1939 年。第 1 回の農村実態調査にもこのような調査項目の実施要綱があったと推測できるが、まだ確認できていない。

33 国務院実業部臨時産業調査局編『康徳 3 年度農村実態調査報告書（戸別調査之部）正誤表』国務院営繕需品局用度科、1936 年。第 1 回農村実態調査にこのような正誤表が存在するかは不明である。

34 この点については『一般調査報告書』の「凡例」で「『戸別調査之部』とともに一体を為すもので、両者併せ観ることに依て調査屯の実態を明かならしむるを得る」と記されている。また各部分の執筆担当者が明記されていることも興味深い。

35 野間前掲「『満洲』農村実態調査遺聞（I）・（II）」。また、近岡忠三（元産調、興農部）は「産調も東辺道開発調査を最後に解散することになり、取りまとめのため、対馬俊治氏を長とする大野保、桑田敏郎、愛甲勝矢、山県千樹、村岡重夫、藤岡恒一の諸氏の一室を残して他は皆それぞれの任務に散った」と回想しているように、ここで指す取りまとめ役はまさに関連報告書各篇の執筆担当者である。近岡忠三「産調の気

風」『あゝ満洲』。

36 国務院実業部臨時産業調査局『康徳3年度県技士見習生農村実態調査報告書』（国務院実業部臨時産業調査局、1937年）計4冊がある。

37 国務院産業部農務司『康徳4年度県技士見習生農村実態調査報告書』（国務院産業部農務司、1938年）計5冊がある。

38 『康徳3年度県技士見習生農村実態調査報告書』（奉天省鉄嶺県）。

39 満洲農村実態調査が廃止された背景については、長岡新吉が詳細に検討している。長岡前掲『「満州国」臨時産業調査局の農村実態調査について」。

40 満鉄の調査についてはたとえば、南満洲鉄道株式会社北満経済調査所編『労働を中心として見たる北満農村の農業経営事情——双城県大白家窩堡に於ける調査』（南満洲鉄道株式会社北満経済調査所、1939-1940年）や、満鉄新京支社調査室『戦時経済下ニ於ケル北満農村ノ動態——克山県程家油房屯実態調査報告第一編』（満鉄新京支社調査室、1940年）、満鉄新京支社調査室『大豆統制ノ北満農村ニ及ボセル影響——克山県程家油房屯実態調査報告第二編』（満鉄新京支社調査室、1940年）などがある。

41 「凡例」南満洲鉄道株式会社調査部『北満農業機構動態調査報告——第1編濱江省呼蘭県孟家村孟家区』博文館、1942年。

42 調査成果は調査者の研究に反映されている可能性もある。たとえば、調査に参加した梶原子治と平野蕃は後にそれぞれ梶原子治『満洲に於ける農地集中分散の研究』（満洲事情案内所、1942年）、平野蕃『満洲の農業経営』（中央公論社、1941年）を出版している。

43 『北満農業機構動態調査報告——第1編濱江省呼蘭県孟家村孟家区』。また、第2編北安省綏化県蔡家窩堡の部も同時に刊行されている。

44 たとえば、大同学院図書部委員編『満洲国各県視察報告』（大同学院、1933年）は卒業前の見学旅行をもとにまとめたものである。報告書によると、同調査は9つの班に分かれ、約2週間にわたって実施されたという。また、満洲国大同学院図書部委員編『満洲国郷村社会実態調査抄』（満洲国大同学院、1935年）は第3期生の夏期旅行で、熱河省2ヶ所、奉天省8ヶ所、吉林省1ヶ所、黒龍江省5ヶ所、興安省1ヶ所を調査した成果である。満洲帝国大同学院編『満洲農村社会実態調査報告書』（満洲帝国大同学院、1936年）は、第4期生が奉天省蓋平県2村落、濱江省双城県1村落を調査してまとめたものである。また、大同学院第1部第9期生農業経済演習班『満洲農村の実態——中部満洲の一農村に就て』（満洲帝国大同学院、1938年）は、第1部9期生と第2部7期生が長春県下の3村落で行った調査の成果である。

45 この点については、林志宏「地方分権與『自治』——満洲国的建立及日本支配」（黄自進・潘光哲主編『近代中日関係史新論』新北、稲郷出版社、2017年）などが参考になる。また、林志宏は大同学院やその関係者の戦後の歩みなどに関する専論をほかにも多く発表している。

第1章　近代日本の満洲農村調査　　49

46 大野保、1909 年生まれ、1932 年に東京帝国大学法学部卒業。1933 年満洲国実業部臨
時産業調査局総務部資料科に奉職後、産業部大臣官房文書科や産業部大臣官房を経て、
1939 年産業部農務司兼総務庁企画処調査官に転任、1941 年大同学院教授に就任した。
1943 年満洲国治安維持法違反で検挙され、獄死した。井村前掲『満鉄調査部』781 頁。

47 たとえば、満洲国公主嶺農事試験場編『棉作地の農村及農家経済』(公主嶺農事試験
場、1941 年) は、1936 年に海城県と義県の棉作農家を対象に、公主嶺農事試験場、
熊岳城農事試験場、遼陽分場、満洲棉花株式会社が共同で実施した調査成果である。

48 農事試験場による調査は、農事試験場が満洲国に移譲する前と後に分けて理解すべき
である。もともと満鉄によって農業試験研究が行われていたため、移譲する前に実施
された調査については満鉄調査の枠組みの中に位置づける必要がある。1938 年満鉄
附属地行政権の満洲国への移譲に伴い、一連の農業試験研究業務も満洲国に移管する
こととなり、試験研究機関の一元化が実現し、1941 年 7 月になって公主嶺を本場と
する満洲国立農事試験場の組織体制が構築されたのである。満洲の農事試験場に関す
る代表的な研究として、山本晴彦『満洲の農業試験研究史』(農林統計出版、2013
年) が挙げられる。

49 たとえば、吉林省開拓庁農林科編『農村実態調査報告書——扶餘県四字子屯』(吉林
省開拓庁農林科、1939 年) は、臨時産業調査局の農村実態調査の様式に倣って 1938
年に農事合作社技術員が行った調査の成果である。

50 野間清は、「東北地区での農村調査は勿論、華北や華中地区でのそれにも強い影響を
残した。その点では、そしてその点に関するかぎりでは、それは、この調査の一つの
重要な『業績』である」と述べている。野間前掲「『満洲』農村実態調査の企画と業
績」。

51 野間前掲「『満洲』農村実態調査の企画と業績」。

52 出稼ぎ労働者が村落内の農家として戸数に含まれるか否かという問題もあったようで
ある。それについて、野間前掲「『満洲』農村実態調査遺聞 (Ⅱ)」では「当時の『満
洲』の農村では農業労務者や雇農は 1 戸に数えないのです。集落へ入って、この集落
は何戸ですかと聞くと、たとえば 40 戸という答えがかえってきます。40 戸といって
も、数えていくと村のはずれのあっちに掘っ立て小屋があり、こっちにも掘っ立て小
屋があり、ということで、順番に数えあげますと 50 何戸になる。50 何戸になるじゃ
ないかと言いますと、そんなはずはないと言うのです。それで一つ一つ名前を挙げて
いくと、その男、その家は『不算』(数えない) なのだというのです。つまり、雇農
や労務者は集落を構成する者には入らないのですよ。…〔中略〕…天野さんと福島正
夫さんと私の 3 人で静岡大学で鼎談をしたときのことですが、記録には載っていない
のですが、天野さんが『野間君、ぼくは以前支那調査をやっていたとき、農業労働者
は人間でないと思っていたんだが』と言っておられました。地主や集落の有力者ばか
りでなく、日本の知識人のなかにもそういう感覚は強かったように思います」と回想

している。これは満洲農村社会における村落としての範囲を考える際に重要な議論であり、今後さらに検討する必要がある。

53 中兼前掲『旧満洲農村社会経済構造の分析』132 頁。

54 農村実態調査の予算に「警備費」という項目が設けられており、その比重が大きかったことがわかる。調査の予算などについては、長岡前掲『満州国』臨時産業調査局の農村実態調査について」。

55 通訳を介するという調査方法にも一定の限界があると思われる。具体的にいえば、どのような人が通訳を担当し、通訳者の能力や思想などによって調査結果に影響を及ぼさないかなどについても考慮する必要がある。この点について、調査に参加した平野勝二は「農村実態調査のことだが、着任の年 11 月から約 40 間、熱河省寧城県の総合調査に班長として行くことになった。通訳を入れて一行 10 数人、現地で警備兵を雇って一行 20 数人、…〔中略〕…通訳は皆満州の青年で、寧城県のような満蒙雑居地帯では、新京から連れて行った満人通訳だけでは事足りず、現地で蒙古語の分る人物を雇い、間に 2 人の通訳を入れて聞きとり調査を行ったものである。10 分位の話をきくのに、小 1 時かかるわけで、能率の上らぬことおびただしい」と回想している。平野勝二「農村実体調査班」『あゝ満洲』。

56 野間前掲「『満洲』農村実態調査の企画と業績」。

57 調査表が完成した後、調査員の訓練も兼ねて新京近辺と北満洲の 2 村落において実験的に調査が行われていたという。また、この点については、野間清が東科後旗という蒙古人村落で調査を実施した際の経験が参考になる。野間前掲「『満洲』農村実態調査遺聞（Ⅰ）」。

58 中国農村慣行調査への批判を中心に整理した内山雅生の研究が示唆に富む。内山雅生「第 2 章 『中国農村慣行調査』の企画立案とその実施」内山前掲『現代中国農村と「共同体」』。

59 「緒言」『康徳元年戸別調査之部』第 1 分冊。

60 鈴木辰雄が 1964 年 12 月に東京大学で「満洲農村実態調査について」を語った際の記録である。野間前掲「『満洲』農村実態調査遺聞（Ⅱ）」。

61 野間前掲「『満洲』農村実態調査遺聞（Ⅰ）」。また、野間前掲「『満洲』農村実態調査の企画と業績」で「臨時産業調査局の農村実態調査が、『満洲国』農政の基礎を明確にすることを意図して企画されながら、現実にはむしろ、調査員のいわば研究者的関心を中心にして推進されたといえる…〔中略〕…『新しい社会の実態を知りたい』というのが調査員の念願であり、飾らぬ、偽のない実態を知ろうとして、調査員はさまざまな努力を払っている」と述べている。

62 古島敏雄「中国農村慣行調査第一巻を読んで」『歴史学研究』第 166 号、1953 年。

63 この点については、1960 年代に行われた満洲をめぐる様々な歴史編纂とも類似している。かつての植民地経験者がこの時期に定年を迎え、過去を振り返る中でその行為

第 1 章　近代日本の満洲農村調査　　51

や経験を美化するという特徴がある。農村実態調査に参加した調査者の回想は 1960–1970 年代になされたものが多く、それらを理解するためには当時の時代性の中に位置づける必要がある。

64　この点については、菅野智博「第 13 章　地方建設――『地方政治与郷村変遷』（第 8 巻）」（川島真・中村元哉編著『中華民国史研究の動向』晃洋書房、2019 年）を参照。

65　この点についていえば、同一村落あるいは同一県に関する複数の調査報告書が存在していることもまた満洲農村調査の特徴である。同一村落のみならず、同県内の近隣村落と対比することも可能であろう。これらの異なる主体や目的によって残された調査報告書を相互対照することは、複眼的な視点から村落社会の実態を解明するための素材を提供してくれる。本書もなるべくこのような視点を取り入れた。

66　近年中国における地域史研究の隆盛と相まって、各地方の大学は民間資料をはじめとする各種一次史料の収集・整理・公開を行うセンターを設立している。それには、山西大学中国社会史研究中心や浙江大学地方歴史文書編纂与研究中心、復旦大学當代中国社会生活資料中心、華東師範大学民間記憶与地方文献研究中心、厦門大学民間歴史文献中心などが挙げられる。これらのセンターでは民間文献や地方檔案などの地方文献の収集・整理を活発に進めており、その一部の成果は刊行物やデータベースとして公開されている。満洲を対象とするものは、東北師範大学の「東北文献中心」や吉林師範大学歴史文化学院の「満族文化研究基地、東北譜牒文献研究基地」などがある。前者は主に日本語資料を主要なコレクションとしており、後者については具体的な活動や成果が不明である。いずれにしてもほかの地域で展開されている民間資料の収集・活用とは質が異なる。満洲での民間資料の収集・活用については、今後の進展に期待したい。

第 2 章

雇農と村落社会

雇農の家族（上図は打頭的、下図は日工）
出典：石田精一（南満洲鉄道株式会社調査部編）『北満に於ける雇農の研究』博文館、1942 年。

はじめに

　満洲農村社会の特質については、戦前より日本の研究者によって議論が進められ、自然環境や経済的立地のみならず、村落構成や農業経営・農業技術の諸点においても満洲の内部に大きな違いがみられると指摘されてきた。南満洲は早い時期に開墾されたため土地所有が分散し、零細な自作農や小作農を中心に村落が構成されていた。それに対して、北満洲はごく少数の大土地所有者が全面積の半数を占めており、他方で土地無所有者が膨大に存在していたことが特徴である。そして、その土地無所有者のほとんどが雇農として生計を立てていた。

　農業労働のみを行ういわゆる純雇農農家の割合は、1934-1935 年時点においては、南満洲 13.4%、中満洲 18.0%、北満洲 34.4% であり、自作兼雇農や小作兼雇農などの兼業も含めれば、南満洲 35.4%、中満洲 46.7%、北満洲 57.5% であった[1]。一方、1933 年の中国他地域における雇農の割合は、珠江流域で 8.13%、長江流域で 9.27%、黄河流域で 11.41% であった[2]。満洲全域とりわけ北満洲が、中国の他地域と比較して雇農の割合が高く、その独自性が際立っていることが一目瞭然である。雇農の存在を分析し、その実態を明らかにすることは、満洲農村社会を理解するための重要な手がかりの一つになる。そこで本章は、満洲の農業において最も重要な役割を果たした雇農に着目し、その雇用形態や労働条件などについて検討する。

　雇農をめぐっては、満洲国期に既に多くの議論がなされていた[3]。満洲の雇農に関する専論として、石田精一（南満洲鉄道株式会社調査部編）『北満に於ける雇農の研究』（博文館、1942 年）がまず挙げられる。満洲の中でも特に雇農の割合が高かった北満洲の雇農について注目し、その労働形態や賃金、生活などについて詳細に論じている。同書には、石田が参加した様々な農村調査の成果が反映されている。したがって、石田の研究は先行研究でありながら、雇農を分析する上で重要な史料ともなりうる。しかし、満洲国期に展

開された雇農をめぐる議論は時代背景や研究者の思想背景により、雇農が「債務隷農的被用農」であったのか、それとも「近代的賃金労働者」であったのかを究明することを通じて、満洲農村社会の性質を解明しようとするものであった[4]。

　本章は、そうした雇農の性質を追究するものではなく、雇農の雇用形態や雇農を取り巻く社会状況に焦点をあてて分析するものである。具体的には、大量の雇農がどのように雇用され、その労働形態や労働条件はいかなるものであったのか、そして雇用主との関係や、雇用の背景にある社会関係はどのようなものなのか、などについて明らかにすることを目的とする。以下、第1節では、満洲における農業形態と開墾過程について概観する。第2節では、雇農の労働形態、とりわけ細分化されていた職分の内容を整理する。第3節では、雇農の賃金形態と満洲国期の賃金変化について分析する。第4節と第5節では、年工の雇用に着目し、その雇用形態と雇用主との関係からみえてくる満洲農村の社会関係について検討する。

1　村落形成と農業形態

農業形態

　満洲はすべてが平原ではなく、西方に大興安嶺、北方に小興安嶺、東方に長白山脈が走っている。これらの山脈に囲まれた地域は概して平原であり、農業生産に適した地が多かった。なかでも松花江と、遼河流域は農業条件に恵まれており、総面積に対する可耕地の比率が高かった[5]。

　満洲の農地開墾において最も重要な役割を果たしたのは、土着の満洲人ではなく、華北地方から移住してきた漢人であった。満洲人は、主に狩猟や人参などの自然物採集で生活を営んでいたため、農耕技術を欠いていた。それに対し、移住してきた漢人は農耕技術を有しており、荒地を少しずつ開墾して集落を形成・拡大していった[6]。したがって、満洲の農業は主として漢人の農法に従って展開していた。主要作物は、大豆、高粱、粟、トウモロコシ、

小麦などがあり、亜麻や綿花、タバコなどの特用作物も限定した地域で作付されていた。これに加え、近代以降に満洲に移住した朝鮮人によって水稲耕作の技術が持ち込まれ、満洲においても水稲の生産が可能となった[7]。

満鉄によって編纂された『満洲の農業』をもとに1929年における各農作物の作付面積割合をみてみると、大豆は満洲全耕地の約30%（遼寧省は約20%、吉林省と黒龍江省は約35%）、高粱は全耕地の約22%（遼寧省は約34%、吉林省は約18%、黒龍江省は約13%）、粟は全耕地の約16%（遼寧省は約14%、吉林省は約17%、黒龍江省は約18%）、トウモロコシは全耕地の6.7%（遼寧省は約11%、吉林省は約5%、黒龍江省は約4%）、小麦は全耕地の9.9%（遼寧省は約2%、吉林省は約11%、黒龍江省は約18%）、水稲は全耕地の0.7%（遼寧省は約1%、吉林省は約10%、黒龍江省は約0.1%）、陸稲は全耕地の0.9%（遼寧省は約1%、吉林省は約1%、黒龍江省は約0.1%）であった[8]。以上が示すように、南満洲と北満洲では農作物の耕作状況が異なっており、大豆は満洲全体に作付地が分布していたのに対し、高粱は南満洲を中心に、小麦は北満洲を中心に作付されていた。

1929年における満洲の総面積は103万5,530 km^{2}であり、遼寧省、吉林省、黒龍江省の3省の総人口2,919万7,920人で計算すると、1 km^{2}あたりの人口密度は28.1人であった。省ごとにみると、遼寧省の面積は18万5,199 km^{2}に対し、人口1,498万8,560人、人口密度は1 km^{2}あたり80.9人であった。吉林省の面積は26万7,743 km^{2}に対し、人口907万5,630人、人口密度は1 km^{2}あたり33.9人であった。黒龍江省の面積は58万2,588 km^{2}に対し、人口513万3,730人、人口密度は1 km^{2}あたり8.8人であった。このように、北方へ行くほど人口が少なく、人口密度も低くなり、黒龍江省の人口密度は中国全域の中でも低かった[9]。

遼寧省、吉林省、黒龍江省の3省の総面積に対する各省の可耕地の面積をみると、遼寧省は34.6%、吉林省は39.7%、黒龍江省は21.2%であり、その中で既耕地の割合は遼寧省69.7%、吉林省45.4%、黒龍江省30.7%であった[10]。既耕地の1人あたりの耕作面積をみると、遼寧省では0.198ヘクタール、吉林省では0.531ヘクタール、黒龍江省では0.74ヘクタールであり、

未耕地と同様、北方になればなるほど1人あたりの耕作地の面積は大きかった[11]。

清朝政府の諸政策と開墾

それでは、満洲の農業において重要な役割を果たした漢人はいつ、どのような背景で移動してきたのであろうか。

清朝政府の成立とともに、大量の満洲人が関内へ流入した。その結果、遼東・遼西地域は荒廃し、空白地も増加した。清朝は空白地と化した地域の再開発と充実化を図るべく、八旗を積極的に配置していくとともに、1653年に遼東招民開墾令を施行した。これは、一定数以上の漢人を招いて定着させた者に官位を授け、同時に開墾に対する補助奨励をするというものである[12]。招民開墾令は1667年に廃止されたが、漢人の流入は止まらなかった。このような状況に対して、清朝政府は1740年から「封禁政策」を施行し、漢人が満洲へ立ち入ることを禁じた。その目的は、旗地の漢人への譲渡禁止、満洲旗人の風俗の漢化防止、人参・淡水真珠などの天然資源の保護・独占のためであった[13]。しかし、政策の実効性が弱く、満洲では流民が不断に増加していた[14]。

このような「封禁政策」は、19世紀はじめから徐々に緩和されるようになり、19世紀なかばに官地の払い下げが開始されるに伴い、名目上のものとなった[15]。それ以降、満洲の各地が次第に開放され、大量の移民が流入し、開墾が進展していった[16]。満洲の開墾や地域社会に劇的な変化をもたらしたのは鉄道の敷設である。1900年前後には中東鉄道や京奉鉄道が相次いで敷設され、鉄道の総延長は1903年には3,000kmを越えた[17]。それに対する満洲の人口をみると、鉄道の敷設とともに急増し、1895年には約300万人、1898年には約500万人、1915年には約2,000万人、1930年には約3,000万人に達していた[18]。鉄道敷設に伴う移民の増加や開墾の拡大よる農業生産の増加という大きな社会変容が満洲で生じ、多くの村落が形成された[19]。

第2章　雇農と村落社会　　57

村落の形成過程

　移民の満洲における移住先や開拓地は均一ではなく、鉄道や水路、道路が整備された地域が先行した。満洲の村落形成も、移民の移動と同様に県城近隣や鉄道沿線の地域が先行し、その後周辺に拡がっていた。この点についてはヤシノフの「活気を呈している鉄道駅近傍地区は1晌あたり500メキシコ弗若くはそれ以上に評価せられているが、交通不便なる峠の向側10露里位の間は30メキシコ弗に売ろうとしても買手がない状態」であったという指摘からもみてとれる[20]。モノを容易に搬出できる地域の地価が急騰していたのに対し、交通不便の地は人気がなかったことがわかる。

　産調による第1回および第2回農村実態調査の対象村落の開墾年代をみると[21]、南満洲の村落は清朝初期や18世紀半ば、19世紀後半に形成されたものが多く、20世紀以降の開墾はほとんどみられなかった。一方、北満洲の多くの村落は20世紀初頭に開墾されており、1910年代や1920年代に形成された村落も多々ある。このような南満洲と北満洲の村落の開墾時期や開墾順序の差は、満洲に対する清朝の諸政策や開放時期、華北地方からの移民の流入過程から生じたものであろう。加えて、清末以降に満洲で行われた官有地の大規模な払い下げも当該期の開墾や村落形成に大きな影響を与えた[22]。これらのことを総じていえば、満洲の村落は、南満洲から北満洲へ、早期に形成された村落や商業集落から周辺へ、鉄道沿線地域から周辺へと拡散・形成されていったのである[23]。

　開墾や村落形成の時期の差異によって、1930年代における南満洲と北満洲の土地所有状況や農家経営形態も相当異なっていた。その特徴を端的にいえば、南満洲は小経営・零細経営農家が多かったのに対し、北満洲は大土地経営が中心であった[24]。北満洲はまだ開墾年数が少ないということもあり、農地がごく一部の大土地所有者に集中し、もう一方では60％以上が土地無所有農家であった。また、南満洲と北満洲の両地域において大量の雇農農家が存在していたが、北満洲になればなるほどその割合が高かった[25]。

2 雇農の労働形態

雇用形態

満洲の膨大な雇農は、19 世紀以降華北地方からの移民の所産である。移民として満洲へ渡った華北地方の農民は、直接土地の払い下げを受けて、自作農あるいは小作農として生計を立てていた人もいたが、ほとんどは雇農として働きながら、徐々に土地を獲得していった。彼らは、生活や移動に便利な鉄道線路附近に一旦移住した後、次第に周辺の村落や他地域へと再移動していった。

大量の雇農はどのように農業労働に携わっていたのだろうか。本節では雇農の労働形態を整理する。満洲における農業労働は大きく直接労働と間接労働の二つに分けられる。直接労働は直接農耕に従事する労働であり、間接労働は雑用などの労働を指す[26]。そして、雇用される期間の長短によって一般的に「長工」と「短工」に分けられるが、それらをさらに年工、月工、日工の三つに分類することができる[27]。

年工は 1 年間の契約で雇用された雇農である。雇用期間中は通常雇用主の家に住み込み、食事も支給され、農業労働だけではなく、そのほかの雑務も行わなければならなかった。そのため、自由な時間がほとんどなく、雇用主のために労働していた。満洲における農業労働は主に自家労働力と年工によって行われており、農繁期に不足する労働力を月工や日工で補っていた。

年工は年単位であるのに対し、月工は月単位で契約された雇農である。月工は主に年工が働けなくなった場合や農繁期など限定した時期に雇われたため、その数も少なかった。通常、月工は自ら雇用先を探していたが、年工が急に働けなくなったような場合は、雇用主自身が探すこともあった[28]。

日工は、1 日あるいは数日の契約で雇用される雇農である。満洲の労働基幹は年工であったため、日工は除草や収穫などの農繁期に雇用されることが多かった。村落外から雇用された場合は雇用主の家に住み込み、村内で雇用

された者は通いであった。年工と同様に、雇用期間中には食事も支給された。日工は年工や月工に比して生活に一定の「自由」があったが、生活の「自由」は一方で生活の不安定も意味していた[29]。

　また、雇農の雇用形態は流動的であり、その年の都合や需給などに鑑みながら年工、月工、日工を選ぶことができた。どの雇用形態を選ぶかは、雇農側の事情や思惑があった。たとえば、ある雇農は「春先に纏った金を必要とする者は年工となる。もう一つには又、日工の方は１日当の労賃こそ高いけれども１年中何時でも働けるのではなくて、実際に賃稼ぎの出来る日数が些くなるから総稼ぎ高が些くなる危険が多分にあるという不利がある」という理由から安定した収入を得るために年工を選んだという[30]。一方、生活が不安定であるにもかかわらず年工ではなく日工を選ぶのは、多くが副業の一種として勤めていたか、特殊技能があり短期間でも需要があるか、家族や個人の健康的な事情で長時間労働や長期間留守をすることができないからなどの事情があったと調査記録から読み取れる[31]。

職務

　雇農の中心であった年工の職務は、直接労働と間接労働に大きく分けられる。そして、仕事内容もまた職分によって細分化されていた[32]。

　まず直接労働についてである。雇農におけるすべての職分の中で、最も重要だったのが「打頭的」（別称「把頭」「苦力頭」）である。「打頭的」は農業労働者の中でも最も技術に習熟し、体力強健かつほかの雇農を統率できる指導者であった。その年の農作の成否は「打頭的」の人選に大きく左右されるため、その雇用は慎重に行われていた。「老板子」（別称「趕車的」）は、役畜使いを専門とするいわば特殊技術者であった。「老板子」の能力の優劣は役畜の能率を左右し、ひいては雇用主の農業経営全体の能率にも影響を与えるため、「打頭的」と並んで重視されていた。そして、雇農の中で最も多くみられた職務は「跟做的」（別称「随当」）であった。彼らは「打頭的」と「老板子」の指揮を受けて農業労働を行う、いわゆる実働部隊であった。日工の多くが「跟做的」として、大量の労働力を必要とする農繁期に雇用されてい

た。

　次に間接労働についてである。間接労働も職分によって細かく分かれていた。「大師傅」は、雇用主の家族、並びに雇用労働者の食事を作る労働者であった。特に農繁期には食事の量も大量になるため、雇用されることが多かった。「更官児」（別称「打更的」）は、夜間警備および夜間役畜の管理にあたっていた。「更官児」は一般的に 50 歳以上が多く、昼には水汲みや薪の運搬など「大師傅」の手伝いと庭の掃除も行っていた。「大師傅」や「更官児」を雇用するのは大経営農家に限られていたため、その人数も直接労働者より少なかった。役畜の管理に携わっていたのは、「猪官児」（別称「看猪的」「放猪的」）や「馬官児」（別称「放馬的」）、「牛官児」である。担当する役畜が異なるのみで、労働内容は同じであった。役畜の給餌、飼料を煮る作業、役畜の放牧が主な仕事であり、少年や老年者が担当することが多かった。間接労働の中でも最も多く雇用されていたのは「猪官児」である。豚の畜糞が肥料にもなりえたため、その飼育が重視されていたからであろう。

　南満洲と北満洲では、その雇用する職務の傾向や割合が異なっていた。北満洲では、直接労働を担う「打頭的」と「跟做的」はもちろん、間接労働を担う「大師傅」や「更官児」、「猪官児」も多数雇用されていた。北満洲における農家経営の規模が大きく、間接労働を担当する労働者も 1 年中必要であったからである。一方、南満洲では、「老板子」や「大師傅」、「更官児」は月工として雇用されることが多かった。小経営農家を中心に構成されている南満洲において、これらの労働力は主に除草や収穫などの農繁期にこそ必要とされたため、年工として 1 年間雇用するよりも、月工として雇用する方がより効率的であったと考えられる。

　雇農はさらに能力や経験の違いによって、「成工」、「大半拉子」、「半拉子」、「小半拉子」の 4 種類に分けられた[33]。「成工」（別称「整工」）は年齢 20–45 歳、「大半拉子」は 18–19 歳、「半拉子」は 15–17 歳と 46–55 歳、「小半拉子」は 13–14 歳と 56–60 歳の男性労働力を指す。「成工」は一人前の労働者とみなされたため 1 人分の労働力、それ以外は「大半拉子」は 0.7 人分、「半拉子」は 0.5 人分、「小半拉子」は 0.2 人分の労働力として計算されていた。

第 2 章　雇農と村落社会

労働能力の区別は地域や村落によって差異があり、「成工」、「大半拉子」、「半拉子」の3種類しかない地域もあった。そして、能力別によって所得する労賃にも差異がみられ、「成工」の労賃が最も高く、「小半拉子」や「半拉子」の労賃が最も低かった。

3 労働条件

賃金形態

　年工と日工では賃金形態が少々異なっていた。年工の賃金形態は大きく「捞青雇農」、「地夥」、「糧夥」、「帯地年工」、「銭夥」に分かれていたが、最もよくみられたのは現金で支払われる「銭夥」であった[34]。

　労賃については、特殊な技術を必要とする「打頭的」と「老板子」が一番高くなっており、間接労働である「大師傅」や「更官児」がそれに続いた。最も低かったのは、少年が従事していた「猪官児」であった。そして、ほとんどの職務において北満洲は、南満洲に比して高い賃金になっていた[35]。

　日工の賃金は穀物などの現物で支払われることもごく稀にあったが、ほとんどの場合は現金で清算されていた。そして、当然のことながら賃金の多寡は、各農作業期（播種、除草、収穫、調製）および需要と供給の関係によって変動していた。満洲において除草期と収穫期は農繁期にあたり、大量の労働力を雇用する必要があるため、いずれの地域や職務においても労賃が最も高くなっていた。特に除草期の賃金高騰は甚だしく、通常の2倍から3倍になることが一般的であった。地域別でみると、北満洲は労働力需要が高いということもあり、ほとんどの作業期において南満洲を上回っていた。

支払い方法

　次に、賃金の支払い過程についてみてみる。年工の労賃は必ず一括で支払うという決まりはなく、多くの場合は現金や生活用品を必要とする時に随時雇用主から受け取り、その残った分を雇用期間終了時に清算するという形を

図 2-1 「工夫帳」
出典:実業部臨時産業調査局編『康徳元年度農村実態調査報告書 産調資料
(45) ノ (5) 雇傭関係並に慣行篇』実業部臨時産業調査局、1937年。

とっていた。日本人調査員に対してある雇農が「賃銀は日工の方が高くても仕事のない日が多いから結局手取額が些くなるに反し、年工は1年の給料が一定して居るから遙かに安全である。又相当年数勤続した年工であれば当座の必要があれば銭でも穀物でも随時前借りが出来るから生活がしやすい」[36]と語るように、安定した収入に加えて、必要な時に労賃を現金か現物で受け取るという清算方式も年工を選ぶに至った理由であったことがわかる。

　農村実態調査の関連報告書『45-5 雇傭関係並に慣行篇』の附録として、北満洲における農家数戸分の「工夫帳」(労働力の雇用を記録する帳簿、図2-1)が転載されている[37]。これらの帳簿をみると、多くの年工が雇用される期間内に数回に分けて雇用主から現金や食糧(穀物や肉)を受け取っていたことがわかる。食糧は時価で換算され、受け取った現金とともに帳簿に記録されていた。あらかじめ決定した賃金から期間中に受け取った金額を差し引いた分が、雇用終了時に労働者に支払われた。また、年工は雇用期間中に現金や食糧を受け取りすぎることも往々にして起こりうる。その場合は、借金として雇用終了時に返済することもあったが、一部の雇農は翌年の雇用を前

提としてそこから前借りする形をとっていた。そして、帳簿には「誤工」
（欠勤）に関する記述もある。ほとんどの年工は雇用期間中に何らかの事情
で数日ないし数十日休んでいる。雇農側の事情で欠勤した場合は、その日数
と時間数（半日か1日か）、賃金に換算した時の金額が帳簿に記録されている。
欠勤した分は、雇用期間を延長して補うか、ほかの労働を行って補うか、雇
用終了時に労賃から差し引くか、のいずれかとなっていた[38]。

　日工の賃金の支払い方法や受け取りについては、雇農の居住地によって異
なっていた。村落外から雇われた日工は日払いか3日払い、あるいは作業終
了後に支払われていた。村内居住の日工で、雇用主との間に一種の恒常的な
雇用関係のある場合は、必要に応じて受け取ることもできた。たとえば、綏
化県于坦店屯のある日工の賃金受取過程をみてみると、この日工は村落内の
ある農家のもとで陰暦4月11日から6月15日までの期間中に39日間の労
働を行い、その合計労賃は60.57円であった。年工と同じく、必要時に現金
と食糧（豚肉や白面、粟など）を数回に分けて雇用主から受け取っていた。
また、この日工は別の農家のもとで2月下旬に4.5日間、6月の小麦刈取期
に1日間雇用されていたが、その賃金もまた3月、4月、6月の3回に分け
て雇用主から受け取っていた[39]。

　賃金を雇用主から前借りできることから、雇農は固定の雇用主に雇われる
ことが多く、両者の間に一定の信頼関係があったことがうかがえる。この信
頼関係は、雇農が年工として雇用されるかにも関わっていた。調査報告書に
は雇農が年工ではなく日工を選択する理由について、2人の雇農が「極貧で
あって当座の銭と穀物が欲しいが、年工となって前借り出来る信用も腕もな
い」と述べている[40]。この内容が示しているように、年工として働くため
には技能と合わせて、信用度が重要であった。

賃金の変化

　続いて、賃金の変化についてみてみる。表2-1と表2-2は1934年から
1938年までの北満洲における年工と日工の賃金変動を示すものである。こ
の二つの表からわかるように、すべての職務や農期において、1938年の賃

表2-1　北満洲における年工職務別賃金変動

職務	1934年		1938年		割合（倍）
	人数（人）	賃金（円）	人数（人）	賃金（円）	
打頭的	15	62.34	30	158.49	2.54
老板子	4	70.75	8	187.50	2.65
跟做的	38	36.90	71	100.60	2.72
大師傅	5	50.60	13	150.77	2.98
更官児	7	51.94	16	116.88	2.25
馬官児	9	16.02	14	48.15	3.01
猪官児	17	18.90	13	50.00	2.65

※対象は綏化県、呼蘭県、富裕県、拝泉県の4県の職分別、銭夥（現金による支払い）のみの平均である。「割合」は1934年を基準にした1938年の増加倍率である。
出典：石田前掲『北満に於ける雇農の研究』81頁をもとに作成。

表2-2　北満洲における日工の賃金変動

農作業	呼蘭県			綏化県			拝泉県			富裕県		
	1934年（円）	1938年（円）	割合（倍）	1934年（円）	1938年（円）	割合（倍）	1934年（円）	1938年（円）	割合（倍）	1934年（円）	1938年（円）	割合（倍）
施肥	0.25	0.60	2.40	0.23	0.60	2.61	0.21	0.90	4.29	—	0.60	—
播種	0.27	0.60	2.22	0.36	0.60	1.67	0.27	0.90	3.33	0.30	0.60	2.00
除草	0.50	1.13	2.26	0.73	1.47	2.01	0.47	1.65	3.51	0.48	1.47	3.06
小麦刈取	—	2.00	—		2.50			3.00			2.00	
収穫	0.42	1.20	2.86	0.75	1.40	1.87	0.48	1.75	3.65	0.49	1.30	2.65
運搬	0.33	0.85	2.58	0.51	1.20	2.35	0.26	0.90	3.46	—	0.90	—
調製	0.27	0.65	2.41	0.26	0.90	3.46	0.21	0.85	4.05	—	0.80	—

※1938年の除草は第1回から第3回まで含まれていたが、その平均値を算出した。「割合」は1934年を基準にした1938年の増加倍率である。
出典：石田前掲『北満に於ける雇農の研究』104-105頁をもとに作成。

金が1934年より2倍から3倍増加していた。表2-2の日工における作業別賃金の中で小麦の刈取期が最も高かったのは、各農家が一斉に農作業に着手するからである。さらに、当該作業は北満洲の雨期と重なり、作物の損耗を防ぐために、短期間で多くの労働者で刈り取らなければならないという点も

影響していた[41]。

　賃金の高騰に対し、雇用主は「労働者が足りない」、雇農は「物価が上がったから」とそれぞれの意見を主張していたことが調査記録に残されている[42]。実際のところ、1934年から1938年にかけてほとんどの農産物価格が約2倍に上がっていた。なかでも主食である粟とトウモロコシの高騰が最も顕著であった[43]。

　また雇用主が主張するように、賃金の高騰をもたらした直接の原因は農業労働人口の不足であった。農業労働者不足に至った要因として、主に2点が考えられる。一つは、満洲国政府および関東軍による華北地方から満洲への移民の抑制である。満洲国の治安維持、漢民族の勢力抑制、日本人の発展余地保留、満洲人労働者の生活安定とその向上、出稼ぎ労働者による華北地方への送金・現金持ち帰り防止という5点の理由で、移民の流入が制限されるようになり、本格的な取り締まりが始まった1935年以降、華北地方からの入満者数が急減した[44]。しかし、1937年以降、「満洲産業開発五カ年計画」や日中戦争の勃発により労働力不足となったため、再び労働力の積極的な導入が始まった。労働力は一時的に増加したものの、労働政策の不備や日本占領地からの労働力の調達が困難であったため、労働力不足はさらに深刻な問題となった[45]。大量の移民に依存していた満洲の農業経営は、移民の減少が農業労働人口の不足につながった。

　もう一つは、農業外諸産業の発展によって生じた労働人口の移動である。従来農業を中心としていた満洲では、鉄道の敷設や日本の進出により工業や鉱業などの諸産業も著しい発展をみせた。撫順炭鉱を例にとると、出炭量は引継当時23万トン、1911年に37万トン、1923年に500万トン、1927年に700万トン、1937年に1,000万トンを超えてピークに達した[46]。生産量の増加には労働力の増強が不可欠であったが、ほかの諸産業に労働力が吸収されたため、農業労働人口の不足につながった。この点については第5章でさらに詳しく述べる。

4　年工の雇用と社会関係

年工の雇用

　本節では、満洲の労働基幹であった年工の雇用に焦点をあて、その雇用形態や賃金形態などからみえる雇農と雇用主との関係について検討する。そして、先に結論を述べておくと、年工の雇用において親戚や知人といった社会関係が極めて重要な役割を果たしていたのである。

　ここでは、第2回農村実態調査の『戸別調査之部』の中にある「労働関係表」を用いて、年工の雇用形態を検討する。表2-3は遼中県黄家窩堡の年工の雇用形態をまとめたものである。記号1から21までは黄家窩堡内で雇用された21人の年工、記号22から31までは黄家窩堡内に居住しながらほかの村落に雇用された10人の年工の雇用形態を示している。

①雇用形態と労賃

　村内で雇用された21人の年工は「打頭的」が2人、「随当」(「跟做的」)が14人、「看猪」が5人であった。同じ「随当」であっても労賃は異なっており、この差は雇農の能力差によって生じたものである。遼中県において雇農は、その能力の違いによって「成工」(20-50歳)・「大半拉子」(15-20歳前後)・「小半拉子」(15歳前後)の三つに大別されていた[47]。「成工」の労賃が最も高く、豚の飼育に関わっていた5人の「小半拉子」の賃金が最も低かった。

　雇用期間をみると、多くの年工は陰暦1月下旬-2月上旬から、10月下旬-11月中旬まで雇用されていた。雇用期間中は主に雇用主の家に住込みで生活し、食事も支給されていた。なお、仕事の支障にならない程度の近距離に住んでいる年工は、雇用主からの許可があれば自宅から通うことも可能であった。黄家窩堡内で雇用された21人のうち、10人は通いであった。他村落から雇用した年工はほとんど住込みであり、同村落に住所を有しながら他村落に雇用されていた10人の年工(記号22-31)も住込みであった。

第2章　雇農と村落社会　　　67

表 2‒3　1935 年における遼中県黄家窩堡の年工の雇用形態

記号	職務種類	能力（年齢）	雇用主	雇用期間	労賃（円）	そのほかの給与	生活状態	支払方法	家族住所	雇用主との関係	雇用手続
村落内雇用年工											
1	随当	成工(37)	村内2番	2.2～11.2	48.0	0.2円	通い	前払い	村内31番	知人	口契約
2	随当	成工(47)	村内2番	1.22～11.1	46.0	0.2円	通い	前払い	村内32番	親戚	口契約
3	随当	成工(34)	村内2番	1.22～10.22	50.0	0.2円	通い	前払い	村内30番	知人	口契約
4	随当	成工(24)	村内2番	1.22～10.22	—	1.0天地借受、0.1円	通い	—	村内26番	知人	口契約
5	随当	成工(22)	村内2番	1.26～10.26	35.0	0.2円	住込み	前払い	台安県	知人	保証人
6	随当	大半拉子(18)	村内2番	1.26～10.26	—	1.0天地借受、0.1円	住込み	—	村内13番	知人	口契約
7	打頭的	成工(32)	村内2番	2.1～11.1	60.0	0.2円	通い	前払い	村内22番	親戚	口契約
8	随当	大半拉子(17)	村内2番	1.24～10.24	25.0	0.1円	住込み	前払い	村内22番	親戚	口契約
9	看猪	小半拉子(14)	村内2番	1.28～10.28	8.0	0.1円	住込み	前払い	村内22番	親戚	口契約
10	随当	大半拉子(53)	村内3番	1.25～11.8	33.0	0.1円	住込み	前払い	村内36番	知人	口契約
11	随当	大半拉子(17)	村内3番	1.25～11.8	—	1.0天地借受、0.1円	住込み	—	夾三河村(8区)	知人	保証人
12	随当	大半拉子(16)	村内3番	1.25～10.25	20.0	0.1円	住込み	前払い	夾三河村(8区)	知人	保証人
13	看猪	小半拉子(14)	村内3番	1.28～10.28	10.0	0.1円	住込み	前払い	趙家村(8区)	知人	保証人
14	打頭的	成工(36)	村内5番	2.1～11.15	35.0	1.5天地借受、0.2円	通い	—	村内35番	親戚	口契約
15	随当	成工(28)	村内5番	2.1～11.15	45.0	0.1円	通い	前払い	村内14番	親戚	口契約
16	随当	成工(38)	村内5番	2.1～11.15	38.0	0.5天地借受、0.1円	通い	—	村内33番	親戚	口契約
17	随当	成工(26)	村内5番	2.1～11.15	40.0	0.1円	通い	前払い	村内34番	知人	保証人
18	看猪	小半拉子(14)	村内5番	2.1～11.15	10.0	0.1円	住込み	前払い	村内27番	知人	口契約
19	随当	大半拉子(16)	村内6番	1.27～10.27	20.0	0.1円	住込み	前払い	王家崗子(6区)	知人	保証人
20	看猪	小半拉子(13)	村内6番	1.28～10.28	4.7	0.1円	住込み	前払い	趙家村(8区)	知人	保証人
21	看猪	小半拉子(11)	村内11番	2.10～10.20	2.0	0.1円	住込み	前払い	大邦牛(1区)	知人	口契約
村落外雇用年工											
22	打頭的	成工(36)	村外趙鴻生	2.18～11.20	47.0	0.2円	通い	前払い	村内18番	知人	保証人
23	随当	成工(27)	村外馬玉春	2.18～11.15	43.0	0.2円	住込み	前払い	村内18番	知人	保証人
24	随当	大半拉子(19)	村外候顕揚	1.25～11.30	35.0	0.2円	住込み	前払い	村内24番	知人	保証人
25	随当	大半拉子(16)	村外候顕揚	1.25～11.30	20.0	0.1円	住込み	前払い	村内24番	知人	保証人
26	随当	小半拉子(63)	村外傅某	2.18～11.15	18.0	0.1円	住込み	前払い	村内29番	知人	保証人
27	随当	成工(18)	村外王国有	2.18～11.15	51.0	0.1円	住込み	前払い	村内16番	知人	保証人
28	随当	成工(26)	村外王宝善	2.18～11.15	—	高粱2.5石、0.1円	通い	前払い	村内25番	知人	保証人
29	随当	成工(46)	村外王宝善	2.18～11.15	40.0	0.2円	住込み	前払い	村内25番	知人	保証人
30	随当	成工(38)	村外王宝善	2.1～10.15	28.0	高粱1.2石	住込み	中間払い	村内23番	知人	口契約
31	看猪	小半拉子(16)	村外王宝善	2.1～11.30	12.0	0.2円	通い	前払い	村内23番	知人	保証人

※「記号」は便宜上つけたものであり、「雇用主」および「家族住所」の中にある番号は調査資料の農家番号である。また、「家族住所」の中に記載されている「区」は県行政上の区分である。「雇用期間」は陰暦の日付によるものであり、「2.1」は2月1日を表す。「労賃」は雇用期間の賃金合計を表している。土地面積について1天地は約37アール。
出典：『康徳3年戸別調査之部』第3分冊、210-211頁をもとに作成。

雇用期間中に数日の休暇が与えられていた。具体的には、陰暦4月18日（娘々廟祭）、5月5日（端午節）、除草と収穫前に各半日、7月1日から10日間あるいは7月5日から10日間である。それ以外に休んだ場合は、雇用期間を延長して補わなければならなかった[48]。休暇の時期は地域や村落、農家によって違いがみられたが、4月18日と5月5日の両祭日は満洲全域に共通していた[49]。また、多くの農家は農繁期（除草期と収穫期）の前に、さらに「中元節」の前後に休暇をとっていたことも興味深い。

年工の労賃はすべて前払いであり、陰暦3月20日前後に支払われていた[50]。前払いが可能であったのは、雇用主と雇農の間に信頼関係があったからだと考えられる。ほとんどの年工は現金で受け取っていたが、記号4、6、11、14、16は一部の土地を借り受けて賃金に充当していた。

また、表2-3からわかるように、遼中県黄家窩堡では、すべての年工に対して「そのほかの給与」として0.1円か0.2円の手当が与えられていた[51]。これは同村落内で雇用された年工に限らず、他村落で雇用された年工にも同様であった。この種の手当は、娘々廟祭、関帝廟祭、「年関」（年の瀬）近くに雇用主から与えられていたという[52]。このような手当は多くの村落でみられたが、雇農全員を対象とするのは稀であった。

②年工の雇用先と家族住所

年工の雇用主についてみてみる。当該村落の年工のほとんどは、同村落の2番農家（張忠信）、3番農家（黄鳳鳴）、5番農家（王口棟）、6番農家（張文会）という四つの大経営農家によって雇用されていた[53]。このことは年工に限らず、月工の雇用も同様であった。2番農家（張忠信）は約81天地（1天地は約37アール）を自作し、9人の年工と約67ヶ月間の月工を、3番農家（黄鳳鳴）は約62天地の土地を自作し、4人の年工と約55ヶ月間の月工を、5番農家（王口棟）は約115天地を自作し、5人の年工と約70ヶ月間の月工を、6番農家（張文会）は約32天地を自作し、2人の年工と27ヶ月間の月工をそれぞれ雇用していた[54]。黄家窩堡はこの四つの農家を中心に構成されており、ほとんどの雇農は彼らのもとで農業労働を行っていた。村落に居住しながらほかの村落で雇用された年工の10人中4人は他村落の王宝善に

雇用されていた。自作経営を行っていた王宝善は、黄家窩堡の近隣に位置する稀家村に居住し、約36天地の農地を耕作し、村長を務める大農家であった[55]。

次に年工の住居についてみてみる。表2-3にある「家族住所」欄から判断すれば、3人の年工（記号7、8、9）は、同村落内の22番農家の成員である。この3人は親戚関係を頼りに、2番農家に雇用されていた。調査報告書の農家略歴をみれば、22番一家は約30年前に「本屯は労賃高き為親類を頼りて」本県県城から黄家窩堡に移動してきたと記録されている[56]。30年前に頼りにした親戚はおそらく2番農家を指し、その後長らく同農家に雇用されていたと考えられる。さらに詳細にみると、記号7は通いであったのに対して、記号8（17歳）と9（14歳）は住込みであった。これは、おそらく32歳である記号7は戸主あるいはそれに準ずる者であり、家にいる必要があったからであろう。このように、複数の家族成員が同一の雇用主に雇用されることは、しばしばみられていた。たとえば、記号24と25は家族であり、ともに「大半拉子」として、他村落の候顕揚に雇用されていた。記号28と29、記号30と31もそれぞれ家族である。この二つの家族はいずれも他村落の王宝善に雇用されていた。このうち、記号28と31は通いであり、記号29と30は住込みであった。

5　雇用主との関係

雇用手続と保証人

次は年工を雇用する際の社会関係および雇用手続についてみてみる。年工の雇用についていえば、雇農側から積極的に雇用先を探すのがほとんどであり、雇用主自ら探すのは稀であった。村落外の雇農を雇用する場合には、親戚または知人に依頼して、身元が確かで能力の優れた者を雇用できるように努めていた。その一つの理由として考えられるのは、年工の多くは雇用主の家に住み込むため、身の危険と家財の盗難に対する防衛である。

村落内で雇用された 21 人の年工のうち、雇用主と親戚関係にある者は 7 人、雇用主と知人関係にある者は 14 人であった。つまり、21 人すべてが親戚や知人といった社会関係を有していた。親戚関係の 7 人はみな同村落内に生活していた年工であり、この 7 人を雇用する際に、保証人を必要としておらず、口頭契約のみで雇用関係が成立していた。一方、外部の村落から雇用してきた年工（記号 5、11、12、13、19、20、21）は、1 人（記号 21）を除いて、すべて契約時に保証人を必要としていたことがわかる。また、他村落で雇用されていた 10 人の年工（記号 22-31）についても同じことが指摘できる。雇用された 10 人の年工はすべて雇用主と知人関係であったが、10 人中 9 人が保証人を必要としていた[57]。

　保証人については村落によって差異がみられた。新民県二道河子屯では、雇用期間中に雇農が労働不可能になった場合、保証人が新たな雇農を紹介する責任があった。また、新たな雇農をみつけるまでの期間は日工を雇わなければならないため、その賃金も保証人が払う必要があった。一方、労賃不払いのような問題が起きた場合、保証人が雇用主の代わりに労賃を支払わなければならなかった。その場合、代わりに支払った労賃は雇用主と保証人との間の賃借関係になった[58]。黒山県前孫家窩棚では、何らかの問題が起きた場合に保証人がそのすべての責任を負っていた[59]。磐石県冉家村では、雇農に対して賃金を前払いし、その後労働不能状態となったり、雇農が逃亡したりした場合は、保証人が雇用主に対して賃金を払い戻す必要があった[60]。楡樹県于家焼鍋屯では、保証人や紹介人がいない者はほとんど雇用されなかった[61]。

　上述の 4 村落では保証人が一定の責任を負う必要があったのに対して、そうではない村落もあった。ここでは石田精一が 1940 年に綏化県于坦店屯で行った聞き取り調査の成果を例にみてみる。石田は保証人について以下のように指摘した[62]。すなわち、保証人を置く場合にも特に保証書を作成することなく、その責任も明確に定まっていなかった。雇用時にいったん保証人が付きさえすれば、能力や身元には問題がないとされることを意味していた。また、雇農が雇用期間満了前に労働をやめても、保証人は責任を負う必要が

なく、時には雇用主と雇農の労賃の仲介に入ることもあった[63]。

　保証人の責任は村落によって違いがあったが、いくつかの点においては共通性がみられる。第一に、保証人を必要とする場合でも特に保証書にあたるものがなく、すべて保証人を通しての口頭契約によって雇用が行われていた点である。第二に、保証人になる者が雇用主の親戚か友人あるいは信用できる富裕な農民である場合が多く、雇農と保証人もほとんど親戚か友人であった点である。このように、保証書はなくとも口頭契約のみで雇用関係が成立する点からは、雇用主と保証人、保証人と雇農の間に存在した強い信頼関係が読み取れる。雇用主と保証人と雇農の三者は、そのうちの一者でも契約内容を実行できなかった場合、ほかの二者に不便をもたらすだけではなく、自身も村落や附近の村落から信用を失うことになり、自身の生活にも不利益をもたらすことになったと考えられる。

「吃犒労」

　最後に年工の契約が披露される「吃犒労」の宴についてみてみる。

　楡樹県林屯（魏家窪子）にて調査を実施した海野磯雄の報告によれば[64]、「吃犒労」は雇用主が家族や雇農のために特別なご馳走を用意して、近隣の人々や親戚を招く犒労の宴であり、春の播種期の忙しさを控えた陰暦2月頃に行われていた。「吃犒労」までは雑労働が多く、「吃犒労」の実施を境に本格的に農耕労働が開始された。この宴の開始前に、雇用主はそれぞれの年工に対して仕事の細かい指示をした後、「打頭的」が年工一同を代表して答辞を述べた。これが「吃犒労」の儀式であり、その後参加者は皆揃って宴に入った。年工は年工同士でテーブルを囲み、家族は親戚や近隣の人々のテーブルに入ってもてなした。食事は主食の粳米に加え、豪華な料理（「八碗八碟」）が用意されていた。

　さらに、海野はこの儀式に三つの意味があると指摘した。一つは、雇用主が年工や家族のためにこれから始まる農耕に先立ってその労を犒う意味である。もう一つは、季節的にみて農事の一つの節目である。正月気分の抜け切らない年工たちに対して、気分の転換を行う区切りの日でもあった。最後の

一つは、雇用主と年工との雇用契約を近隣の人々の前に披露し、雇用関係を社会的に成立させるという意味である。これによって雇用された年工たちは、はじめて村落の一員として生活できるようになり、近隣の人々とも親しく会話できるようになったというのである。

この儀式からもわかるように、雇用された年工は雇用期間中に単に労働力としてではなく、雇用主の一家族、村の一村民として生活を送っていた。また、この儀式を経たことによって、雇用主と雇農の雇用関係は揺るぎないものとなり、雇用期間中に雇農が何かトラブルを起こした場合、近隣からの評判が下がり、信用も失うことになる。

おわりに

19世紀末に本格的に始まった満洲の開墾は、華北地方から移住してきた大量の移民によって進められた。満洲の農業において最も重要な役割を果たしたのは、土着の満洲人ではなく、華北地方からの移民である。鉄道敷設に伴う移民の増加や開墾の拡大による農業生産の増加という大きな社会変容が満洲で生じ、多くの村落が形成された。また、1930年代に至ると、南満洲と北満洲の土地所有状況や農家経営形態も相当異なっていた。その特徴を端的にいえば、南満洲は小経営・零細経営農家が多かったのに対し、北満洲は大土地経営が中心であった。

そして、南満洲と北満洲の両地域において大量の雇農が存在し、彼らが農業生産の中心であった。雇農の仕事は職務や能力によって細分化されていた。雇用主はそれぞれの地域の特性や農家の需要に合わせて、年工、月工、日工を組み合わせて雇用していた。南満洲と北満洲では、雇用する職務の傾向や割合が異なっていた。北満洲では、直接労働を担う「打頭的」と「跟做的」はもちろん、間接労働を担う「大師傅」や「更官児」なども多数雇用されていた。それは、北満洲における農家経営の規模が大きく、間接労働を担当する労働者も1年中必要であったからである。一方、南満洲では、「老板子」

第2章　雇農と村落社会　　　73

や「大師傅」、「更官児」は月工として雇用されることが多かった。なぜなら、小経営が中心となる南満洲において、これらの労働力は主に除草や収穫などの農繁期に必要としていたからである。年工として1年間雇用するよりも、月工として雇用する方がより効率的であったと考えられる。

　雇農の中でも特に重要なのは年工であった。年工を雇用する際には、親戚や知人といった社会関係が極めて重要な役割を果たしていた。それは、年工が1年間の農業生産を大きく左右する存在であったのと同時に、長期にわたって雇用主の家に住み込むため、身元が確かな労働者を雇用するように雇用主が努めていたからである。村外から雇用され、特段の関係を有していない雇農には保証人が必要であった。しかし、保証人の責任は明確ではなく、契約書も交わされなかった。このことから、保証人、雇用主、雇農の三者の間に契約前から既に信用を裏付ける一定の関係があったことと推測される。これらの関係は雇用主と雇農との間における労働力需給および強い依存関係の上に形成されたものである。

1　実業部臨時産業調査局編『康徳元年度農村実態調査報告書　産調資料（45）ノ（1）農家概況篇』（実業部臨時産業調査局、1937年、55-56頁、以下、同類の資料については『45-1農家概況篇』のように略す）、西村成雄『中国近代東北地域史研究』（法律文化社、1984年、270頁）。

2　陳正謨「各省農工雇傭習慣及需供状況」李文海主編『民国時期社会調査叢編（二編）郷村経済巻（下巻）』福州、福建教育出版社、2009年。

3　雇農をめぐる中国の研究は概括的なものにとどまっており、日本帝国主義や植民地統治に対する批判に重点を置いている。たとえば、陳玉峰「三十年代中国農村雇傭労働者」（『史学集刊』1993年第4期）は満洲を含む中国全土の雇農を取り上げ、雇農の割合や労働条件、雇用方法について概観した。于春英・王鳳傑「偽満時期東北農業雇工研究」（『中国農史』2008年第3期）は雇農に着目し、満洲国期に雇農の生活状況が悪化し、その労働意欲が激減したことで農業生産力の低下につながったという。

4　大上末広「満洲農業恐慌の現段階」（満鉄経済調査会編『満洲経済年報』改造社、1935年）や、中西功「満洲経済研究の深化──1935年版『満洲経済年報』を評す」（『満鉄調査月報』第15巻第11号、1935年）などがある。この両氏の議論がやがて

「満洲経済論争」へと発展していった。

5 塚瀬進『中国近代東北経済史研究——鉄道敷設と中国東北経済の変化』東方書店、1993 年、23 頁。

6 南満洲鉄道株式会社総務部調査課編『満洲の農業』南満洲鉄道株式会社、1931 年。ここでは、大空社出版編集部編『満洲の農業（アジア学叢書 201）』（複製、大空社、2009 年、18 頁）を用いる。

7 満洲における稲作と朝鮮人移民の関係については、衣保中『朝鮮移民与東北地区水田開発』（長春、長春出版社、1999 年）や、朴敬玉『近代中国東北地域の朝鮮人移民と農業』（御茶の水書房、2015 年）などが詳しい。農事試験湯との関係について論じているのは、湯川真樹江「満洲における米作の展開 1913-1945——満鉄農事試験場の事務とその変遷」（『史学』第 80 巻第 4 号、2011 年）である。

8 『満洲の農業』53-55 頁。

9 中国各省の 1925 年における 1 平方 km あたりの人口密度をみると、直隷省 129.7 人、山東省 237.2 人、山西省 57.2 人、河南省 195.1 人、江蘇省 346.4 人、安徽省 142.3 人、江西省 153.7 人、浙江省 254.2 人、福建省 117.9 人、湖北省 154.7 人、湖南省 187.7 人、陝西省 88.3 人、甘粛省 22.8 人、四川省 92 人、広東省 142 人、広西省 61.3 人、貴州省 64.9 人、雲南省 29 人であり、その平均は 115.4 人であった。それ以外は、新疆省 1.8 人、蒙古 0.5 人（1923 年）、チベット 1.6 人（1923 年）であった。『満洲の農業』33-36 頁。

10 『満洲の農業』49-50 頁。

11 『満洲の農業』70-71 頁。

12 荒武達朗『近代満洲の開発と移民——渤海を渡った人びと』汲古書院、2008 年、30 頁。

13 荒武前掲『近代満洲の開発と移民』38 頁。

14 荒武前掲『近代満洲の開発と移民』70-72 頁。

15 「封禁政策」が解除された理由として、范立君『近代関内移民與中国東北社会変遷（1860-1931）』（北京、人民出版社、2007 年）は、以下の 3 点の理由を指摘している。第一に、1860 年以前に移民が禁止されていたにもかかわらず、関内から多くの人が政策に違反して移住していた。第二に、清朝政府の財政問題である。すなわち、土地の開墾を通して諸税収の増加を図ろうとするためである。第三に、ロシア帝国に対する防衛策である。

16 開放と開墾は順調に進展したとは限らなかった。たとえば黒龍江将軍特普欽は、開墾地から徴租によって不足している経費に充当できること、増加した移民を安住させられること、ロシアの脅威に備えた辺疆の強化ができること、減少した人参採取など土地開放が民生にもたらす利益が大であること、などの 4 点を理由に、呼蘭近隣の開放を求める上奏を行い、1862 年 12 月に上奏が裁可された。しかし、その後土地の受領

者が減少したことなどを理由として土地の開放は一旦停止され、開墾が本格的に再開されたのは20世紀になってからである。塚瀬進『マンチュリア史研究——「満洲」六〇〇年の社会変容』吉川弘文館、2014年、144-145頁。塚瀬前掲『中国近代東北経済史研究』62頁。また、黒龍江各地の民地の開放過程については、南満洲鉄道株式会社総務部事務局調査課編『満洲旧慣調査報告書——一般民地（下巻）』（南満洲鉄道株式会社総務部事務局調査課、1914年、110-147頁）を参照。

17　塚瀬前掲『中国近代東北経済史研究』28-29頁。

18　趙中孚「1920-30年代的東三省移民」『中央研究院近代史研究所集刊』第2期、1971年。

19　移民の増加に伴い、それまでの旗民制では対応できないことを清朝も認識するに至り、①州県制の拡大、②郷約や保甲の設置、③警察機構の導入による対応を決定した。1888年以降に一時中断した州県制が1902年に再開され、以降満洲では州県制が急速に拡大した。塚瀬前掲『マンチュリア史研究』162-165頁。

20　エ・エ・ヤシノフ著（哈爾濱事務所訳、南満洲鉄道株式会社庶務部調査課編）『北満洲支那農民経済』南満洲鉄道、1929年、200頁。

21　南満洲に位置する延吉県楊城村は1885年、敦化県三台山屯は1881年、磐石県冉家村は1887年、梨樹県裴家油房屯は1802年頃、海龍県孫家街屯は1875年頃、西豊県徳恩屯は1896年、新民県二道河子屯は1651年、黒山県前孫家窩棚は1735年頃、遼中県黄家窩堡は1849年、遼陽県前三塊石屯は1651年、磐山県孟家舗屯は1863年、鳳城県西門家堡子屯は1681年、豊寧県選将営子屯は康熙頃、蓋平県陳家屯は清朝初期、荘河県金廠屯は1735年頃に開墾されているという。一方、北満洲に位置する龍鎮県帮辦屯は1912年、訥河県孫家屯は1924年、克山県西屯は1918年、克山県東屯は1915年、克山県北屯は1916年、拝泉県王殿元屯は1907年、樺川県陸家崗屯は1892年、富錦県岳家屯は1906年、海倫県後三馬架屯は1901年、富裕県李地房子屯は1929年、明水県郭殿仁屯は1908年、望奎県後四井屯は1900年、青崗県董家店屯は1896年、安達県正四家子屯は1906年、蘭西県石家囲子屯は1870年、慶城県張家焼鍋屯は1862年、綏化県蔡家窩堡は1873年、呼蘭県孟家屯は1785年頃、巴彦県西太平荘は1863年、肇州県張家大囲子屯は1906年、楡樹県于家焼鍋屯は1765年頃に開墾されているという。これらの開墾年代は一部農民から聞き取った内容もあり、また家族の伝承という側面から考えれば必ずしも正確とはいえないものも多く含まれている。特に何代も前に開墾されたという南満洲に指摘できることである。ただ、大まかな傾向を知るという意味では有用である。

22　官有地の払い下げについては、江夏由樹の諸研究がある。江夏は満洲に存在した広大な官地を民地として払い下げる過程に着目し、「清朝皇室・八旗王公旗人の特権的土地所有を否定」したことや、「身分的土地所有を廃したという意味での『近代的』土地所有関係の確立」の2点の意味があったことを指摘した。さらに、江夏は満洲国に

至るまでの官荘の荘頭と永佃戸との間に繰り拡げられた土地権利闘争について検討し、官有地の払い下げを受けた者は、「地主として各地方で強い勢力を獲得」していたことを明らかにした。このことはまた張作霖や張煥相といった地方有力者の土地所有拡大と深く関わっていたという。江夏による一連の研究は、満洲をめぐる土地問題やそれを取り巻く政治・社会・経済の変化を解明しており、満洲の開墾や村落形成、土地制度などを検討するための土台になっているといえよう。江夏由樹「清朝の時代、東三省における八旗荘園の荘頭についての一考察——帯地投充荘頭を中心に」（『社会経済史学』第 46 巻第 1 号、1980 年）や、江夏由樹「旧錦州官荘の荘頭と永佃戸」（『社会経済史学』第 54 巻第 6 号、1989 年）、江夏由樹「清末の時期、東三省南部における官地の丈放の社会経済史的意味——錦州官荘の丈放を一例として」（『社会経済史学』第 49 巻第 4 号、1983 年）などがある。

23 王広義『近代中国東北郷村社会研究（1840-1931）』（北京、光明日報出版社、2010 年、47-49 頁）は満洲における村落拡散過程について指摘している。また、王は開墾の時期によって村落間の距離にも違いがみられ、北満洲は 2.53km、南満洲は 1.74km 離れていたと指摘する。

24 『45-3 農業経営篇』2-4 頁、西村前掲『中国近代東北地域史研究』267-271 頁。

25 『45-8 土地関係並に慣行篇』19-27 頁。

26 佐藤武夫『満洲農業再編成の研究』生活社、1942 年、83-84 頁。

27 この分類はあくまでも雇用する時点の雇用形態であることに注意する必要がある。たとえば、月工であったとしてもその合計労働月数が年工より多いこともあった。また、日工であったとしても年間の合計労働日数が年工を上回ることもあった。

28 『45-5 雇傭関係並に慣行篇』23-24 頁。

29 石田精一（南満洲鉄道株式会社調査部編）『北満に於ける雇農の研究』博文館、1942 年、20 頁。

30 『45-5 雇傭関係並に慣行篇』6 頁。

31 『45-5 雇傭関係並に慣行篇』25 頁。

32 雇農の労働時間は農耕期ごとに異なっていた。1 日の農業労働は数回に区切られ、数時間おきに休憩時間が設けられていた。通常の農耕期には 1 日 4 回、農繁期には 6 回の休憩があり、1 回の休憩ごとに 10-15 分、昼食時には 30-40 分程度休んでいた。これらの休憩時間を差し引いた 1 日の正味労働時間は、施肥期約 8 時間半、播種期約 12 時間半、除草期約 14 時間半、小麦刈取期約 11 時間半、そのほかの農作物の刈取期と収納期約 14 時間半、脱穀期約 16 時間であったという。石田前掲『北満に於ける雇農の研究』117-119 頁。

33 『45-5 雇傭関係並に慣行篇』33-34 頁。

34 「捞青雇農」は、雇農担当分の耕作面積を予め決めておき、その収穫物を雇用主と折半する形である。また石田精一は、満洲にみられた「捞青雇農」が満洲以外の地域と

第 2 章　雇農と村落社会　　　　77

は形態が異なっていたという。さらに、移民によって構成された満洲農村がそれを受容し、満洲に適合する形へと変化させていったことを指摘した。石田前掲『北満に於ける雇農の研究』70-71頁、井村哲郎編『満鉄調査部——関係者の証言』アジア経済研究所、1996年、90頁。「地夥」は予め決めておいた土地分の穀物を雇用主より受ける賃金形態であり、「糧夥」は予め決めておいた穀物量を雇用主から受ける形態であった。「帯地年工」の賃金は、一部は穀物、一部は現金で支払われた。

35 また、雇農の食事は雇用主によって提供されていた。「大師傅」によって食事の献立が決定され、通常雇用主家族と雇農との間に差異はなかった。通常の農作期や農閑期は1日2-3回、農繁期は1日3-4回の食事は契約条件の一環として含まれていたが、雇用期間終了後に食費として一定額のお金を雇農の労賃から差し引くという契約もみられた。石田前掲『北満に於ける雇農の研究』85-86頁。

36 『45-5 雇傭関係並に慣行篇』5-6頁。

37 帳簿には年工のみならず、日工についても記録されている。また、すべての農家がこのような帳簿を利用していたかは定かではない。

38 「誤工」については、『45-5 雇傭関係並に慣行篇』（64-70頁）に農民への聞き取り内容が記載されている。

39 石田前掲『北満に於ける雇農の研究』109-111頁。これに綏化県于坦店屯に関する農家の帳簿がついており、その形式は『45-5 雇傭関係並に慣行篇』とほとんど同じである。

40 『45-5 雇傭関係並に慣行篇』25頁。

41 石田前掲『北満に於ける雇農の研究』104頁。

42 石田前掲『北満に於ける雇農の研究』93頁。また、雇用主は「利益を打算すれば、年工は些くして月工日工を必要に応じて雇えばいい筈ではあるが、人の雇用はなかなか困難であって、就中熟練した優秀な年工は多い様で些いもので、怎うしても必要な最少限度の年工は確実に抱えて居らねばならない」「近年の様に日工が不足して労賃が高くなると、結局年工を多く抱えた方が得」と雇用事情について語っている。『45-5 雇傭関係並に慣行篇』4-5頁。

43 石田前掲『北満に於ける雇農の研究』82頁。

44 兒嶋俊郎「満州国の労働統制政策」松村高夫・解学詩・江田憲治編著『満鉄労働史の研究』日本経済評論社、2002年。

45 兒嶋前掲「満州国の労働統制政策」。

46 満史会編『満州開発四十年史（下巻）』満州開発四十年史刊行会、1964年、49-64頁、松村高夫「撫順炭鉱」松村・解・江田前掲『満鉄労働史の研究』。

47 臨時産業調査局調査部第1科編『康徳3年度農村実態調査一般調査報告書（遼中県下巻）』臨時産業調査局調査部第1科、1936年、602-603頁。以下、参照する一般調査報告書については『遼中県一般調査（下）』のように略す。

48 『遼中県一般調査（下）』605 頁。綏化県蔡家窩堡の年工の休日は、陰暦 4 月 18 日、5 月 5 日、8 月 15 日（中秋節）、除草と収穫前各 1 日ずつの計 5 日間であり、除草前と収穫前の休日がなく 3 日間の休暇しかない雇農も多かった。南満洲鉄道株式会社調査部『北満農業機構動態調査報告——第 2 編北安省綏化県蔡家窩堡』博文館、1942 年、76-83 頁。

49 この点については深尾葉子・安冨歩「廟に集まる神と人」（安冨歩・深尾葉子編『満洲の成立——森林の消尽と近代空間の形成』名古屋大学出版会、2009 年）が指摘する満洲における廟会の特徴とも合致する。

50 『遼中県一般調査（下）』608 頁。

51 この点については、月工にも指摘ができ、一部の月工にも同じようにそのほかの給与が与えられていた。しかし、その割合は年工より少なく、村落内で雇用した 45 人の月工のうち 12 人と、他村落に雇用された 26 人の月工のうち 14 人には支給されなかった。国務院実業部臨時産業調査局編『康徳 3 年度農村実態調査　戸別調査之部』第 3 分冊、国務院実業部臨時産業調査局、1936 年、212-215 頁、以下、『康徳 3 年戸別調査之部』。

52 『遼中県一般調査（下）』608 頁。

53 番号は 1936 年の調査資料の農家番号であり、括弧内の農家戸主の名前は、『遼中県一般調査（下）』445-449 頁、から特定した。

54 『康徳 3 年戸別調査之部』第 3 分冊、184-185 頁。

55 『康徳 3 年戸別調査之部』第 3 分冊、323 頁。

56 『康徳 3 年戸別調査之部』第 3 分冊、190-191 頁。

57 当該村落における月工の雇用についても同様な傾向がみてとれる。村落内で雇用した 45 人の月工は、7 人を除き雇用主とは何らかの社会関係（知人 21 人、親戚 17 人）を持っており、特定の関係がない 7 人は雇用の際にすべて保証人がいた。村落内に住所を有しながら他村落に雇用された 26 人の月工のうち 5 人は雇用主と特定の関係を持っていなかったが、そのうちの 3 人は保証人を必要とし、2 人は口頭で契約が交わされていた。『康徳 3 年戸別調査之部』第 3 分冊、212-215 頁。

58 『新民県一般調査（上）』296-297 頁。

59 『黒山県一般調査』307-308 頁。

60 『磐石県一般調査』277 頁。

61 『楡樹県一般調査』248-249 頁。

62 石田前掲『北満に於ける雇農の研究』141 頁。

63 村落外から雇農を雇用した場合でも、必ずしも保証人が雇農と同行して雇用主の家に行く必要があるとは限らない。新民県二道河子屯では、新年度の雇農と契約する期間中に、雇用主の家には 1 日約 10 人が訪ねてきた。保証人は直接来る必要がなく、雇農側から保証人を紹介した上、雇農と雇用主の両者が雇用条件について相談したとい

う。『新民県一般調査（上)』296-297 頁。また、聶莉莉『劉堡——中国東北地方の宗族とその変容』（東京大学出版会、1992 年、142 頁）もこの訪問（「串門子」）について言及している。

64　海野磯雄「農村の年中行事——部落日記 3 月」『満鉄調査月報』第 23 巻第 12 号、1943 年。

第 3 章

雇農の移動からみる社会関係

南満洲撫順附近にて北へ向かう「植民する苦力群」の家族
出典：亜東印画協会『亜東印画輯』第 40 回、亜東印画協会、1927 年 11 月。

はじめに

　本章では、満洲に存在した膨大な雇農の移動に着目し、その移動概況に加えて、動機や移動時に頼っていた社会関係などを明らかにする。

　華北地方から満洲へ渡った移民の性質をめぐっては大きく二つの研究潮流がある。一つは、送出地である華北地方の状況に注目し、19世紀中葉以降の農家経済の解体や階層分化、諸税の重圧、自然災害や戦禍などにより、零細土地所有者が流民となったことが指摘されてきた[1]。この点については、満鉄調査部に勤務し、中国各地で調査に携わっていた天野元之助も同様の見解を示していた。天野は、1936年に発表した『山東農業経済論』の中で「山東苦力」について注目し、山東農民がドイツの山東経営や世界市場との関わりの過程において零落し、満洲に移住したことを指摘している[2]。このように、これらの研究は、移民の送出地である華北地方の状況変化に注目し、移動の「受動性」が強調されてきた。

　もう一つは、満洲への出稼ぎは華北地方の農家にとって生業の一つであり、零細土地経営者に限定された選択肢ではなく、中農・上層農においてもみられ、農家がさらなる富を目指す手段であったと捉えている[3]。また、これらの労働力移動は1920年代以降になると、従来の地域間・同業種内の移動に加え、工業・鉱業という異業種への移動も可能となり、人々はより良い条件を求めて地域間・業種間を自由に移動するようになったことも指摘されている[4]。つまり、そこでは「能動的」な移民像が描かれている。

　以上のように、従来の研究によって華北地方からの移民像は相当明らかにされたといえるが、彼らが満洲へ移動した後の動きについては必ずしも十分に議論されていない。一部の移民は出稼ぎ労働者として華北地方と満洲を往来していたが、満洲に定住することを選択した移民も多数にのぼる。本章はこのような定住を選んだ農家が満洲内でどのように移動したのかについて、特に流動性の高い雇農農家について検討する。その際に、移動の動機に加え

て、移動時に頼った血縁関係や知人関係などの社会関係についても着目する。

　以下、第1節では南満洲と北満洲の雇農の全体的な移動概況を概観する。第2節では、雇農農家の移動背景をさらに動機と経路に分け、そこからみえてくる生活実態と社会関係について検証する。第3節では、一つの個別村落に関する記録に即し、より具体的にその状況を検討する。

　史料は、農村実態調査の『戸別調査之部』に収録されている「農家略歴表」を中心に用いる。この集計表には、各農家の経営形態や渡満年代、渡満理由、渡満後の移動状況、経営形態の変化、村落在住年数および村落来住理由が記載されており、各農家の移動状況を知る上で最適の史料である。

1　雇農農家の移動

　本節ではまず南満洲と北満洲のそれぞれの地域における雇農農家の移動概況について述べる。この両地域を比較することによって、各地域の特性がより明らかになると考える。

　雇農農家の移動について分析する際には、さらに大きく2種類に分けて考える必要がある。一つは自作兼雇農や小作兼雇農といった兼業雇農農家である。もう一つは単純に農業労働のみ行ういわゆる純雇農農家である。前者は、雇農として雇われるほかに自作や小作といった経営形態もとっており、移動する際にはその農地についても考慮する必要があった。一方、後者は移動する際に、土地のことを考慮する必要がそれほどなかったため、移動の形態に違いがみられる。

南満洲における雇農農家の移動

　表3-1は1935年時点における南満洲村落在住兼業雇農農家と純雇農農家の移動形態を、村落在住年数、移動回数、前住地の3点から整理したものである。まずここで気がつくことは、純雇農農家は105戸に対して兼業雇農農家が159戸という比率である。自作兼雇農や小作兼雇農のような兼業雇農農

表3-1 南満洲における雇農農家の移動形態

南満洲における雇農農家の移動（兼業雇農農家）								
在住年数	戸数（戸）	割合（%）	移動回数	戸数（戸）	割合（%）	前住地	戸数（戸）	割合（%）
200 年以上	34	21	6 回以上	3	2	同県内	80	50
100-199 年	25	16	5 回	2	1	隣県	0	0
30-99 年	43	27	4 回	5	3	南満洲内	19	12
11-29 年	22	14	3 回	26	16	北満洲	1	1
6-10 年	9	6	2 回	63	40	満洲以外	58	36
5 年以下	21	13	1 回	60	38	不明	1	1
不明	5	3	合計	159	100	合計	159	100
合計	159	100						

南満洲における雇農農家の移動（純雇農雇農）								
在住年数	戸数（戸）	割合（%）	移動回数	戸数（戸）	割合（%）	前住地	戸数（戸）	割合（%）
200 年以上	16	15	6 回以上	2	2	同県内	68	65
100-199 年	7	7	5 回	2	1	隣県	1	1
30-99 年	28	27	4 回	7	7	南満洲内	6	5
11-29 年	13	12	3 回	22	21	北満洲	1	1
6-10 年	11	10	2 回	44	42	満洲以外	25	24
5 年以下	26	25	1 回	28	27	不明	4	4
不明	4	4	合計	105	100	合計	105	100
合計	105	100						

※「在住年数」は調査当時の村落に在住している年数を表す。1936 年の調査対象である北満洲の 5 県（瑷琿県、洮南県、樺川県、富錦県、楡樹県）も含まれていたが、これらは北満洲の資料として換算し、表3-2で取り上げる。
出典：『康徳 3 年戸別調査之部』第 2-4 分冊をもとに作成。

家の方がより多数を占めていたことということになる。土地が零細化していた南満洲においては、多くの小経営農家が雇農として兼業しながら農家経営を展開していたといえよう。

　それでは、3 項目を一つずつ検討してみよう。在住年数は、調査当時における居住期間を示している。100 年以上在住の兼業雇農農家は 59 戸（37%）、純雇農農家は 23 戸（22%）であった。多くの農家は 100 年以上前から既に満洲に移住していたことがわかる。1920-30 年代の移動（在住年数 10 年以内）についてみると、兼業雇農農家の 19%、純雇農農家の 35% が 10 年以内に

移動してきた農家である。このように、兼業雇農農家は100年以上在住が多く、純雇農農家は10年以内の来住が多いことから、両者は移動の性質が相当異なっていたことを指摘できよう。すなわち、南満洲の兼業雇農農家が、雇農として雇用されるほかに自作や小作といった基盤を有していたのは、早い時期に移入し、長期間同じ村落に居住していたことの証左でもある。対照的に、純雇農農家は自作地や小作地などの土地基盤を有しておらず、1920-1930年に来住した農家が多く、村落を転々と移動していた。

　移動回数は、調査当時の村落にたどり着くまでに何度移動したかを示したものである。これをみると、3回以上移動した兼業雇農農家は22%、純雇農農家は31%であった。両者ともに2回の移動が最も多く、続いて多かったのは1回のみの移動である。

　前住地をみると、同県内や隣県、南満洲内の他県の三つを合わせれば、兼業雇農農家の62%、純雇農農家の71%が南満洲内で移動が行われ、とりわけ同県内（兼業雇農農家50%、純雇農農家65%）の村落間移動が最も多くみられていたといえよう。

北満洲における雇農農家の移動

　表3-2は、北満洲における雇農農家の移動形態を整理したものである。北満洲村落在住の農家のうち、兼業雇農農家の戸数は137戸、純雇農農家は286戸であり、純雇農農家の戸数は兼業雇農農家の戸数の約2倍であった。南満洲に比べ開墾時期が遅かった北満洲においては、大量の労働力が必要とされていたことに加え、大農経営が中心であったため、雇農農家、とりわけ純雇農農家が多数存在していた。以下では、南満洲の状況と比較しながら、北満洲の状況を検討する。

　北満洲における雇農農家の在住年数をみると、北満洲の100年以上在住の雇農農家数は南満洲に比してはるかに少なく、兼業雇農農家と純雇農農家を合わせてもわずか1戸（1%）のみであった。調査時点の100年前において北満洲の開墾はほとんど進んでいなかったからであろう。その一方で、10年以内に来住した雇農農家の割合は、いずれの経営形態においても半数以上

第3章　雇農の移動からみる社会関係　　85

表 3-2　北満洲における雇農農家の移動形態

北満洲における雇農農家の移動（兼業雇農農家）								
在住年数	戸数（戸）	割合（％）	移動回数	戸数（戸）	割合（％）	前住地	戸数（戸）	割合（％）
200 年以上	0	0	6 回以上	9	7	同県内	64	47
100-199 年	1	1	5 回	12	9	隣県	9	7
30-99 年	26	19	4 回	18	13	北満洲内	40	29
11-29 年	36	26	3 回	37	27	南満洲	17	12
6-10 年	16	12	2 回	54	39	満洲以外	6	4
5 年以下	55	40	1 回	7	5	不明	1	1
不明	3	2	合計	137	100	合計	137	100
合計	137	100						

北満洲における雇農農家の移動（純雇農農家）								
在住年数	戸数（戸）	割合（％）	移動回数	戸数（戸）	割合（％）	前住地	戸数（戸）	割合（％）
200 年以上	0	0	6 回以上	12	4	同県内	143	50
100-199 年	0	0	5 回	16	6	隣県	15	5
30-99 年	39	14	4 回	43	15	北満洲内	84	30
11-29 年	73	25	3 回	90	31	南満洲	29	10
6-10 年	36	13	2 回	114	40	満洲以外	10	3
5 年以下	132	46	1 回	11	4	不明	5	2
不明	6	2	合計	286	100	合計	286	100
合計	286	100						

※「在住年数」は調査当時の村落に居住している年数を表す。1936 年の調査対象である北満洲の 5 県（瑷琿県、洮南県、樺川県、富錦県、楡樹県）も含まれる。
出典：『康徳元年戸別調査之部』第 1-3 分冊、瑷琿県、洮南県、樺川県、富錦県、楡樹県の 5 県は『康徳 3 年戸別調査之部』第 1-2 分冊をもとに作成。

を占めていた。北満洲の本格的な開墾は 20 世紀以降であったため、10 年以内、とりわけ 5 年以内に来住した雇農が最も多かった。

　移動回数もまた南満洲とは対照的であった。北満洲でも 2 回の移動が最も多かったものの、1 回と 4 回以上の割合が明らかに異なっている。1 回のみの移動の割合は、北満洲の兼業雇農農家が 5％、純雇農農家が 4％ であったのに対し、南満洲の兼業雇農農家が 38％、純雇農農家が 27％ であった。いずれの経営形態においても、北満洲は南満洲よりはるかに少なかった。他方、北満洲においては 4 回以上移動した雇農農家の割合が高く、兼業雇農農家は

29%（南満洲は 6%）、純雇農農家は 25%（南満洲は 10%）が該当した。北満洲の雇農農家は調査当時の在住村落に着くまでにより多くの移動を経ていたことがわかる。

前住地をみてみると、雇農農家の移動は北満洲内、特に県内の村落間の移動が主要なルートであり、兼業雇農農家の 83%、純雇農農家の 85% は北満洲内の移動であった。前住地が満洲以外の地域、すなわち山東省や河北省といった華北地方から直接調査当時の村落に移動する農家がごくわずかであり、ほとんどの農家が一度南満洲や北満洲での生活経験がある。

このように、南満洲と北満洲の雇農農家の移動形態を比較すると、北満洲における流動性の高さがより明らかである。開墾して間もない北満洲は労働力需要が高く、多くの労働者が高賃金に引き寄せられ、北満洲内で転々と移動していた。一方、早期に開墾された南満洲の村落は、村落内の在住農家や経営形態も固定しつつあるため、北満洲ほど流動的ではなかったと考えられる。

2 移動の動機と経路

前節では、在住年数、移動回数、前住地から南満洲と北満洲の雇農農家の移動の特徴を明らかにした。しかし、移動形態や実態の検討としては、これだけでは不十分であることは贅言を要しない。以下では雇農農家の移動をさらに詳細に分析するため、移動動機と移動経路を取り上げる。

ここでは、1935 年に行われた第 1 回目の農村実態調査の記録をもとに、1934 年に村落に居住していた北満洲の雇農農家のうち、10 年以内（1925-1934 年）に居住村落に来住した純雇農農家に分析対象を限定する。純雇農農家以外の自作兼雇農や小作兼雇農などの兼業雇農農家についてはここでは取り上げない。このような限定をするのは、北満洲における雇農農家の移動において、10 年以内に来住した純雇農農家が最も多かったからである。1934 年の時点において、調査対象となった北満洲 16 県 17 屯には全 681 戸の農家

があり、経営形態に雇農が含まれていた農家は363戸で、そのうち142戸は10年以内に来住した純雇農農家であった（表3-2に含まれていた第2回農村実態調査の北満洲5県は除く）。以下ではこの142戸を中心に分析する。

　一つ注意する点として、調査記録には「生活困難のため、親族を頼りに」や「労働条件が良いと聞き、友人を頼りに」などのように、様々な理由が含まれていることがある。この中には移動の動機以外に移動の経路も含まれており、動機と経路とを別々に考察する必要がある。ところが、調査記録はこの複雑な理由をごく簡単に記載しているのみで、動機と経路を同様に扱ってしまっている。そして、もう一つ指摘しなければならないのは、調査報告書の当該項目には北満洲から南満洲へ転出した農家のこと、あるいは農業外諸産業に転業したことなどが記録されていないことである。そのため、農家が地域間と職業間を移動したとしても、移動後の状況を確認できない。この2点もまた農村実態調査やその調査報告書の限界といえよう。

　以下では、移動の動機については表3-3において、移動の経路については表3-4において類型化し、限定された情報の中から一定程度の傾向を捉えられるように努める。なお、ここで指す動機とは移動を決定する理由を表し、経路とは移動する際にみられる人的ネットワークを表している。

移動の動機

　表3-3は移動の動機を示したものである。10年以内に来住した142戸の純雇農農家のうち、105戸の移動動機が明らかになっている。ほかの37戸の農家は単に「親族に頼るため」あるいは「友人や知人に頼るため」と記されているのみであり、これらを移動の動機とせず、移動の経路に入れた。「生活が苦しいため」に移動した農家が全体の約23%を占め、最も多い動機であった。2番目に多かったのは、水害や「匪害」などの災害から逃れるための移動であり、約16%であった。おそらく1931年に起きた満洲事変やその後の不安定な情勢とも関わっていると考えられる。

　生活難とは対照的に、荒武達朗が指摘するより良い労働条件を求めての移動はここでもみられ、約16%を占めていた。生活が容易であるということ

表 3 - 3　10 年以内に来住した北満洲における純雇農農家の移動動機（1934 年）

来住理由（動機）	戸数（戸）	割合（％）
生活困難のため	24	22.9
諸災害（匪害・水害・兵乱など）から逃げるため	17	16.2
労働条件が良いため	17	16.2
生活が容易（家賃が安いためなど）であると聞いて	13	12.4
労働地・労働口を求めて	9	8.6
土地を得るため（小作人になるためも含む）	5	4.7
労働の需要が多いと聞いて	4	3.8
農家に雇用されたため	4	3.8
住む場所を失ったため（倒壊や家主の回収など）	4	3.8
生活向上のため	2	1.9
分家したため	2	1.9
その他（子どもの教育・前住地の水質が悪い）	2	1.9
不明	2	1.9
合計	105	100

※ここでは、1936 年の調査対象である北満洲の 5 県の資料を除いて、1935 年の調査のみで作成したものである。
出典：『康徳元年戸別調査之部』第 1-3 分冊、「農家略歴表」をもとに作成。

を聞いて移動した農家は約 12% である。これもまた良い生活環境を求めての移動であると考えられよう。また、生活困難とより良い労働条件を対立する動機として調査記録は扱っているが、実際は関連している動機でもある。前住地での賃金が低く、生活が少しでも楽になるため良い条件や良い環境を目指して移動していたとも考えられる。もちろん、ここでみられるより良い労働条件とは、豊かな上層農家がさらに富を目指すための移動というよりも、むしろ農家が少しでも良い生活を求めて移動したと考える方が妥当であるように思われる。

移動の経路

　表 3-4 は移動の経路を簡単にまとめたものである。すべての農家がどのような社会関係を頼って移動してきたかを明示しているわけではない。対象

第 3 章　雇農の移動からみる社会関係　　89

表 3-4　10 年内に来住した北満洲における純雇農農家の移動経路（1934 年）

来住理由（経路）	戸数（戸）	割合（%）
親族・親戚を頼りに来住	40	28
友人・知人（同郷も含む）を頼りに来住	20	14
不明	82	58
合計	142	100

※ここでは、1936 年の調査対象である北満洲の 5 県の資料を除いて、1935 年の調査のみで
作成したものである。
出典：『康徳元年戸別調査之部』第 1-3 分冊、「農家略歴表」をもとに作成。

となる全 142 戸の純雇農農家のうち、60 戸の経路が判別できる。

　全体の約 28% の農家が親族・親戚を頼りに移動しており、約 14% は友人
や知人を頼りにしていた。両者を合わせて約 42% の農家がこのような人間
関係を頼りに移動先を選んでいた。また、第 2 章でも指摘したように、年工
の雇用において親戚や知人といった社会関係や、信用のある保証人の存在が
重要な役割を果たしていた。そのため、移動経路が明示されていない 58%
の中にも人的ネットワークが相当みられていたと推測できる。これらの社会
関係が必ずしも金銭賃借や家屋の手配などの面で直接に手助けをしたとは限
らない。彼らにとって、より居心地の良い生活環境やより良い労働条件を得
る一番手近な道として、信頼できるこれらの社会関係が優先的に考えられて
いたようである。

　以上の分析を踏まえて考えれば、北満洲の雇農は流動性が高く、彼らは労
働条件や生活の容易さを配慮して移動先の村落を選んでいた。そして移動す
る際には、親族・親戚や知人といった社会関係が移動先を決定する重要な要
素であったと指摘できる。またこれは、おそらく北満洲は南満洲と比較して
農業外就業の機会が少なく、農民が職種間を自由に移動することが困難であ
ったためと考えられる（第 5 章と第 6 章を参照）。もっといえば、村落間の移
動や農業内の移動であるから、このような社会関係がより重要な意味を持っ
ていたのであろう。

　また、社会関係をさらに微細に検討すると、開墾が進展するにつれて姻戚

関係を頼りにする移動も増加していた。たとえば、吉林省の永吉県に居住する望族の徐氏は、19世紀に北満洲への進出を図るため綏化県の楊氏と通婚関係を結んでいた[5]。土地の開墾当初は主に同族関係を頼りにしていた移動が、満洲の開発や開墾が進むにつれてこのような姻戚関係も重要な社会関係であったと考えられる。さらにいえば、知人の範囲についても同様な指摘ができる。つまり、満洲での生活期間が長くなるにつれ、知人の範囲（同郷、前住地、近隣など）も自然と広がり、農民はより多くの選択の中からその時々の状況に応じてネットワークを使い分けられるようになったと考えられる。

3　大経営農家と雇農の関係——綏化県蔡家窩堡の事例

本節では、北満洲に位置する綏化県蔡家窩堡という一村落に焦点をあて、当該村落における雇農農家の移動と社会関係について具体的な検討を加える。上述のように、雇農農家は移動先を選定する際に、労働賃金や生活の容易さに加えて、親族・親戚や知人といった社会関係もまた重要な要素であった。当該村落においては、それが具体的にいかなる内実であったのかを明らかにすることが目的である。綏化県蔡家窩堡を選定したのは、主に二つの理由による。一つは、当該村落については、1935年の調査のほかに、1939年に実施された再調査の報告書も残されており、動態的に村落の変遷を検討できるからである（第1章）。もう一つは、当該村落の農業形態（大経営農家中心）や階層構成（一部の大土地所有者と膨大な無所有者）について北満洲を代表する特徴を有しているからである。

綏化県蔡家窩堡の概況

まず綏化県蔡家窩堡の地理的事情と歴史的背景をみてみる。

かつては北団林子と呼ばれていた綏化県の開墾は1860年頃より始まった[6]。満洲国期に濱江省の管轄内に入り、1939年に東安省と北安省が分置さ

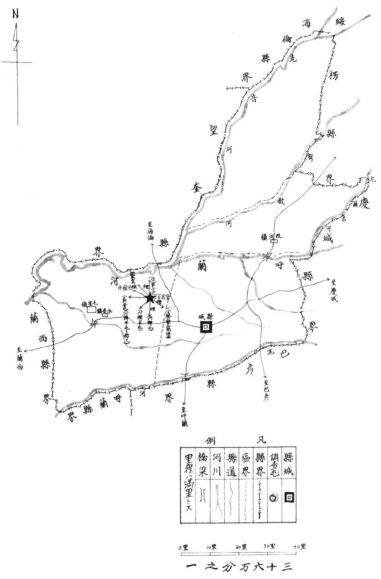

図3-1 綏化県蔡家窩堡の位置(★印)
出典:『康徳元年戸別調査之部』第1分冊をもとに改変。

れたことに伴い、北安省に編入された[7]。綏化県は満洲国国営鉄道の濱北線と綏佳線の分岐点に位置していた。鉄道は農産物の輸送や人の移動の重要な手段であり、綏化県は満洲国にとって農業や治安などの面において枢要の位置にあった。

　蔡家窩堡は綏化県に属する一村落であり、綏化県城の西北方面に位置し、県城から約 10 km 離れ、穀物運送や人の移動のために当時使用した大車で 3 時間程度を要した。県城と近距離にあるため、ほとんどの農産物は県城で取引されるなど、両者の関係は密接であった。また、1935 年には隣県の望奎県城までの県城間乗合自動車が開通したため県城間を約 40 分で移動できるようになった。このように、交通の利便性は農産物販売のみならず、必需品の購入や労働力の雇用にも有利な状況であった。治安の面についていえば、同村落には警察分駐所があり、「匪賊」の害が少なく、人々が安心して農耕に専念できる環境にあったという[8]。

　蔡家窩堡の歴史は蔡家と蒼家という 2 家族による開墾から始まった。満洲八旗（鑲藍旗）に属していた両家は、一度関内に移住した後、1872 年に同村落に移住した。両家ともに少しずつ所有地を増やしていき、約 30 年間で所有地を 500 晌（1 晌は約 74 アール）にまで拡げ、その後 500 晌の土地を購入した。しかし、蔡家は病弱者が多く、アヘンの吸飲と自家労働力の不足により漸次土地を売り渡し、1938 年には一族の中に物乞いをする者もいた。豊富な自家労働力と大土地所有を背景に、村落の中心として農業経営を展開していった蒼家とは対照的である[9]。なお、蒼家の家族史については第 6 章でさらに具体的に論じる。

　農業状況については、佐藤大四郎[10] が 1937 年に綏化県の 20 の村落を対象として行った調査によれば、綏化県の土地無所有農家は県全体の 60.4％を占め、そのほとんどが雇農であった[11]。1936 年の県全体の作付面積198,768 晌のうち、大豆は 26％、小麦は 22％、粟は 16％、高粱は 14％、トウモロコシは 11％、そのほかは 11％ であった[12]。蔡家窩堡の農産物は大豆と小麦が中心であり、北満洲農村の典型的な状況であった[13]。1934 年の作付面積をみると、大豆は 17.58％、粟は 16.17％、小麦は 16.14％、高粱は

13.14%、トウモロコシは 12.31% を占めていた。1938 年では、小麦が 26.93%、大豆が 24.48% に増加し、粟は 14.44%、高粱が 12%、トウモロコシが 7.15% に減少した。商品作物である大豆や小麦が増産されたのは、1937 年より始まる農産物増産 5 カ年計画の中で、この二つの作物は奨励作物になっていたためである。

　1934 年時点において、蔡家窩堡には 45 戸の農家、男性 206 人と女性 192 人が居住していた。内訳をみると、地主 1 戸、地主兼自作 6 戸、地主兼自作兼小作 1 戸、地主兼自作兼雇農 1 戸、地主兼雇農 1 戸、自作 7 戸、自作兼小作 1 戸、自作兼雇農 1 戸、小作 5 戸、雇農 18 戸、そのほか 3 戸であった。1938 年の再調査時では、農家の戸数が 45 戸から 53 戸に増加したにもかかわらず、人口は 398 人から 373 人に減少した [14]。これは農家移動および分家によって生じたと考えられる。5 年間のあいだに、転出した 8 戸の農家の多くが大家族経営の農家であったのに対し、転入してきた農家のほとんどが小家族の雇農農家であった。

　土地面積と役畜、農具についてみてみる [15]。1934 年の蔡家窩堡には、約 845 晌の土地があり、小作地などを合わせれば同村落の農家は約 720 晌の農地を耕作していた。1938 年の所有面積は、廃耕地の復興により 1934 年より約 70 晌増加した。役畜と農具の所有は土地と同様に、ごく一部大経営農家に集中していた。そして、1934 年から 1938 年にかけて一部の増加がみられたが、それもまた大経営農家に限定されていたことであり、小経営農家の役畜・農具不足問題の解決にはならなかった [16]。

　土地の所有状況をみると、1934 年は 100 晌以上を所有する大農家が全戸数の約 4.4% を占めており、これらの農家が村落内の約 40.3% の土地を所有していた。これに対して、村落内の 57.8% の農家が土地無所有農家であった。1938 年になると、100 晌以上を所有する大農家の割合が約 5.7% に増加し、その所有する面積も 54.5% に達した。一方の土地無所有農家の割合も 64.2% に増加した [17]。この 5 年間でさらに大農家に土地が集中し、それに伴って雇農農家が増加したといえる。

　最後に農業労働をみると、1934 年は約 7 割、1938 年では約 8 割の労働が

雇農に依存しており、雇農なくしては農業経営が成り立たなかったといっても過言ではない[18]。同村落においては、8割以上の土地を所有していた蒼家が村落内において圧倒的な存在であった。報告書にも「経済的にも経済外的にも永らく本屯を支配し、蒼家に忠実でない小作人は忽ち却けられ、茲に蒼家を中心とする本屯の歴史が繰り拡げられて来た」と記されているように、蒼家の村落内における勢力は圧倒的であった[19]。雇農のほとんどは蒼家のもとで働き、蒼家の農業労働の大半もこれらの雇農によって行われ、両者の間には強い依存関係があった。大経営農家が多くみられた北満洲では、この依存関係が農業経営を成り立たせていたといえよう。

1934年以前に来住した農家の移動

　雇農の移動を分析する前に、表3-5と表3-6から当該村落の概況をみてみる。興味深いことに、経営形態に雇農が含まれていた21戸の農家のうち、8戸はかつて満洲旗人であった。また、物乞いとなった旗人農家もいた。このことから、当時における旗人の貧困化が読み取れる[20]。

　当該村落の11戸は蒼氏一族であり、分家を経て、1938年では13戸にまで拡大し、地主や自作農として農業経営を展開していった（一族の分家については第6章を参照）。このうち、15番農家の蒼宝経が保長（15の甲から構成）を務めていたことが別の調査資料からうかがえる[21]。一方、蒼家と同時期に来住した蔡氏一族の多くは雇農か小作人となっていた。両家の違いはここからもわかる。表3-5と表3-6をみると、13番農家の土地が5年間のうち67晌から122晌にまで増加している。13番農家は土地無所有者から身を起こし、豊富な家族労働力のもとで少しずつ土地を集約し、当時経営を拡大していた農家である[22]。そして、1936年に一家の王連奎は甲長を務めていた[23]。

　純雇農農家（25-42番）の移動動機について表3-5よりみてみると、25番、34番、35番、36番、39番、40番は災害や耕作不能など生活困難のため来住した。30番と31番は生活が容易であることを聞いたため、28番と29番は労働先を求めて、37番と38番はより良い労働条件を求めて来住した。

第3章　雇農の移動からみる社会関係　　　95

表 3 - 5　1934 年に綏化県蔡家窩堡に在住する農家略歴および概況

番号	同族	経営形態	家族人数	所有面積	在住年数	前住地	前身	本屯に来住した理由
1	蒼	地	5	14.25	62	双城県	旗人	土地を安く払下げらると聞きて
2	蒼	地・自	6	63.00	62	双城県	旗人	土地を安く払下げらると聞きて
3	蒼	地・自	5	51.38	62	双城県	旗人	土地を安く払下げらると聞きて
4	蒼	地・自	9	51.25	62	双城県	旗人	土地を安く払下げらると聞きて
5	蒼	地・自	6	31.90	62	双城県	旗人	土地を安く払下げらると聞きて
6	蒼	地・自	7	30.63	62	双城県	旗人	土地を安く払下げらると聞きて
7	蔡	地・自	4	17.50	62	双城県	旗人	土地を安く払下げらると聞きて
8	蒼	地・自・小	36	160.75	62	双城県	旗人	土地を安く払下げらると聞きて
9		地・自・雇	12	26.13	2	本県廟黄旗頭屯	旗人	本屯に賃付金あり回収の便宜のため
10		地・雇	4	2.50	50	山東	農業	山東にて農耕地狭く生活困難の折柄、本地方の開放を聞きて
11	蒼	自	12	180.00	62	双城県	旗人	土地を安く払下げらると聞きて
12	蒼	自	10	69.26	62	双城県	旗人	土地を安く払下げらると聞きて
13		自	31	67.60	10	本県大牌屯	農業	蒼某より本土地に土地払下・売却あると聞きて
14	蒼	自	10	26.25	62	双城県	旗人	土地を安く払下げらると聞きて
15	蒼	自	5	20.00	62	双城県	旗人	土地を安く払下げらると聞きて
16		自	7	4.00	4	巴彦県暴家屯	自作	暴家屯にて金を残し土地を買わんと欲し親族の孫某の紹介により本屯に出典地あるを聞きて
17		自	9	4.00	3	本県大六戸屯	雇農	大六戸屯にて水害に遭い貧困となり、本屯地方の土地良好なりと聞きて
18	蔡	自・小	4	18.00	62	双城県	旗人	土地を安く払下げらると聞きて
19		自・雇	8	7.00	34	本県頭牌屯	雇農	頭牌屯より労働条件良きため
20	蔡	小	36		15	本県李家窩堡	旗人	生活難のため
21		小	23		1	本県藤家團屯	雇農	馬賊、水害のため、貧困となり、本地方匪害なきと聞きて
22		小	14		3	本県張家粉屋	雇農	前住地の地主、本屯に土地を所有し居たるため
23		小	3		3	本県藤家屯	雇農	匪賊のため馬六頭を奪われ匪害なき土地を求めて
24		小	3		39	本県四牌屯	雇農	労働条件良好のため
25	蔡	雇（撈青）	12		10	本県李家窩堡	旗人	生活困難より同族を頼りて
26	蔡	雇（年）	4		62	双城県	旗人	荒地払下げを聞きて
27		雇（年）	5		62	双城県	旗人	土地開放を聞き安く手に入れ、開墾せんとして
28		雇（年）	1		30	本県房上溝屯	不明	22 歳の時、叔父と母を失い、寄辺なきため、職を求めて
29		雇（年）	10		4	本県六牌屯	雇農	仕事をみつけたるため
30		雇（年）	6		1	拝泉県七道溝	雇農	生活容易なりと人より聞きて
31		雇（年）	7		4	双城県	雇農	生活容易なりと人より聞きて
32		雇（年）	9		23	本県長發屯	雇農	6 歳の時叔父の世話になってきた関係上叔父と共に
33		雇（年）	6		10	山東	雇農	本屯に在住せる孟某を頼りて
34		雇（年）	6		3	本県水鎮	旗人	水害に遇いたると、耕地不良のため
35		雇（年）	12		21	本県沙家窩堡	自作	父の死去と、戸主幼小にして耕作不能のため、親戚を頼りて
36		雇（年）	7		5	本県六牌屯	雇農	労賃を得ること少く不便多かりし時、蒼某人の人夫募集ありしため
37		雇（年）	4		5	本県六牌屯	苦力	前住地は地主少く、本屯は移動労働なきため
38		雇（年）	3		3	本県六牌屯	雇農	本屯は労賃高きため
39		雇（年）	4		23	本県永安屯	不明	水害多く雇主少なかりしため
40		雇（年）	5		不明	双城県	旗人	借金多く、為に蒼某を頼りて
41		雇（日）	7		11	巴彦県	旗人	親類、蔡家を頼りて
42		雇（日）	4		不明	不明	旗人	親類、蔡家を頼りて
43	蔡	医者（小作）	2		3	本県永發屯	旗人	凶作に遭い小作不能となりしため、親戚を頼りて
44		官吏	12		3	本県六牌屯	小作	長男が本屯の小学教員なりしため、労働を止めてくる
45	蔡	乞食	3		62	双城県	旗人	土地を安く払下げらると聞きて
合計			398	845.40				

※「番号」は 1935 年調査時の農家番号である。「同族」は同族関係を表し、「蒼」は蒼氏一族、「蔡」は蔡氏一族である。「経営形態」の中にある、「地」は地主、「自」は自作、「小」は小作、「雇」は雇農、「年」は年工、「日」は日工を指す。「所有面積」の単位は「晌」である。「前身」は先祖の身分を示している。

出典：『康徳元年戸別調査之部』第 1 分冊、「農家概況表」と「農家略歴表」、南満洲鉄道株式会社調査部編『北満農業機構動態調査報告――第 2 編北安省綏化県蔡家窩堡』（博文館、1942 年、14-15 頁、以下、『蔡家窩堡』）をもとに作成。

表3‑6　1938年における綏化県蔡家窩堡の農家概況

番号	同族	経営形態	家族人数	所有面積	番号	同族	経営形態	家族人数	所有面積
1	蒼	地・自	5	15.000	24		雇（月）	3	
2	蒼	地・自	7	62.400	25	蔡	雇（年・日）	9	
3	蒼	地・自	8	75.414	27		雇（年）	4	
4	蒼	自・小	11	39.520	28		雇（年）	4	
5	蒼	地・自	6	29.150	29		雇（年）	5	
6	蒼	自	7	27.500	30		雇（年・日）	6	
7	蔡	地・自	4	26.301	31		雇（日）	6	
8	蒼	自・小	36	179.948	32a		雇（日）	4	
10		地	3	2.000	32b		雇（日）	7	
11	蒼	地・自	14	198.163	34		雇（年）	5	
12a	蒼	自	4	30.000	35		地・小・雇	13	1.250
12b	蒼	自・小	5	23.000	36		雇（年・日）	5	
12c	蒼	自・小	5	22.500	37		雇（年）	3	
13		自	35	122.497	38		雇（年）	2	
14	蒼	自	10	15.700	39		雇（日）	4	
15	蒼	自・小	6	29.542	40		雇（年）	4	
18	蔡	自	4	19.500	41		雇（年・日）	8	
19		小	7		42		雇（日）	4	
21		小	28		43	蔡	雑	2	
23		雇（日）	4		45	蔡	乞食	3	

※「番号」は表3‑5の農家番号と同じである。12番と32番は分家したため、分家後をそれぞれa・b・cを用いて区別する。なお、9番、16番、17番、20番、22番、26番、33番、44番は1934‑1938年の間に転出したため、ここでは除いて表3‑7で転出の詳細を検討する。そのほかは表3‑5と同じである。
出典：『蔡家窩堡』14‑15頁をもとに作成。

この6戸は当該村落の良い労働条件や生活環境を求めて移動してきたと考えられる。32番、41番、42番の3戸は単に親族・親戚を頼りに来たことが記載されているのみである。

　移動の経路についてみてみる。5戸の農家（25番、32番、35番、41番、42番）は親族・親戚を頼りに、2戸の農家（33番、40番）は友人や知人を頼りに来住していた。人間関係が必ずしも明示されていない農家もあるが、この

うち断定できるものとして3戸（40番、41番、42番）の農家が蒼氏一族を頼っていた。

　さらに対象を10年以内に来住した純雇農農家に絞ると、25番と36番は前住地での生活困難のため、34番は災害のため、30番と31番は生活の容易さを求めて、37番と38番は良い労働条件を求めて、29番は仕事をみつけるため、33番は友人・知人を頼りにという動機であった。このことは上でみた北満洲全体の移動動機とほぼ一致している。なお、10年以内に来住した純雇農農家の6戸は同県内の村落から、2戸は北満洲内のほかの県から、1戸は満洲以外から移動してきた。このこともまた、北満洲全体の動態と同様であり、県内村落間の移動が主要であったといえる。農家の前住地についてもう一つ注目すべき点がある。10年以内に来住した純雇農農家9戸のうち、ほぼ同時期に県内の六牌屯から4戸（29番、36番、37番、38番）が移動してきたことがわかる。4戸間の関係や移動の経路は明示されていないが、4戸とも全く初対面であったとは考え難い。ここにも何らかの社会関係が存在していたと推測できる。

1934–1938年における農家の転出・転入

　表3–7が示すように、1934年から1938年にかけて8戸の農家が転出している。9番は治安の関係によりこれまで小作に出した土地を再び自作するために前住地に戻り、16番と17番は典関係（土地使用収益権を一時的に譲渡）の解消に伴って再び土地無所有者となったため転出するに至った。20番は蒼家（7番、15番）から水害によって廃耕地となった土地80晌を借り耕作していたが、土地の復旧に伴い蒼家はその土地を回収した[24]。22番は土地管理が悪いという理由で小作関係を解除された。33番は住む家屋を失ったため転出したが、調査時に33番のことについて調査員が尋ねたところ、農民は簡単に「他搬走了」（「彼は引っ越した」）と述べるのみで、その言葉の裏には農村の複雑な社会関係が含まれていると調査員が感じていたという[25]。

　転出農家の移動経路についてみると、20番と33番は知人や友人を頼りに転出した。また、9番と22番は前住地を移動先に選んだことも、知人や友

表 3 - 7　1934-1938 年綏化県蔡家窩堡からの転出農家

番号	経営形態	家族人数	転出年月	移動先	転出理由
9	地・自・雇	12	1936 年 2 月	本県厫黄旗頭屯	所有地は厫黄旗頭屯にあり自作するため
16	自	7	1936 年 2 月	本県呉家窩堡	入典地を出典者売却せるため小作地を求めて
17	自	9	1935 年 2 月	本県西六大戸屯	入典地を出典者贖回せるため西六大戸にて 20 晌を購入自作となる
20	小	36	1936 年 2 月	本県西長發屯	借入地は地主が自作せるため知人多き西長発屯に行き再び 40 晌の小作となる
22	小	14	不明	本県張家粉房	土地管理悪きため小作地を取り上げられ前住地に往き再び 20 晌の小作となる
26	雇 (年)	4	1937 年 2 月	不明	戸主死亡し妻連子の上再婚せるも行方不明
33	雇 (年)	6	1937 年 2 月	本県呉家窩堡	借家主が年工を雇入れたるため家屋の明渡しを求められ知人を頼りて転出
44	官吏	12	不明	本県厫黄旗九井	長男 (教員) の転動により

※「番号」は表 3-5 の農家番号と同じ。
出典:『蔡家窩堡』16-17 頁をもとに作成。

人がいることと同じである。転出先不明の１戸を除けば、残りの７戸すべて同県内の村落に移動した。

　1934-1938 年の間に当該村落に転入してきた雇農農家について、表 3-8 に即してみてみる。転出した純雇農農家はわずか２戸（表 3-7 の 26 番と 33 番）であったのに対し、転入した 13 戸の農家のうち、11 戸（記号 A-K）が純雇農農家であった。このことは、先述した北満洲全体の労働力不足、さらに当該村落で進行していた大経営農家へのさらなる土地集中と雇農労働力に対する依存性の増大と密接に関連していると考えられる（第 6 章を参照）。

　来住した農家の前住地についてみると、Ｉ以外の農家すべてが同県内の移動であり、南満洲あるいは満洲以外の地域からの移動はみられなかった。表 3-5 でみられた同じ前住地からの転入については、ここでも指摘すること

第 3 章　雇農の移動からみる社会関係　　　99

ができる。ＢとＣは同時期に同県内の官家窩堡から転入してきた。時期は１年ずれるが、ＡとＦは同県内の六牌屯、ＤとＥは同県内の沙家窩堡から移動してきたことも注目に値する。

　転入してきた雇農農家の移動動機についてみると、４戸（Ｄ、Ｈ、Ｉ、Ｋ）は生活困難のため、４戸（Ａ、Ｂ、Ｅ、Ｆ）は良い労働条件を求めて、２戸（Ｃ、Ｇ）は単に友人や知人を頼りに当該村落に移動してきたものである。当該村落にみられた高賃金や需要の多さも農業労働力不足を裏付ける理由の一つといえる。

　雇農農家の移動経路をみると、転入してきた11戸のうち、Ｄ、Ｆ、Ｉ、Ｊ、Ｋの５戸は親族・親戚を頼り、Ｃ、Ｇ、Ｈの３戸は友人や知人を頼りに来住してきた。雇農以外の２戸（Ｌ、Ｍ）もそれぞれ、親戚（Ｌ）や知人（Ｍ）を頼りに転入してきた。そして、５戸（Ｃ、Ｆ、Ｇ、Ｊ、Ｍ）は以前当該村落での生活経験があり、再び戻ってきた農家である。これらの社会関係、とりわけ親族・親戚関係はここで枢要の役割を果たしていたといえる。

　以上のように、雇農農家の移動の背景には、高賃金を目指す傾向もあったが、同時に注視すべきなのは居住地における生活困難からの脱出というプッシュ要因があったことである。高賃金をもたらした理由は、北満洲の労働力不足や当該村落の大経営農家への土地集中、雇農への強い依存性であった。雇農農家は新しい生活の地を選定する際には、賃金や生活の容易さも配慮されたが、それよりも親族・親戚や知人などの人間関係も強く作用する要素であった。総じていえば、北満洲の農業経営は大経営農家と膨大な雇農層によって成立していたのであるが、雇農層の実態を微視的に観察してみると、両者の関係を支えていた要素としては、雇用関係のみならず、雇農が困難な生活からより良い労働条件や生活環境を求めて積極的に親族・親戚関係や知人関係といった社会関係を活用する像が浮かび上がってこよう。

表 3 - 8　1934-1938 年綏化県蔡家窩堡に転入した雇農農家

記号	経営形態	家族人数	転入年月	前住地	転入理由
A	雇（年）	7	1935 年 2 月	本県六牌屯	賃金が高く且経営農家多く被傭の便多きため
B	雇（年）	9	1936 年 2 月	本県官家窩堡	本屯に年工の需要あり且賃金高きと聴き
C	雇（年）	5	1936 年 2 月	本県官家窩堡	以前本屯に居住し大同元年〔1932 年〕に転出し再び知人多き本屯に来住
D	雇（年）	4	1935 年 2 月	本県沙家窩堡	生活困難のため本屯親戚に頼りて
E	雇（年）	4	1936 年 2 月	本県沙家窩堡	本屯に年工の需要多く且賃金が前住地より年 12 円位多きため
F	雇（年）	3	1936 年 1 月	本県六牌屯	以前居住し康徳元年〔1934 年〕春六牌屯に転出せるも本屯は一族も多く賃金も高く又賃屋も多くて借入に便なるため
G	雇（年）	6	1937 年 3 月	本県西黒魚泡屯	以前本屯に居住し知人多きため
H	雇（年・月・日）	5	1937 年 2 月	本県津河鎮	前住地にて豆腐屋を営める生活困難のため本屯知人を頼りて
I	雇（年・日）	3	1938 年 2 月	海倫県西井子	長男が病気により生活困難となり本屯親戚を頼りて
J	雇（年・日）	9	1935 年 2 月	本県小門蔡家屯	前住地は屯小さく貸家も少なき為兄を頼りて
K	農（日工）	3	1937 年 2 月	本県二牌屯	生活困難のため本屯の親戚に頼りて
L	行商	4	1938 年 4 月	本県県城	本屯親戚を頼りて
M	小舗	2	1937 年 4 月	不明	以前本屯に居住せし関係上本屯に知人多く雑貨商開業のため

※「記号」は著者が便宜上つけたものである。
出典：『蔡家窩堡』18-19 頁をもとに作成。

おわりに

　本章が明らかにしたように、大量の雇農農家はそれぞれ異なる時期に満洲に移動してきた。南満洲全体の開墾は相対的に早期であったため、多くの雇農農家は1回の移動で華北地方から在住村落に直接移動し、その後に長年にわたって移住先村落に居住し続けていた。これに対して、北満洲における雇農農家は、より多くの移動を経て調査当時の村落にたどり着いた。また、北満洲における労働力需要は南満洲に比してはるかに高かったため、これらの雇農農家は1930年代以降も高い流動性をもって村落間を転々と移動していた。

　さらに、移動が最も多かった北満洲在住の雇農農家に限定し、その移動の動機や経路を分析すると、荒武達朗が指摘したような、高賃金を目指す移動が見られたと同時に、居住地における生活困難からの脱出という背景があった。多くの農家は、良い労働条件や生活環境を求めて、親族や知人などの人的ネットワークを活用していたことが調査記録から浮かび上がってくる。

　従来の研究では、満洲農村における社会関係はほとんど注目されなかった[26]。満洲の血縁組織と村落社会との関係を分析した聶莉莉は、満洲国期の雇用主と労働者の契約関係が、社会的従属関係ではなく純粋に経済関係であり、契約終了とともに経済的な関係もなくなる一時的な結合にすぎず、また、労働力の雇用や小作を契約する際に重視されたのは「親」（親族関係）ではなく、経済的な要素であったと指摘している[27]。

　しかし、第2章と第3章で明らかにしたように、雇農と雇用主との間には労働力の需給関係と依存関係があり、そしてその関係を結んでいたのがまさに親戚や知人をはじめとする社会関係・信頼関係という紐帯であった。雇農農家が移動先の選定をする際に、親戚や知人などの社会関係が重要な役割を果たしていた。このこともまた、年工の雇用と関係していたと考えられる。すなわち、移動先に親戚や知人、仲介役となってくれる保証人がいなければ

当地において雇用されることが難しかったため、雇農農家は親戚や知人など
の人間関係に頼らざるをえなかった。雇農農家は、新たな移動先を選定する
際に賃金や生活の容易さも考慮していたが、それよりも親戚や知人などの人
間関係を重視していた。以上のことに鑑みれば、これらの社会関係は、雇農
農家の移動や雇用先選定を規制していた一方、雇農がこれらの社会関係を積
極的に利用して生計を立てていたという一面もあったといえよう。

　最後に、この「親戚」という言葉に内包されている農民の行動原理につい
ても触れておく。この点については、調査員の「屯に行くと此の家は私の親
戚だ、彼の家も私の親戚だと言って、屯内の家は誰も彼も親戚だ、という様
な答えを得て面食う場合が多い。然し乍ら此の親戚という場合は、直系傍系
の凡ゆる親戚関係に於いて、苟しくも何かの係り合いがあれば、親等の遠近
如何に拘わらず斯う呼んで居るのであって、寧ろ彼等の面子感情を無意識の
間に告白して居るに過ぎない」という観察からもわかるように、親戚の範囲
は非常に広い[28]。また、このような社会関係は、その場面場面で新しく作
り出すことも可能である。田原史起は「友達の友達」という表現を用いて説
明しているように[29]、初対面の2人が共通の知り合いを探し出すことで、
新たな知人・友人関係がその場で生まれる。そして、これは親戚関係にも指
摘できることであり、中間項となる共通の親戚（遠方の親戚や同郷の親戚も含
む）を発見さえすれば、その場で新たな「親戚関係」が構築されることにな
る。いいかえれば、農民たちにとって親戚を含む社会関係には決まった範囲
がなく、拡がりを持ちながら変化していた。農民は常にその時の状況に応じ
て、利用できる最適な社会関係を選択・構築していたと推測できよう。

1　池子華『中国流民史・近代巻』（合肥、安徽人民出版社、2001年）や范立君『近代関
　　内移民與中国東北社会変遷（1860-1931）』（北京、人民出版社、2007年）などがある。
2　天野元之助『山東農業経済論』南満洲鉄道株式会社、1936年、273頁。
3　荒武達朗『近代満洲の開発と移民——渤海を渡った人びと』汲古書院、2008年、384
　　頁。また荒武達朗は、これまで注目されてこなかった移民の受入側である満洲やロシ

アの事情に着目し、ロシアのシベリア開発によって満洲にもたらされた好景気が移民を促進する要因となったことを指摘した。荒武によれば、19世紀後半ロシア極東においては農業基盤が脆弱であり、それゆえ食料の輸入と都市への供給が緊要であった。そして、その主な取引先は北満洲で暮らしていた人々であった。満洲からロシア極東へは穀物、野菜、酒、役畜、肉類などの食料品、および日用品が輸出され、北満洲の対ロシア極東の貿易は活況を呈していた。荒武前掲『近代満洲の開発と移民』154頁。

4 荒武達朗「第4章 1920-1930年代北満洲をめぐる労働力移動の変容」荒武前掲『近代満洲の開発と移民』。

5 荒武前掲『近代満洲の開発と移民』139-141頁。

6 綏化県志編委会編『綏化県志』哈爾濱、黒龍江省人民出版社、1985年、4頁。

7 綏化地区地方志編集員会『綏化地区志』哈爾濱、黒龍江人民出版社、1995年、119-120頁。

8 国務院実業部臨時産業調査局編『康徳元年度農村実態調査 戸別調査之部』第1分冊、国務院営繕需品局用度科、1935年、181-182頁、以下、『康徳元年戸別調査之部』。

9 南満洲鉄道株式会社調査部『北満農業機構動態調査報告——第2編北安省綏化県蔡家窩堡』博文館、1942年、7-9頁、以下、『蔡家窩堡』。

10 佐藤大四郎、1909年生まれ、第一高等学校在学中に共産主義運動に参加し、1930年に日本共産青年同盟に参加、第一高等学校を中退した。1931年に検挙される。1933年に満洲評論社に入社し、『満洲評論』編輯責任者（4代目）を経て、1937年に綏化県農事合作社を設立した。1939年濱江省農事合作社輔導委員会事務局主事、1940年興農合作社中央副参事を歴任。1941年「合作社事件」で関東憲兵隊に検挙され、1943年奉天監獄で獄死した。井村哲郎編『満鉄調査部——関係者の証言』アジア経済研究所、1996年、789頁。

11 佐藤大四郎『綏化県農村協同組合方針大綱』満洲評論社、1937年、35-42頁。

12 佐藤前掲『綏化県農村協同組合方針大綱』20頁。

13 以下、1934年の作付面積割合は『康徳元年戸別調査之部』第1分冊、228-229、232頁。1938年の作付面積割合は『蔡家窩堡』107-110頁を参照。

14 『蔡家窩堡』11頁。

15 土地面積は『康徳元年戸別調査之部』第1分冊、187頁、『蔡家窩堡』105-106頁、を参照。

16 1934年から1938年の役畜と農具については、牛は19頭から38頭、馬は72頭から81頭、騾は14頭から35頭、大車は22台から23台、犁丈は70個から72個、壌耙は21個から22個に増加した。役畜は『蔡家窩堡』97-98頁、農具は『蔡家窩堡』103-104頁、を参照。

17 『蔡家窩堡』40-42頁。

18 『蔡家窩堡』66頁。1934年、村内で雇用されている年工は67人、月工は計23ヶ月、

日工は計6,425日であり、その中の年工の約90%、月工の100%、日工の約75%が蒼家によって雇用されていた。1938年では、1934年とほぼ同様に、年工の約86%、月工の100%、日工の約72%が蒼家のもとで働いていた。1938年に村内居住している年工に限ってみると、村内で労働に従事している19人の雇農のうち18人が蒼家に雇用されていた。1934年の労働力関係は『康徳元年戸別調査之部』第1分冊、186-187頁、1938年の労働力関係は『蔡家窩堡』76-91頁を参照。

19 『康徳元年戸別調査之部』第1分冊、183頁。

20 旗人の生活変化については、定査庄・郭松義・李中清・康文林『遼東移民中的旗人社会——歴史文献、人工統計與田野調査』（上海、上海社会科学院出版社、2004年）を参照。

21 南満洲鉄道株式会社経済調査委員会協同組合研究小委員会『満洲農村行政組織ト其ノ運営現態——綏化県』満鉄産業部、1936年、30-35頁。

22 実業部臨時産業調査局編『康徳元年度農村実態調査報告書　産調資料（45）ノ（8）土地関係並に慣行篇』実業部臨時産業調査局、1937年、98-99頁。

23 『満洲農村行政組織ト其ノ運営現態』36頁。

24 『蔡家窩堡』17頁。

25 『蔡家窩堡』18頁。

26 陳祥は満洲国期における吉林省永吉県南荒地村に対する論考の中で、貸借状況について分析した。陳によれば、農民は生活を維持するため、親戚・友人関係を頼って高利の資金を借り入れざるをえなかったという。陳祥「『満洲国』期の農村経済関係と農民生活——吉林省永吉県南荒地村を中心に」『環日本海研究年報』第17号、2010年。

27 聶莉莉『劉堡——中国東北地方の宗族とその変容』東京大学出版会、1992年。

28 実業部臨時産業調査局編『康徳元年度農村実態調査報告書 産調資料（45）ノ（9）農村社会生活篇』実業部臨時産業調査局、1937年、121頁。

29 田原史起『中国農村の現在——「14億分の10億」のリアル』中央公論新社、2024年、256-258頁。

第4章

農業労働力の雇用と労働市場

大連西広場で職を求める労働者
出典:満蒙産業研究会編『満洲産業界より見たる支那の苦力』満洲経済時報社、1920年。

はじめに

　本章では、日雇い労働者である日工に着目し、その雇用において重要な役割を果たしていた「工夫市」（以下、括弧を省略）と呼ばれた労働市場の形態や、工夫市と村落社会との関係を検討する。

　満洲では農繁期に大量の労働力が必要であったため、自家労働力と年工のほかに多くの日工を雇用しなければならなかった。その日工の雇用に重要な役割を果たしていたのが、「県城や鎮の城門や十字路だとか、廟や寺院の近傍」[1] に開設されていた工夫市である。満洲では工夫市と呼ばれていた労働市場は、広東省では「擺行」や「人行」と、広西省では「擺行」と、雲南省では「工場」や「站工場」などと呼ばれたように、地域によって呼称は異なっていた[2]。たとえば、1930 年代の広西省桂林の六塘にあった労働市場は田植えと収穫の時期に開かれ、田植えの時期には約 500–600 人が、収穫期には最多で約 1,000 人が市場に集まっていた[3]。また、1940 年代に華北地方で実施された中国農村慣行調査の報告書においても労働市場に関する記述が随所にみられる。このように、中国全域に存在した労働市場の実態を明らかにすることは、満洲に限らず近代中国農村社会と農業労働力の関係を理解する上で重要である。また、労働市場の実態を明らかにすることは、近代中国社会における資本主義的発展論が提起した諸論点に対する議論を深化させる意味でも肝要である[4]。

　しかし、近代中国における労働市場の実態は現在まで十分に明らかにされてきたとはいい難い。たとえば、陳玉峰は 1930 年代中国農村の雇用労働者について初歩的な検討を行ったが、労働市場の形態についての概略的な紹介にとどまっている[5]。華北農村を分析した Philip C. C. Huang と羅崙・景甦や、江南農村を分析した曹幸穂は、農村経済と労働力の関係を考察する際に労働市場について言及しながらも、詳細な検討には至っていない[6]。これらの地域では雇農に対する依存度は高くなく、労働市場が果たした役割が満洲

ほど大きいものではなかったからであろう。最新の研究として尚海濤の研究が挙げられる。尚は、自身による現地調査の成果を用いながら市場・社会・国家の三つの視点から雇農の雇用慣習を検討し、日工が労働市場で雇用された際に利益を重視する傾向があったことを指摘している[7]。

　一方、満洲の工夫市は、集まってきた労働者を分配する役割を果たしていたという点については既に石田精一[8]や荒武達朗[9]によって指摘されているが、その工夫市の具体的な形態や機能、村落社会・地域社会との関係について議論する余地が残されている[10]。

　そして、工夫市は支配側である日本にとっても重要な調査対象・監視対象であった。その背景には、労働力調達への準備と治安への懸念があった点を指摘しておく。この点は、「満洲国では全満土建工事の躍進に伴って各種日備労働者の発生により各地に所謂工夫市と種する労働市場が形成せられ、各産業部門の労力需用を相当広範囲に亘り充たしているが、民政部では今回特に労働者政策上の見地から左の点について全国のこれ等市場を調査することになった」という新聞記事からもうかがえる[11]。

　以上の問題意識から、本章では、1930年代の南満洲における工夫市がどのような経緯で開設され、労働力雇用においていかなる役割を果たしたのか、雇用主と雇農とはどのように契約を結んだのか、工夫市と地域社会との関係はいかなるものであったのかを検討する。1930年代の南満洲に限定するのは二つの理由による。一つは、既に事例研究（石田精一や荒武達朗）のある北満洲の工夫市との比較研究を行うにあたり、依然として明らかにされていない南満洲の実態を明らかにするためである。もう一つは、南満洲の工夫市に関する詳細なデータが残されているからである。特に1936年に実施された第2回農村実態調査の成果として、記述資料（質的データ）から構成される『一般調査報告書』は20冊以上もあり、その資料の中で工夫市に関する項目が設けられており、工夫市を分析するのに好個の史料である。なお本章では、盤山県という一つの県の実態に即して地域経済の開発過程と工夫市との関係を解明するという手法をとる。

　以下、第1節では、南満洲の工夫市の形態と役割を分析する。第2節では、

第4章　農業労働力の雇用と労働市場　　109

工夫市に集まる労働者と雇用主に着目し、労賃交渉過程や工夫市の様子を具体的に描き出す。第3節では、満洲国期の盤山県に焦点をあて、工夫市と地域社会との関係を明らかにする。

1　南満洲における工夫市の形態分析

　雇農の雇用方法は年工と日工で異なっており、年工の雇用においては雇用主との人間関係が重要な役割を果たしていた（第2章）。一方、農繁期には短期間で大量の労働力を必要としたため、必ずしも村内や隣村でその需要を満たせるとは限らなかった。したがって、多くの雇主は工夫市から日工を雇うことで労働力不足を補っていた。本節は、表4−1に即しながら工夫市の開市位置と開市時期、開市年代と工夫市の規模を分析し、南満洲における工夫市の形態を考察する。

開市位置
　工夫市の開設場所を示しているのが「所在位置」である。ここからまず気がつくのは、満洲国期における南満洲の多くの県には複数の工夫市が存在していたことである。たとえば、盤山県や朝陽県には10ヶ所以上、新民県や海龍県などにはそれぞれ4ヶ所、荘河県と黒山県にはそれぞれ3ヶ所の工夫市が開設されていた。

　開設数に差異がみられるとはいえ、すべての県城に必ず工夫市があったという点においては共通している。そして、ほとんどの県においては、県城に加えて各区の市鎮にも工夫市が開設されていたことが指摘できる。これは市鎮近辺の村落の需要に応じるためであり、県城から離れている村落にとってこれらの市鎮は重要な労働力供給源になっていたからと考えられる。

　また、寺廟と工夫市の関係については一つ注目すべき点がある。それは、一部の工夫市では寺廟の関係者が管理や労賃の決定に関与していたことである。たとえば、伊通県の第2区にある工夫市では、関帝廟の住持が市価を標

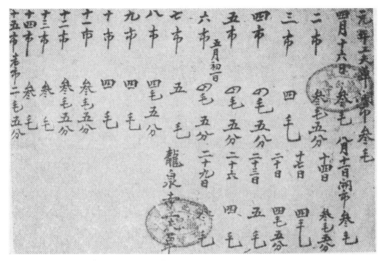

図4-1　慶城県龍泉寺住持の工夫単
出典：実業部臨時産業調査局編『康徳元年度農村実態調査報告書　産調資料（45）ノ（5）『雇傭関係並に慣行篇』実業部臨時産業調査局、1937年。

準にして労賃を決定していたし、懐徳県城にある工夫市では普済寺の管事が工夫市を管理していた。同様の状況は北満洲の慶城県城の工夫市でも存在した。ここでは「県城西門外に龍泉寺という廟があって此処の住持が、労賃相場の決定権を握って居り、雇被傭者の間を公平に斡旋して居る。此住持の許には日々の相場を書いた工夫単〔図4-1〕が備え付けてあって、工夫市から日工を雇った者も、屯内で雇い入れた者に労賃の問題が起った場合は此処の工夫単を基にして決定」していたように[12]、寺廟の関係者は、利益のためではなく、両者の公平を期するための仲介者として信頼されていたのである。

　開設場所についてもう一つ指摘できるのは警察の存在である。たとえば、豊寧県や懐徳県のいくつかの工夫市は警察署前で開かれていた。蓋平県城の工夫市では警察が「不良分子」の取り締まりや労賃紛争の調停に関与することもあった。北満洲に位置する海倫県の工夫市は、開設して以来県城の南牌楼にあったが、1935年4月頃に警務局の命令により南四道街に移動させられた[13]。また、哈爾濱近辺にある呼蘭県の工夫市では、「警察署が常に監督し、陰暦4、5、6、7、8、9月の6ヶ月間は警察吏を派し、市場が街の中央

第4章　農業労働力の雇用と労働市場　　111

に当るから其混雑を防ぎ秩序の維持に勉めて居る。又夜間には附近の苦力宿を臨検して取調べ、その保護と犯罪防止に任じて居る。又宿の賃を取締り、労銀の暴騰或は暴落に際しては、之に干渉して公正なる賃銀を決定する」など、警察が工夫市の管理に深く関わっていた[14]。北満洲の事例を含めて満洲国政府が工夫市の治安に注意を払っていた様子がうかがえよう。調査が実施された1930年代中期の満洲国の治安はまだ安定しておらず、大衆の集う工夫市で警察が治安および監察に従事していたことが背景にあったと考えられる[15]。

開市年代

工夫市の成立時期についてはほとんど明記されておらず、また記録されていることにも必ずしも正確とはいえない情報が含まれている。限られた情報から傾向を読み取ると、ほとんどの工夫市が19世紀後半から20世紀初頭にかけて開設された。これは開墾過程とも密接に関連しており、清朝政府が1860年代以降に満洲を開放したことにより開発が急激に進んだからであった。

工夫市の開設年代も県城と市鎮の間に差異がみられる。県城の工夫市の多くは県内で最初に開設された。たとえば朝陽県は1837年、新民県は1850年、黒山県は1876年と19世紀半ば頃から既に工夫市が存在していた。南満洲の工夫市は労働力需要の増加に合わせ、最初に政治・経済の中心である県城に開設され、その後需要の増加に応じて各市鎮へと拡がっていったのである。

工夫市の開設時期をさらに詳細に分析すれば大きく三つの時期に分類できる。一つ目は、道光年代（1820-1850年）に華北地方からの大量流民の移入および封禁政策の解除や民地の払い下げなどに伴って成立した工夫市である。たとえば、新民県城の工夫市は、道光年代末に華北地方からの流民が多かったこと、さらに四隣村落の農業労働力の需給や県城内の商工業の雇用もあったことから、老爺廟の前で自然発生的に設立された[16]。黒山県城の工夫市も同様であり、1876年頃に附近農村の労働者と華北地方からの流民が三義廟の空地に集まってきたことから自然発生的に開設されたという[17]。その

ほかに盤山県のいくつかの工夫市も、土地の払い下げによって開墾が進展したことに伴う労働力需要の増加が背景にあった。

二つ目は、19世紀末−20世紀初頭の鉄道敷設・開通に伴って開設された工夫市であり、南満洲で最も多くみられた類型である。表4−1にある朝陽県北票にあった工夫市と蓋平県熊岳城の工夫市などがこれに含まれる。朝陽県第7区の工夫市は、「今〔1937年〕より20年前北票鉄道の大工事あり多数労働者を使用したため附近の貧困者が集合したのが始まりにして当時は主として鉄道工事に就職していた状態なり」とあるように[18]、当該工夫市が1917年頃に開設されたのはまさに鉄道敷設による産物であったことを示している[19]。また、調査報告書では蓋平県熊岳城の工夫市と鉄道敷設との関係を明確に記していないが、工夫市の開設時期（1906年）は満鉄本線の熊岳城駅の開業年（1903年）と前後していることから、両者の間に一定の因果関係があったと推測できよう。鉄道の敷設は、ヒトの移動やモノの流通を加速させ、満洲の開発に大きな影響を与えたことは既に明らかにされている[20]。労働力雇用の面から考えれば、鉄道線路の敷設や修繕などの工事自体も多くの労働力需要を創出し、工夫市が労働力雇用の場としての役割も果たした。

三つ目は、満洲国成立前後に開設された工夫市である。これに分類できるような工夫市は決して多くないが、その一つに遼中県各区の工夫市がある。遼中県民は、自前の市が開設されるまで隣県の新民県と遼陽県の市を利用していたが、雇用主と雇農の双方にとって不便であったため、1926年に労働者が会合して県城に市を開設するに至った[21]。その後、県内各所に次々と工夫市ができ、調査当時は計10ヶ所の市が設立されていた。ただし、遼中県の例にせよ、1930年代に南満洲で開設されたほかの市にせよ、調査記録から満洲国成立による影響を読み取ることはできない。このこともまた南満洲全体の開墾史、すなわち調査が実施された満鉄主要線路近辺の地域では満洲国期までに既に開墾・開発が進展していたことと関係があろう。1930年代に新しい工夫市を創出するような労働力需要はそれほどなく、むしろ鉄道沿線からやや離れていた遼中県のような開墾進行中の地域に新たに市が開設されていた。

第4章　農業労働力の雇用と労働市場　　113

表4-1　1930年代南満洲における工夫市の概況

所在県	所在位置	開市年代	開市時期	規模	労働者居住地	管理者	備考
荘河県	県城 青堆子鎮(2区) 大狐山鎮(6区)		農繁期	農繁期約200人		なし	
蓋平県	県城南門外	1836年	1年中	農繁期約150人		警察	警察は不良分子の取締、労賃紛争の調停。農業(8割)、土建(2割)。
	熊岳城(3区)	1906年		約200人	東山裏から約150人、附近から約50人		農業(6割)、果樹園(3割)、土建(1割)。農繁期に100人を雇用する村も。農事試験場は低賃で残りを雇用する時もある。
盤山県	盤山県には17個の工夫市が開設されており、その概況については表4-2および図4-2を参照。						
寧城県			農繁期		四隣村落	なし	農繁期に県内ほかの中心村落でも市場が存在したが、詳細不明。
朝陽県	県城喇嘛廟南門外	1837年	1年中	合計約10,000人	四隣村落	なし	1925年頃が最盛期。
	県城北十字街	1921年	1年中	合計約5,000人			
	七道泉子(1区)	1837年					
	大廟(2区)	1907年	陰暦1月～8月	合計約3,000人			屯内の酒屋と当舗が労賃を決定。
	太平房(3区)	1837年		合計約5,000人			
	木矢城子(4区)	1922年		合計約3,000人			3区太平房の市の利用者の多くは当地方の人のため開設。労賃決定は酒屋と当舗。
	十家子(5区)	1887年		合計約4,500人			労賃決定は大酒家による。
	巴図営子(6区)	1917年	陰暦4～8月	合計約4,000人			労賃決定は酒家による。
	北票(7区)	1917年	陰暦1～9月	合計約5,000人			1917年頃に鉄道の工事あり、それによって多くの労働者が集結するようになった。
	西官管子(8区)	1907年		合計約3,000人			1907年頃に大雑貨商店あり、日工の雇用に不便を感じ、地主と相談して開設。労賃決定は雑貨商店。
	長臬(9区)	1922年	陰暦4～8月	合計約2,500人			1922年頃村落内の大地主が農繁期の日工雇用が不便を感じ、相談して開設。
	十八台(10区)	1907年		合計約2,500人			
	板達管子(11区)	1907年		合計約3,500人			1924年に本区で稲の栽培が始まり一時朝鮮人が集まったという。
	六家子(12区)	1857年		合計約4,000人			
豊寧県	県城警察署前		1年中	農繁期約150人 農閑期約30人		なし	農閑期に土木労働の雇用。県内ほかの中心村落にも市場が存在したが詳細不明。
黒山県	県城三義廟前 胡家窩棚 姜家窩屯	1876年	農繁期	農繁期約150人	県内労働者中心		
新民県	県城老爺廟前	1850年	1年中	農繁期約150人 農閑期約50～60人	大半は県内の4区、5区の村落より	なし	農業外の雑業の雇用も多い。宿(「花店」)が仲介に入ることも。県公署保安課と警察署は統制ではなく、治安のみ。
	興隆屯 白旗堡 大民屯		農繁期	農繁期約5、60人	四隣村落	なし	県城の市場と比較して、農業色が強く、農繁期の農業労働雇用のみ。
遼中県	県城	1926年	農繁期	農繁期50人		なし	農業労働者の雇用が中心。
	茨楡坨(2区)	1930年		農繁期30人			
	小北河(3区)	1928年		農繁期30人			
	代家坊(4区)	1932年		農繁期20人			
	達都牛彔(5区)	1932年		農繁期20人			
	満都戸(6区)	1931年		農繁期30人			
	老達房(7区)	1931年		農繁期30人			
	冷子堡(8区)	1930年		農繁期30人			
	養士崗子(9区)	1931年		農繁期20人			
	小新民屯(10区)	1929年		農繁期30人			
鉄嶺県	県城白塔寺前	1896年	1年中	農繁期約400人、普段200人	県城内或いは県城附近	なし	
	県城			多い時期200人、普段100人		把頭	集う労働者のほとんどは建築業と土木業関係。農業雇用はほとんどない。
	大青堆子村公所前(6区)		陰暦4月15～6月15日、8月15～9月15日	多い時100人以上	四隣村落		村公所が労賃を決定。1918年頃の水害後、労賃が高騰し、労働者も増加。

所在県	所在位置	開市年代	開市時期	規模	労働者居住地	管理者	備考
鉄嶺県	東貝河(6区)		農繁期	多い時約80人、普段50人	四隣村落		
	尚三家子の廟の前(7区)		農繁期		四隣村落		大青堆子の市とは競合関係で、より労賃安い。附近の地主の相談よって前夜に労賃を決定し、当日に和尚から伝える。
	汪家荒地の廟の前(8区)		農繁期	多い時40〜50人	四隣村落		附近の地主の相談よって前夜に労賃を決定し、当日に和尚から伝える。
法庫県	県城		1年中	農繁期約300人			
	大孤家子(3区)		農繁期				
西豊県	県城東門外						
海龍県	県城	1912年		農繁期100〜200人		警察	
	山城鎮(8区)	1912年					
	朝陽鎮(3区)	1915年				把頭	村公所と商務会が60円（1935年11月〜商務会）を出資して把頭を雇用し、市場の管理と労賃決定。
	梅河口(5区)	1926年				警察	
磐石県	県城	1919年	1年中	農繁期約200〜300人、農閑期約40〜50人	県城附近	なし	農繁期はほとんど農業、農閑期は一部土建労働。かつて、乞食の親分が労賃を決定。その後は農務会が決定。
	呼蘭(3区)			農繁期約100人	四隣村落		県城の労賃にあわせるか、あるいは農務会支部が賃金の決定。
	黒石(4区)			農繁期約100人			
	煙筒山			農繁期約300人			
敦化県	県城東門外		陰暦4月から6、7ヶ月				農業よりも木材の伐採や運搬が多く、県内に3、4名の把頭。約100人を擁する把頭も。
伊通県	県城	1894年	1年中		県内7割山東3割		民国時代は花頭が統制。満洲国成立以降、救済院が統制。
	2区	1836年					関帝廟の住持が市価を標準にして労賃を決定。
	3区	1908年			県内8割山東2割		県城の市を参考にして労賃決定。
	5区	1894年					
懐徳県	県城普済寺前		1年中	1日平均15〜45人		普済寺管事	農業が7割、工場・雑工が3割。
	大嶺鎮西廟前(2区)		1年中	1日平均2〜70人		西廟李志新	
	黒林鎮関帝廟前(3区)		1年中	1日平均3〜40人		住民程禄	
	劉房子(3区)	1917年	農繁期			農民の王氏	労賃は黒林鎮関帝廟前の市に合わせる。
	三道岡廟(4区)		農繁期		四隣村落一部山東より		
	楊大城警察署前(5区)		1年中	1日平均4〜50人		貧民王権禄	
	公主嶺(6区)		1年中	春夏秋1日300〜400人	四隣1/3県外2/3	なし	ほとんど土建業の雇用。建国2年目より急増。
	范家屯東市場(7区)		1年中	1日平均7〜35人		大清宮監院	
	毛家城子		農繁期		四隣村落一部山東より		

※本表の中にある朝陽県、伊通県、鉄嶺県、法庫県は1936年、それ以外はすべて1935年の状況を表している。「開市年代」については、調査資料の中で「何年前」と記載される場合は、統一して西暦に換算した。「規模」については、朝陽県以外は1日あたりの人数を表しているが、朝陽県は資料に即して開市期間内の合計人数を表している。

出典：臨時産業調査局調査部第一科『康徳3年度農村実態調査一般調査報告書』（全21冊）臨時産業調査局調査部第一科、1936年、国務院実業部臨時産業調査局『康徳3年度県技士見習生農村実態調査報告書』（全4冊）国務院実業部臨時産業調査局、1937年、国務院産業部農務司『康徳4年度県技士見習生農村実態調査報告書』（全4冊）国務院産業部農務司、1938年、安松康司「黒山県城に於ける工夫市に就て――附近農村に於ける農業労働者の雇傭関係」『内務資料月報』第2巻第3号、満洲行政学会、1938年をもとに作成。

開市時期

　これら大量の工夫市はどの季節に開かれていたのであろうか。開市時期は工夫市の位置によって異なっており、とりわけ県城の工夫市とそれ以外の工夫市とでは違いがみられた。

　県城の工夫市は、いくつかを除いてそのほとんどが１年中開かれていた。その理由の一つには土建業の雇用があったからである。蓋平県や新民県、盤石県などの県城の工夫市ではそれぞれ土建業での雇用がみられ、鉄嶺県城の工夫市に至っては集まる労働者のほとんどが建築業および土建業の労働者であった。もう一つの理由は、満洲の流通を支える糧桟と呼ばれる穀物問屋による雇用があった。農閑期における職種の中には「雑業」があったが、そのほとんどは糧桟での運搬や雑用などと関わっていた[22]。満洲の物資流通は、輸送コストや輸出農作物（大豆）の関係により強い季節性を有しており、11月から２月にかけて集中的に行われていた[23]。したがって、この時期の糧桟は大量の労働力を必要としており、工夫市の一部の労働者がそれを担っていた。

　県城の状況と対照的なのは市鎮にあった工夫市である。県城の工夫市では農業外の雇用もみられたのに対し、それ以外の工夫市のほとんどは農業労働力の雇用であった。新民県の調査記録にも記されているように、市鎮の工夫市は、県城と比較して農業色が強く、農繁期の農業労働雇用のみであった[24]。つまり、年間を通して労働力需要の多い県城に対して、市鎮の雇用のほとんどは農繁期の農業労働力不足を補填するためであった。

工夫市の規模

　工夫市に集結する人数も県城と市鎮とでは異なっていたことを表４−１は示している。いずれの工夫市においても、農繁期により多くの労働者が集まっていたが、なかでも県城にあった工夫市には市鎮よりも多くの労働者が集まった。農繁期に雇用のピークに達していたのは、いうまでもなくこれらの工夫市が主に農業労働者の雇用を主目的としていたからである。そして、県城の工夫市の規模がより大きかったのは、交通の便や農閑期における土建・

商工業や糧桟の需要といった県城が持つ地理的・経済的優位性が高かったからである。

　地理的要因（県城と市鎮）と農期的要因（農閑期と農繁期）以外に、各地域内においてみられた開発に伴う規模の変化についても指摘しておく必要がある。すなわち、各工夫市は開設して以来常に同様の規模を保っていたのではなく、開発に伴ってその形態や役割も変遷していったという点である。たとえば、道光年代末に開設された新民県城の工夫市は、1887-97年に最も活況を呈した。その原因として、鉄道の敷設による開拓の加速や、農産物商品化の好調、糧桟・焼鍋（酒造）・油房（搾油製油）などの商業資本の農村への浸透、貨幣経済の拡大などの諸条件による労働機会の増加が考えられる。しかし、1904年の日露戦争と1911年の辛亥革命の戦禍、1912年のたびたびの水害などによって既に開墾された土地が廃耕化したため、労働力過剰と土地生産力低下が進み、県内の零細農層が工夫市を利用するケースが漸次増加し、調査が行われた1936年の時点で工夫市に集う労働者の大半は、県内第4区と第5区からの専業的日工、県城近隣村落の雇農層、県城内の自由労働者であった[25]。このように、当該工夫市は鉄道の敷設に伴う開墾により最盛期を迎えたが、その後の開墾や諸災害によって規模が漸次縮小していったのである。また、上述した朝陽県北票の工夫市はまさに鉄道敷設の産物として開設されたが、1925年頃から当該地域で罌粟（ケシ）の栽培が活況になったのに伴い、工夫市の性質も土建業雇用から農業雇用へと移行していった[26]。この二つの例からもわかるように工夫市の規模や性質は必ずしも恒久的なものではなく、時期（鉄道敷設終了など）や地域環境（自然災害など）の変化によってその利用人数も居住地も常に変化していたことに注意しなくてはならない。

　以上のように、南満洲の各県に複数の工夫市が開設されていたのは、南満洲全体の開発過程の特質とも深く関係していた。早期から開墾が進められてきた南満洲では、満洲国期には開墾がほとんど終了しており、大経営農家の解体に伴って土地の零細化も進展していた。そのため、農家余剰労働力の送出先の一つとして工夫市が大きな役割を果たしていたのである。県城の工夫市の多くは1年中開市されており、農繁期の農業労働力雇用が主要であった

ものの、土建業や雑業の雇用もみられた。一方、市鎮の工夫市は各県の開墾に伴って次第に開設されるようになったが、雇用は農繁期に限定されていた所が多く、県城ほどの規模には至らなかった。

これは満洲の経済において県城の機能が突出する「県城経済」が成立していたことと密接な関係にあろう。安冨歩が明晰に指摘するように、満洲では中国の他地域のような定期市の稠密な分布がみられず、各県の県公署所在地の機能が卓越する流通システムが主流であった[27]。安冨が定期市という視点から「県城経済」を論証しているのに対し、本章は労働力雇用、特に工夫市の形態から「県城経済」の実態を検討するものである。本章における分析においても、すべての県城に工夫市が開設されていたこと、県城の工夫市は市鎮とは異なり1年を通して開設されていたこと、最初に県城で開設され、その後漸次に周辺市鎮へ拡がっていったこと、県城にあった工夫市の規模がそれ以外の工夫市よりも大きかったことなど、県城が有する卓越性が明らかになった。特に農業外職種の雇用においてはそれがより明白であった。土建業やそのほかの雑業の雇用はほとんど県城が中心であったことは、これら職業の需要が県城に集中していたことを示すと同時に、満洲国期における市鎮の商工業が依然十分に発展しておらず、雇用を創出するに至らなかったことも反映されている。ただ附言しておかなければならないのは、南満洲の農業労働力の雇用は必ずしも県城一極集中型ではなかったことである。後述するように、北満洲の各県の工夫市は、ほとんど県城のみに開設されていたのに対し、南満洲の工夫市は周辺市鎮などにも開設され、県内に複数の市が存在していた。このことは、開墾時期の違いによって生じた南北満洲の農家経営形態や余剰労働力の差異と深く関わっていたと考えられる。

2　工夫市の利用者と雇用方法

ここでは、工夫市に集まる労働者に着目して、どのような人たちが集まり、実際どのように雇用され、雇用主との交渉過程はどのようなものであったの

かについて検討する。

工夫市と労働者

①労働者の居住地

　表4-1の「労働者居住地」は工夫市に集結してきた労働者の居住地を示している。すべての工夫市にこの記述があるとは限らず、記述してあったとしてもその情報は必ずしも十分に詳細なものとはいえない。ゆえに読み取れる範囲から大まかな傾向を考察しよう。

　南満洲の工夫市に集まった労働者はほとんど近隣村落あるいは県内の農民であった。伊通県や懐徳県では、山東あるいは県外からの労働者も一部みられたが、その数はわずかであった。このように、当該時期の利用労働者が工夫市附近の村落に居住する労働者によって占められていたのは、主に以下の2点の理由による。

　一つ目は、南満洲の開墾に伴う土地の零細化および余剰労働力の増加である。南満洲では早期より開墾が開始されていたため土地の零細化が進み、大半の農家は自家労働力を中心とする小規模経営を行っており、雇農に対する依存度も北満洲ほど強くなかった。したがって、南満洲の工夫市に集まる労働者層は、近隣村落に居住していた雇農、あるいは小経営農家の余剰労働力によって構成され、華北地方からの出稼ぎ労働者はより需要が多く、労賃の高い北満洲へ流れていったのである。

　地域は異なるが南満洲の工夫市と類似していた北満洲の双城県の例をみてみる[28]。双城県は北満洲の中でも早期に開墾・土地の零細化が進んだ地域であり、その農業労働形態は南満洲の村落に類似していた。1938年に調査を実施した吉川忠雄によれば、調査した工夫市に集まった609人の労働者の8割以上は県内居住者であり、さらに全数の半分以上は40歳以上の労働者が占め、うち50歳以上が約170人であった。このような状況について、若い労働者は村落内で雇用されるため工夫市に来る必要性がなく、ほとんど年配の労働者であったことも指摘されている。ここからもわかるように、土地所有が零細化した地域の工夫市は近隣村落の余剰労働力の送出先としての

役割を果たしており、遠方からの出稼ぎ労働者は、開墾歴がまだ浅く労働力の需要が多い地域へと流れていった。

二つ目は、満洲国政府および関東軍による華北地方から満洲への移民の抑制である。第2章でも指摘したように、治安維持、漢民族の勢力増大抑制、日本人の発展余地保留、満洲人労働者の生活安定・向上、出稼ぎ労働者による華北地方への送金・現金持ち帰り防止という5点の理由により、移民の流入が制限され、本格的な取り締まりが始まった1935年以降、華北地方からの入満者数は急減した[29]。このこともまた工夫市に集う労働者が県内に偏っていた原因の一つであると考えられる。

また、工夫市に集う労働者の居住地を考察する際に、「花店」や「小店」と呼ばれる旅館が遠方からの労働者の宿泊先として利用されていた点に注意する必要がある。このような旅館はほとんどの県に存在しており、たとえば1935年頃の北満洲の克山県県城にはもっぱら労働者が利用する宿が約40軒あり、農繁期には一つの宿に平均して1日約20人宿泊しており、ほとんどが山東や南満洲から来た者であった[30]。また、それぞれの店には「底流水帳」（宿泊者名の記入）、「缺銭帳」（宿賃貸借、食費の前貸しなどの記入）、「店簿」（宿泊者の身分を記入）という三つの帳簿が用意されていた。なかでも宿泊者の身分を記録してあった「店簿」は、警察署が検閲するためのものであり、2冊が用意され、毎日警察署から1冊ずつ交換して検閲されていた。ここからもまた、警察が工夫市の治安に相当留意していたことが読み取れよう。このように、旅館は遠方から工夫市を利用する労働者にとって重要な役割を果たしていたが、旅館に関する記述は北満洲に集中しており、南満洲の調査記録には一部しかみられなかった。このことは、調査当時の南満洲における工夫市の利用者が近隣村落の労働者に集中していたことの証左である。

②管理者

次に労働者を管理する側についてみてみる。調査記録では、工夫市の統制を行う管理者は存在しておらず、あくまでも雇用する側とされる側が直接交渉する点が強調されている。しかし、各県の状況を微細に分析すると、必ずしもそうではない一面、つまり工夫市の背後に「公権力」や有力者が存在し

ていたことが読み取れる。たとえば、蓋平県や海龍県からは警察が、伊通県や懐徳県からは寺廟関係者が関わっていたことがわかる。上述したように警察が関与していたのはおそらく治安維持のためである。また、朝陽県では各区にある酒屋や雑貨商店が工夫市の労賃決定に関与しており、ここに地域有力者の影響力がうかがえる。このように、いわゆる形式上の管理者が存在していなかったとはいえ、多くの工夫市の裏には、「公権力」（警察や救済院、農務会など）や寺廟、地域有力者（酒屋や質屋、雑貨店、地主など）の存在を指摘できる[31]。これらの「公権力」は直接工夫市の設立・管理を担っていたというよりも、地域の一種の顔役として機能していたと考えられる。また、後述する盤山県杜河台の工夫市は関帝廟の住持が実質上の「支配者」であったが、廟の衰退に伴いその影響力も薄れ、工夫市の形態も変容していった。工夫市の管理者も工夫市の規模や性質と同様に時代に伴って変化していったのである。

　満洲の炭鉱業や土建業において、「把頭」（あるいは「苦力頭」）と呼ばれる労働者募集・管理の請負人が労働者募集および管理において果たした役割については、既に多くの研究で明らかにされている[32]。ここでは、農業労働者を雇用する際に把頭のような仲介人が存在していたのか否か、工夫市の把頭はいかなる役割を果たしていたのかを検討する。結論を先に述べると、工夫市における日工の雇用には仲介あるいは管理する者がほとんどなく、把頭の姿は所々にみられたが、それほど重要な機能を果たさなかった。

　鉄嶺県城や海龍県朝陽鎮には把頭がいたことが調査報告書に記されているものの、果たしてどのように管理に携わっていたのかは記述されていない。たとえば、把頭の役割について比較的詳しく記録してある北満洲海倫県城の工夫市では、把頭は主に「鉄道、橋梁、道路家屋の建設修理工事等に関係し、工夫の需要の重要なる鍵を握って居るが、之等の把頭達は常に需要の都度、工夫市や花店（旅館）から直接馳り集め、需要の終り次第即刻街頭に放り出す」者であり、「鉄道修理の把頭丈は道具、炊事具一切を所持して居て雇傭期間中に任意に雇傭工夫達に使用され」、また「農村に日工として雇われる為には一切把頭の手を得る必要はな」かった[33]。ここからわかるように、

第4章　農業労働力の雇用と労働市場　　121

把頭は農業労働力の雇用に関わっていなかった。附言すれば、把頭が存在するほとんどの工夫市では土建業の雇用も行われていた点が特筆に値する。

　土建業の労働者募集は、「遠隔地募集」（遠隔都市や県から募集）と「近隣募集」（施工される沿線の県城から募集）、「地元募集」（現場附近の農村から募集）に区別されていた[34]。このうち、工夫市でみられた土建業労働者の募集は、「近隣募集」と「地元募集」の二つであったと考えられる。たとえば、朝陽県北票の工夫市は 1917 年頃の鉄道工事に合わせて開設されたものであり、ここでの雇用は「近隣募集」にあたるだろう。このほかに豊寧県や磐石県、懐徳県城の工夫市では、農閑期に一部土建労働の雇用がみられたが、これはおそらく臨時労働力を補填するための「地元募集」である。工夫市と土建業労働者募集との関係を考えると、鉄道敷設・修復やほかの建設工事などの需要によって工夫市が開設されたが、それは恒久的なものではなく、あくまでも臨時雇用にすぎなかった。

　以上のように、南満洲における工夫市は農業労働力雇用が主要であり、土建業やそのほかの雑業の雇用は一部の工夫市を除いてはあくまでも副次的役割であった。そして、農業労働力の雇用において把頭のような存在がそれほど役割を果たせなかったのは、各農家によって農業労働力を必要とする人数や時期が異なったからだと考えられる。満洲の土地経営面積は広大であり、かつ農繁期に需要が集中していたとはいえ、各農家の短期間の需要は土建業や炭鉱業ほどには至らなかった。また、雇用人数は、季節や農作物、農作サイクルにも左右されるため、農繁期の中でも各農家が労働力を必要とする時期が前後していた。したがって、大量の労働力を召集・管理する必要のある把頭制度は、農業労働力の雇用に必ずしも適さなかったといえる[35]。

雇用交渉

　それでは、日工は実際どのように工夫市から雇用されていたのであろうか。ここでは、調査員が残した観察記録を手がかりにその様子を明らかにする。最初に、1936 年 7 月 9 日に黒山県城の工夫市で調査を実施した安松康司の記録をみてみる[36]。

午前四時頃と云うに既に120、30名の労働者が集って、がやがや雑談をし乍ら用主が来るのを待受けているのであるが、その間労働者は絶えず工夫市に出入して居る。労働者は皆一様に青布につつまれ、夏帽（円錐形の草帽子）をかむり、その大部分の者は鍬頭（農具の一種）を持っている。少年労働者（半拉子）も14、15人集まっていたが、彼等は大低草取り用の手鍬を持っている。

　斯くして用主の来るのを待ち用主が来ると労働者はどっとその周囲に押しかけて色々交渉する。普通先ず、用主は大声で働き場所、賃銀（此の地方の習慣として食事は三度とも用主が給することになっている）、所要人数、雇用日数を告げて労働者を募集するが、労働者の中には直ぐ雇いに応ずる者もあれば、少し賃銀を上げて呉れと云う者もあり、なかなか纏らない。スッタモンダの末漸く前述の条件で所要人数を得れば、茲で口契約をし用主自ら家につれて行き食事をすませて現場に行く所要人数に比して応募者が多い場合には、用主が勝手に働きそうな者或は感じのいい者を選び出すのは当然である。…〔中略〕…

　労働者の集合は午前3時頃から漸次増加し、午前4時頃最も多く150、60人に達し、午前4時半頃から漸次減少し午前5時過ぎまで取引が行われるが、アブレタ者が24、5名残り、それも5時半頃になると三々伍々何処へともなく分散してしまった。アブレタ者の大部分は鍬頭を持っていない労働者であった。

　ここでは当時の工夫市に集まった雇農の身なりや食事、時間に伴う変化などが記述されており、市の具体的な様子、特に農具と労賃交渉の二つが生き生きと浮かび上がる。農具についてみると、調査が実施されたのはまさに除草期であったため、集結した労働者のほとんどは鍬頭や手鍬などの農具を持参していた。すなわち、集結していた労働者は農作業に必要な農具を所持しており、決して無一文の労働者ではなかった。もう一つ興味深い点は労賃交渉である。雇用主が雇用条件を提示した際、労働者側から「少し賃銀を上げて呉れ」という要求をすることもあり、労働者が一方的に雇用主の提示条件

第4章　農業労働力の雇用と労働市場　　　123

を受け入れていたとは限らなかったことに注意しなくてはならない。

　また、石田精一は労賃の交渉過程についてより詳細な記録を残している。石田は 1940 年 7 月 3 日、北満洲に位置する綏化県城の工夫市で調査を実施している。以下の部分は、南満洲の事例ではないが、交渉の様子を知る上で重要な記録なのでみてみよう [37]。

　　早朝 4 時半頃に労働者がぼつぼつ集ると程なく 50 歳前後の小ちんまりとした身なりの、一見して大農家の掌櫃〔番頭、支配人〕と知れる男がやって来た。雇用主の到来と見て鋤頭を携えた労働者が 4、5 人彼を取巻いて何かがやがや言っていたが、やがて雇用主は一段と声を張り上げて、「1 円 50 銭で除草に来る者はないか」と切り出した。併し、鋤頭を持った連中は笑っててんで相手にしようとしない。掌櫃は後手を組んでものの 5、6 分間も裕々と相手の返事を待っていたが、相手が一向に話に乗って来そうもないのを見て、思い入れよろしく「1 円 60 銭出すから働きに来い」と 10 銭賃銀を引上げた。今度は労働者側も笑っていないで、一寸ざわめいて来た。労働者の言分は昨日もみんな 1 円 70 銭で雇われたのに、今日 1 円 60 銭では安いというのであった。掌櫃はしきりに自分のうちでは沢山雇うのだから 1 人や 2 人雇うように高くは出せないということを繰返して値切っていた。…〔中略〕…もう 60 近いと思われる痩せた老頭児は特に喧しく喚き立てて 1 円 70 銭でなくては駄目だということを頻りに繰返していた。

　　この値切り合いは何時果てるとも見えなかったが、遂に雇用主は 1 円 60 銭では労働者が応じそうもないのを見て、しばし黙考の後思い切って「1 円 70 銭で 7 人働きに来い」と言って前にいた一塊りの労働者を 7 人数えてさっさと歩き出した。漸く雇われることを決心した労働者が 7 人その後に蹤いて動き出した。この一団がものの 4、5 間も行ったかと思う時、彼等の歩いて行く向うからやはり農家の掌櫃らしい 40 歳前後の男が勢いよく歩いて来て、さっきの掌櫃の後から蹤いて行く労働者に幾何で雇われたかと訊いていたが、労働者が 1 円 70 銭と答えると、で

は自分のうちで1円70銭で3人雇うと言って前の7人の中から3人引抜いて急いで行って了った。口喧しく1円70銭を主張していたさっきの老頭児もさっさと鞍変して新しい雇用主の方へ行って了った。3人が鞍変したのは前の掌櫃の方の家は県城から遠く離れているが、後の雇用主の方はそれよりも近かったためらしい。前の掌櫃はこんな強敵が現れたのも知らぬ顔に、後を振り向きもしないで「快々的、快々的」〔はやく、はやく〕とせき立てながら残りの4人の労働者を連れて去った。

　ここで重要なのは、石田が労働者の強気な賃金交渉過程、さらに賃金交渉後の一幕を詳細に記録していることである。既に1円70銭という条件で雇用関係が成立していたにもかかわらず、7人のうちの3人が後から来た雇用主に簡単に引き抜かれた。その理由は、後者の方が県城に「より近かった」からである。このエピソードからわかるように、工夫市で発生した契約関係は極めて緩いものであり、一度口頭で交わした契約を直ぐに解消することができ、より良い条件（賃金や場所）へと移ることも可能であった。

　以上、交渉過程が示すように、雇用主と労働者の労賃交渉は必ずしも雇用主が優勢に進めていたとは限らなかった。石田が調査を実施した1940年頃、満洲では農業労働力不足問題が深刻化し、さらに、この調査が実施されたのはまさに最も需要の高い農繁期であったということもあり、賃金交渉においてむしろ労働者の方が主導権を握るようにみえる場面さえもあったのである。

3　工夫市と地域社会──盤山県を事例に

　ここでは盤山県（現在、遼寧省盤錦市に属す）に焦点をあて、満洲国期に当該県において開かれていた工夫市の形態を詳細に考察する。その際、地域の開墾史や鉄道、農作サイクルなどの諸要素と工夫市との関係について着目する。盤山県を分析対象に選定したのは、各工夫市の開市時期および最盛期がそれぞれ詳細に記録されており、より具体的に地域社会と工夫市の関係を検

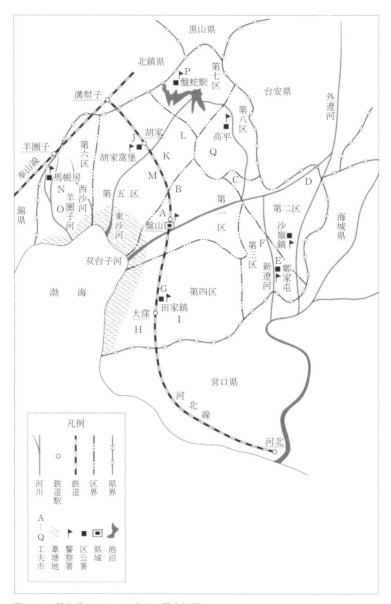

図4-2 盤山県における工夫市の開市位置
出典：『盤山県一般調査』所掲地図に基づき作成。

討することができるからである。また、管見の限りにおいて、当該県の工夫市の概況を記述したほぼ唯一の中国側の資料は『盤錦市志』である。その記載によれば、満洲国期の盤山県においては 16 ヶ所の工夫市が開設され、最も多くの労働者が集まった時には 500 人以上にも達していたという [38]。

　盤山県の概況を簡単に整理すると、当該県は、錦州省の東方に位置し、南は渤海に臨んでおり、営口県や北鎮県、黒山県などと隣接していた。清朝末期までは単一の県ではなく、元々は広寧県（北鎮県）と新民県とに属していたが、1906 年に両県の一部の地域をそれぞれ合わせてはじめて盤山庁として成立した [39]。満洲国期には 30 の主な村によって構成されており、約 3 万400 戸、約 21 万人が居住していた [40]。盤山県の全面積はおおよそ 16 万晌（1 晌は約 74 アール）であり、その 8 割近くは耕作地であったが、地勢的特質（平坦地にして水害が多い）および土壌的特質（強度のアルカリ性）により土地生産力はそれほど高くはなかった [41]。また、地質の影響により、盤山県では高粱と稗が主要な農産物であり、満洲の主要産物の一つである大豆は多くは作付されなかった [42]。

　以下の各節では、盤山県の地理的・歴史的環境に照らしながら当該県における工夫市の実態を明らかにする。工夫市と地域社会との関係をより具体的に検討するため、各種地方誌などを参照して 1935 年の地図に開市の位置を加えたのが図 4-2 である [43]。

開墾と工夫市の変遷

　盤山県一帯はかつて、明朝辺境の防衛要地としての役割を果たしており、盤山駅、高平鎮、沙嶺鎮などでは防衛用の城塞が建設された [44]。そして、盤山県の開墾は海や河川の沿岸地域から始まり、17 世紀中期には清朝の遼東招民開墾条例によって多くの移民が定居し、土地の開墾とともに製塩や捕魚などを行うことで生計を立てていた [45]。海や河川が同県の開墾と深く関わると同様に、工夫市の開設年代もその地域性と連動していた。たとえば、県内工夫市の中でも早期に開設された E 鄭家店街、G 田家鎮、I 小窪の 3 ヶ所はいずれも沿岸に置かれていた。特に G 田家鎮（1836 年開設）は、清代中

第 4 章　農業労働力の雇用と労働市場　　127

期から既に貿易市場として機能しており、さらに鎮内には屯兵の拠点になる城廓もあった[46]。

開墾と開市年代についてもう一つ指摘できるのは、南満洲全工夫市の中で最も歴史が長いと思われるN劉三廠の工夫市であり、この工夫市は明代に開設されたと調査報告書は記している。この一帯について、劉三廠廟の遺跡や発掘された貨幣から推測すると、明代以前から既に多くの人々が暮らしていたようである[47]。さらに、1679年に同区馬帳房に塩鼇局が設けられ、塩の生産と管理を行っていた[48]。N劉三廠が実際明代に開設されていたか否かを検証する術はないが、上記の状況に鑑みれば、当該県の開墾が進展する前から市があったと考えられる。

盤山県の本格的な開墾は、満洲への大量移民流入の潮流と時期を同じくして1860年代からである[49]。1862年の錦州副都統恩合の上奏を受け、1863年に盤蛇駅牧廠（主に第5、第6、第7区の北部および第8区の全域）が開放され、一帯の開墾が始まった[50]。本格的な開墾の開始に伴って労働力の需要が増加したことは贅言を要しない。J胡家鎮、K大平荘、L趙荒地の3ヶ所の工夫市はこの地域に属しており、これらの市がそれぞれ1866年、1877年、1899年に相次いで開設されたのはそれゆえであろう。

調査報告書の記述において興味深いのがM杜家台の工夫市である。当該工夫市は「光緒20年〔1894年〕以前は相当集市労働者があったが、当時は上述の関帝廟の僧侶が1,000晌以上を佃耕して多数の日工を雇傭せるために附近の労働者は悉く杜家台市場に集集し、其労賃は廟の所要数により決定され、日工労賃の事実上の決定者であったが、鉄道敷設に伴い、廟の勢力の衰えると共に杜家台市場も衰頽した」という[51]。この記述はこの地の関帝廟が相当の勢力を有していたことを示している。ただし、光緒『盤山庁郷土志』からは杜家台の関帝廟が県内にあった7つのうちの一つであったことが確認できるが、歴史や規模などに関する詳細な記述は残されていない[52]。また、この関帝廟の力を端的に示すのが、杜家台橋が当該廟の住持の緒禄によって修築されたという事実である[53]。これらを総合すれば、19世紀末に杜家台一帯で勢力を有していた関帝廟は、管理していた膨大な土地を耕作す

るために、工夫市から多くの労働者を雇用していたことを指摘できよう。

　次は工夫市と県城の関係について考察する。南満洲全体の傾向から考えると、県城における開設年代が県内でも最も早いはずであるが、盤山県の例はその傾向に合致していない。このこともまた当地の特殊な経緯と関係している。1906 年の県制実施に伴い盤山庁が設けられた際には P 盤蛇駅に庁衙門を建設する計画があった。しかし、双台子鎮（後の県城）の商紳が、P 盤蛇駅は地勢が低く水害に遭う恐れがあり、県政運営上不便であるため、県治を当該鎮に移動してほしい旨を上申した結果、1908 年に衙門が P 盤蛇駅から双台子鎮に移動した[54]。それまで双台子鎮は特に重要な施設のない寒村であったが、衙門設置に伴って繁栄し、物産集散地となった[55]。このことは県城の工夫市がそのほかの工夫市より遅く設置された理由を端的に物語っている。また、寒村から一躍して県政の中心地へと変貌した双台子鎮一帯では労働力需要も急増したため、県城附近に A 河南街と B 前要路子の工夫市が県城の移転直後（1909 年と 1912 年）に開設された。

鉄道と工夫市の開市位置および規模

　錦州や盤山一帯を含む遼西の社会経済状況に変化をもたらしたのは、営口開港（1861 年）と京奉鉄道の敷設であった[56]。19 世紀末から 20 世紀初期にかけて京奉鉄道にある奉山支線の河北線（河北−溝帮子）と奉山線（奉天−山海関）が相次いで盤山県を経由する形で敷設された[57]。1936 年前後の盤山県には羊圏子・胡家・双台子（盤山）・大窪の 4 つの駅があり、当地における穀物輸送と人的移動に多くの便をもたらした[58]。盤山県は地勢的・地質的条件によりそれまでの開墾は決して順調とはいえず、必ずしも多くの移民を誘致することはできなかった[59]。鉄道の敷設に伴って人々の移動が便利になったことにより、多くの人が移入し、本格的な開墾が始まった。

　工夫市と鉄道の関係について、まず気がつくのは、鉄道沿線とりわけ駅周辺により多くの市が集中していたことである。工夫市の開設年代と鉄道の敷設時期を対照すると、必ずしもこれらの市が鉄道の影響で開設されたとはいえないが、労働力移動や雇用において何らかの関係性を有していたことを指

摘できよう。また、鉄道線路あるいは駅が含まれている区、つまり、第1、第4-7区の工夫市の開始時期は、鉄道から離れていた第2、第3、第8区より若干遅く、終了時期も遅かった。たとえば、鉄道から離れていたC、D、E、F、Qの工夫市の多くは陰暦2月中旬から3月にかけて開始され、陰暦の8月から9月の上旬には既に終了していた。一方、鉄道沿線から近い市のほとんどは、4月上旬から10月中旬以降まで開かれていたことが表4-2から読み取れる。

　終了時期が遅かったことは当該地域の穀物の販売事情と深く関わっていた。盤山県では、陰暦10月頃に穀物販売量がピークを迎え、糧桟の9割以上の穀物は陰暦の10月から12月にかけて農民から購入したものであった[60]。したがって、鉄道線路あるいは駅が含まれている区の工夫市が比較的晩期まで開いていたのは、このような需要（穀物搬送など）があったためと考えられる。G田家鎮が陰暦の5月から翌年の1月まで開市され、最盛期が陰暦の9月15日-10月20日であったのは、まさに当該地域が清朝中期より穀物貿易市場として機能していたからであり、満洲国期もその役割は変わっていなかった。農閑期になると、多くの労働者が雑業（糧桟など）や土建業の仕事を求めて当該工夫市に集まってきたことが推測できよう。

　ただし、指摘しておかなければならないのは、盤山県城あるいは鉄道沿線の工夫市とそれ以外の工夫市の間にそれほど大きな差異が見出せないという点である。南満洲の多くの県では県城や鉄道沿線で最初に工夫市が設立され、規模も大きく開市期間もより長かったのが特徴である。しかし、盤山県において両者はほぼ同規模であった。これには2点の理由があると考えられる。一つは、鉄道との関係である。労働者が集まりやすい鉄道駅が同一県内に4つも存在していたことが労働力分散の方向に作用し、県城への集中効果を及ぼさなかった。また、満洲国期に盤山県に17ヶ所もの工夫市が存在していたことも労働力分散の理由を端的に表している。もう一つは、盤山県の地勢や地質との関係である。当該県の沿岸一帯、すなわち鉄道が敷設されていた各区は渤海の影響により地質は決して良質とはいえず、水害も多かった。沿岸から若干内陸にある地域が農業に適した環境であったため、内陸各地域の

表 4-2 1935 年における盤山県工夫市の概況

所在位置	開市年代	規模 (農繁期)	労働者居住地	管理者	開市時期 (陰暦)	最盛期 (陰暦)	開市・最盛期 (開市期 ┈┈ 最盛期 ━━) 1～12月
A 河南街(1区)	1909 年	70 人	四隣村落	なし	4月5日～8月1日	6月15日～7月15日	
B 前要路子(1区)	1912 年	40 人			4月1日～9月10日	6月15日～7月15日	
C 平安堡(2区)	1879 年	127 人			3月1日～8月10日	4月15日～4月30日	
D 圏河村(2区)	1932 年	75 人			3月10日～9月8日	4月29日～6月28日	
E 鄭家店街(3区)	1810 年	100 人			3月15日～10月1日	8月15日～9月15日	
F 小河口(3区)		150 人			2月15日～9月15日	8月1日～9月15日	
G 田家鎮(4区)	1836 年	560 人			5月1日～翌年1月10日	9月15日～10月20日	
H 小窪(4区)	1863 年	120 人			4月15日～8月1日	5月15日～7月15日	
I 東青堆子娘々廟(4区)		70 人			5月1日～6月20日	5月15日～6月1日	
J 葫家鎮(5区)	1866 年	80 人			5月20日～10月25日	6月15日～7月5日	
K 大平荘(5区)	1877 年	150 人			4月15日～7月15日	5月25日～6月30日	
L 趙荒地(5区)	1899 年	120 人			3月15日～10月15日	8月15日～9月15日	
M 杜家台(5区)							
N 劉三廠(6区)	明代	120 人			4月15日～10月30日	5月30日～7月15日	
O 便家屯(6区)		500 人			4月1日～9月1日	5月1日～7月15日	
P 磐蛇駅(7区)	1901 年	60 人			3月20日～11月10日	4月15日～6月15日	
Q 小麦溝(8区)	1926 年	60 人		ある	3月15日～8月1日	6月15日～7月15日	
備考： ── 耕地・播種 ● 除草・中耕 ◆┅◆ 収穫・運搬・調製	農作物別農作期 (1～12月)					高梁	
						大豆	
						小麦	

※「所在位置」に附随するアルファベットは便宜上著者がつけたものである。「開市年代」については、調査資料の中で「何年前」と記載される場合は、統一して西暦に換算した。
出典：『盤山県農村一般調査』をもとに作成。

方が多くの農業労働力を必要としており、鉄道沿線の各工夫市とそれほど相違がみられなかったのである。

開市時期と労働力の移動

上述したように、盤山県は決して農耕に適した環境ではなかったが、なかでも相対的に肥沃な土地は第2区であり、ほかのいくつかの地域（第3区東部、第6区西部、第7区北部）がそれに続く農業地帯であった[61]。対照的なの

第4章　農業労働力の雇用と労働市場　　131

は第3区西部と第4区全域であり、これらの地域はアルカリ性土壌と水害の影響に加えて匪害多発地帯であるため、避難した不在地主も多く、居住農民の大多数は貧農であった[62]。

しかし、農繁期の工夫市の規模は、むしろ第3区と第4区の方が第2区よりも大きかった。工夫市の規模を決定する要素の一つは需要の多寡であるが、それと同時に農業経営形態もみる必要があろう。この2区（第3区と第4区）のうち第4区の約56%の農家は5晌以下の零細農であった[63]。両区の労働力は常時過剰状態にあり、多くの農民は年工の需要が多い第2区や他区に出稼ぎに赴いて生計を立てていた[64]。したがって、これら地域の工夫市の規模の大きさは、需要の多寡よりも村内の過剰労働力との関係性がより強く、工夫市は余剰労働力の送出先としての側面がより強かった。

もう一つ考えなければならないのは隣県との関係である。盤山県は、錦県や北鎮県、黒山県など各県と隣接しており、交通の面においても便利であった。そのため、いくつかの区の人々は隣県に働きに行くことも容易であった。たとえば、第7区は全区を通じて労働力が過剰状態であったが、黒山県と北鎮県、台安県の3県と接していたため、黒山県と北鎮県に出稼ぎに行く労働者が多かった[65]。このことも第7区の工夫市が小規模であった理由を示していよう。

次は農作物と工夫市との関係について分析する。県内各区によって微細な差異はあるものの、おおむね環境に強い高粱や稗が主に耕作され、大豆や粟、大麦、小麦がそれに続いていた[66]。ここでは、いくつの作物を例に工夫市との関係について検討する。

一つ目に、県内で最も多く耕作されていた高粱を例にみてみよう。1935年当時に高粱が最も耕作されていたのは第4区（県内高粱耕作面積の28%）で、第5区（約14%）と第6区（約12%）がそれに続く産地であった[67]。高粱は、陰暦の3月下旬から播種が始まり、4月中旬から5月下旬にかけて三度の除草（労働力1人あたり1日約0.2-0.3晌）を経て、8月中旬に収穫（労働力1人あたり1日約4畝）を行った[68]。これらの農作サイクルについて工夫市の開市時期と最盛期とを対照すると、主要産地である第4区−第6区のほ

とんどの工夫市は農繁期にあたる除草期までに開始されており、また最盛期も5月下旬までとなっているところが多い。

　二つ目は満洲の主要産物の大豆である。盤山県では大豆はそれほど耕作されておらず、1935年は全耕作面積の7.8%にすぎなかった[69]。最も多く耕作されていたのは第7区であり、全体の約26%を占めていた。第7区唯一の工夫市（P盤蛇駅）は、陰暦の3月20日から11月10日まで開いており、4月15日から6月15日までの2ヶ月間が最盛期であった。大豆の耕作は、4月上旬より始まり、4月下旬から6月上旬頃までに3回の除草期（労働力1人1日約0.3晌）を迎え、8月下旬から収穫し、その後運搬・調製などを行っていた[70]。両者を比較すれば、第7区P盤蛇駅の工夫市の最盛期は大豆の播種から除草が終わるまでの期間であり、大豆の調製が終わる11月中旬には閉市していることに気づく。

　三つ目に小麦についてみてみよう。主要小麦産地は第2区の沙嶺鎮一帯およびその附近の遼河沿岸であった[71]。小麦は農作物の中でも作業時期が比較的早く、陰暦の3月上旬から耕作が始まり、除草も4月下旬から5月上旬にかけて行われ、6月下旬から7月中旬までには収穫と調製などを終えていた[72]。小麦の主要産地である2区には2ヶ所の工夫市が存在するが、ともに高粱と大豆の主要産地にある工夫市とは少々異なっていた。しかし、この2ヶ所の工夫市と小麦の耕作サイクルを対照してみればその理由がわかる。すなわち、ほかの工夫市より開市（3月上旬）と閉市（8月上旬と9月上旬）、そして最盛期（4-5月）が早かったのは、小麦の耕作サイクルに対応していたからである。三つの代表的な作物の分析からわかるように、各区の工夫市の開市時期と最盛期は農作サイクルの農期に合わせて開設されていた。

　最後に、同区内に複数の工夫市が開設されていたことが何を意味するかについて考察する。第7区と第8区以外のすべての区において複数の工夫市が開設され、同一区内の工夫市であっても開市時期と最盛期はほとんどずれていた。たとえば第2区のC平安堡とD圏河村は、前者は陰暦の3月1日から、後者は3月10日から始まっており、終了時期も前者は8月10日、後者は9月8日であった。最盛期をみると、前者は陰暦4月15日から4月30日

まで、後者は4月29日から6月28日までになっており、ほぼ完全にずれていたといっても過言ではない。

　このような状況が生じた背景には労働者の移動や農作サイクルのずれが深く関わっていた。労働者は各自の都合や労働条件に合わせて、適切な工夫市を選択することができた。また、各工夫市の最盛期がずれていることによって複数の工夫市をわたり歩くことも可能であった[73]。一方、労働力を必要とする農家もその必要に合わせ、需要に見合うところに雇用しに行くことが可能であった。

　以上みてきたように、盤山県の工夫市は、地域環境や開墾などに合わせて開設され、地域の変化に対応して形態も変化した。これらの工夫市には厳密な管轄範囲や利用者制限などはなく、各プル要因（開墾、農繁期、鉄道敷設、土建業や雑業など）と各プッシュ要因（零細化、自然災害など）の組み合わせが変化する中で分布が拡がっていき、雇用主と雇農はそれぞれの需給に鑑みて工夫市を選択していたのである。

おわりに

　本章では、1930年代の南満洲における工夫市の実態について、雇用主と労働者との関係、工夫市と地域社会との関係などから検討し、工夫市からみえてくる南満洲の農村社会の一端を明らかにした。その内容をまとめると次の通りである。

　南満洲に開設されていた工夫市の形態を開市位置、開設年代、開市時期および規模から分析し、その実態を明らかにした。近代に入って本格化した開墾に伴い大量の労働力需要が満洲に生まれたため、各地に工夫市と呼ばれる労働市場が急激に増加した。南満洲における工夫市の形態は、それぞれ地域的な特性（位置、歴史、時期、規模）を有しながらも、県城に開設された工夫市が突出して重要な役割を果たしていた。県城の工夫市の多くは1年中開市されており、農繁期の農業労働力雇用が主要であったものの、土建業や雑業

の雇用もみられた。一方、市鎮の工夫市は各県の開墾に伴って次第に開設されるようになったが、雇用は農繁期に限定されていた所が多く、県城ほどの規模には至らなかった。各県内に存在する複数の工夫市は決して競合関係にあったのではなく、位置や開市時期、最盛期などをみると、区と区との間、区内の各工夫市、あるいは隣接県の工夫市と相互に補完関係にあった。すなわち、鉄道の需要（農作物運搬など）や農作サイクルの差異に合わせて各工夫市が開かれており、雇用主と労働者はいくつかの選択肢から自らの需要に合う工夫市に赴くことが可能であった。そして、工夫市の規模や性質は必ずしも恒久的なものではなく、時期（鉄道敷設や農作物など）や地域環境（自然災害など）の変化によってその利用人数も利用者の居住地も常に変化していた。

　満洲国期の南満洲では、農家の零細化が進み、多くの地域において大量の余剰労働力がみられた。これらの労働力の送出経路の一つは工夫市であり、集まってくる労働者の多くは県内あるいは四隣村落の労働者であった。これらには制度上の管理者が存在しておらず、雇用主や労働者への制限なども設けられていなかったが、一部の工夫市では地域有力者がその背後にいたことも看取できる。また工夫市は農業労働力の雇用を主に扱ったため、炭鉱の労働力雇用にみられた把頭のような仲介者は存在していなかった。ほとんどの場合は雇農と雇用主との直接交渉によって賃金が決定されていた。その交渉過程からみてとれた雇農の姿は、決して受動的なものではなく、労働力の需要によって雇用主と同等の立場で労賃を交渉する一面もあり、様々な労働条件を勘案しながらより有利な条件を選択することができる場合もあった。

　最後に、北満洲（表4-3）あるいは華北地方と比較した場合、南満洲の工夫市にはどのような特徴があったのかについて述べたい。

　北満洲の開発は急ピッチで進行したため、満洲国期に至っても大経営農家と土地無所有者層という二極化の状況に変化はあまりみられず、農繁期には大量の農業労働力が短期間に集中して必要とされた。労賃も南満洲や華北地方より高く、満洲以外からも多くの労働者を引きつけた。また、県城以外の地域の開墾が依然として進行中であり、労働者の移動の便などの関係から、

第4章　農業労働力の雇用と労働市場　　135

表 4-3　1930 年代の北満洲における工夫市の概況

所在県	所在位置	開市年代	開市時期	規模	労働者現住地	管理者	備考
洮南県	県城康楽街	1902 年		農繁期約 300〜400 人 農閑期約 150〜200 人	四隣村落	なし	農業（5 割）、農業外の雇用も多い
洮南県	瓦房鎮	1918 年	農繁期	農繁期約 100 人	四隣村落	なし	農業労働者の雇用が中心
楡樹県	県城	50 年前	農繁期	農繁期約 200〜300 人		なし	
楡樹県	労水甸子（第 7 区）		農繁期	農繁期約 100 人		なし	
楡樹県	後溝屯		農繁期	農繁期約 100 人		なし	
望奎県	県城南二道街		陰暦 3 月 15 日〜7 月 20 日	平均約 30〜40 人 農繁期約 70 人	県城 約 1/3、隣村 約 1/3、隣県約 1/3	なし	賃金は 3 日ごとに決定
慶城県	県城西門外龍泉寺前		農繁期	平均約 10〜15 人 農繁期約 40 人	大半県内出身	なし	龍泉寺の住持が 3 日ごとに賃金決定
巴彦県	県城内関帝廟		陰暦 3〜10 月	農繁期約 200 人 農閑期約 20〜30 人	県内および四隣村落		9 割以上農業労働者、賃金は 3 日ごとに決定
明水県	県城東西大街の西方	1918 年	1 年中・春から秋まで	農繁期約 200 人	県城および附近の村落		
蘭西県	県城内日昇旅館北		陰暦 2〜9 月下旬	農繁期約 100〜200 人		なし	
訥河県	県城十字街		陰暦 4 月下旬〜6 月下旬		四隣村落が中心	なし	
海倫県	県城南四道街	20 年前	1 年中	農繁期約 300〜400 人 農閑期期 60〜80 人	地元（県内・隣県・其他各県）の者が圧倒的	なし	賃金は 3 日ごとに決定、警察局が監督
克山県	県城		陰暦 3 月中旬〜10 月	農繁期約 500〜600 人 農閑期約 20〜30 人	龍江省内が多半数	なし	農事試験場が農閑期に大量に雇用する時がある
呼蘭県	県城南街・北街 2 箇所		1 年中	農繁期約 300 人	四隣村落が 7 割		場所は偶数日と奇数日で交換、警察署が監督
拝泉県	県城北大街の橋		陰暦 5〜8 月	農繁期約 1,000 人	地元の者がほとんど		同県のほかの鎮にも労働市場
北安鎮	北安鎮十字街	1934 年	1 年中	農繁期約 300 人	県外から来る者が 6 割	なし	

出典：『45-5 雇傭関係並に慣行篇』144-167 頁、『洮南県一般調査』、『楡樹県一般調査』、石田精一（南満洲鉄道株式会社調査部編）『北満に於ける雇農の研究』（博文館、1942 年、146-157 頁、をもとに作成。

工夫市の多くは県城や鉄道沿線に集中した[74]。工夫市の数は南満洲より少ないものの各市の規模は大きかった。したがって、北満洲の工夫市は「集中分配型」、つまり県城の市に南満洲や華北地方からの労働者が吸収され、そこを中継地点としてさらに県内の村落に分配する役割を果たしていたのである。

　一方、南満洲は早期に開墾されたため農業経営の零細化が進行しており、工夫市は近隣農家の余剰労働力の送出先としての役割がより大きかった。また、市鎮にも工夫市が開設されたため、一つ一つの規模は北満洲には及ばなかった。必要とされる農業労働力も北満洲ほど多くはなかったものの、土建業や雑業など異業種の選択肢は北満洲より豊富であった。すなわち、南満洲の工夫市は「分散調整型」、つまり工夫市が分散しており、遠方の労働力を吸収するというよりも近隣の余剰労働力の調整弁として機能していたのである。また、山東省で調査を実施した西村甲一は、同時期の県城附近に開設された工夫市が「一帯の農村及び県城内外の過剰労働力の集結され分散される拠点」であると述べている[75]。この点から考えれば、南満洲は華北農村における雇農の雇用と類似した状況に近づきつつあったといえよう。

　ただ、南満洲では零細化が進展していたとはいえ、その経営規模は華北地方よりは大きく、依然として完全に零細化していない農家も少なからず存在していたため、農業労働力の需要は華北地方より大きかったといえる。零細化によって創出された南満洲の農家余剰労働力の多くは、近隣農村に農業労働力として再雇用されるか、より需要の多い北満洲へと出稼ぎに行ったのである。その仲介および調整の機能を果たしていたのが工夫市であり、いわゆる「中国本土」とは異なる開発・発展過程を経た近代期の満洲においては、より突出した役割を果たしたのである。

　工夫市のような場はその後も様々に形を変えながら中国の農村や都市近郊に存在し続けてきた。たとえば、1940年代末の綏中県で工夫市が開市されていたが、中国共産党の農村幹部は工夫市が互助組の組織の妨げになると判断して、中止するように命令したという[76]。また、今日においても中国の

図 4-3　河北省保定市近郊の「工夫市」
出典：2014 年 9 月、著者撮影。

図 4-4　雇用主の車に駆け寄る労働者たち
出典：2014 年 9 月、著者撮影。

街中に行くと、よくロータリーや十字路、公園附近などで建設業（塗装や電気工事、大工など）の雇用を求めてたむろしている人たちに遭遇することがある。さらに、著者は2014年9月に河北省の農村を訪問した際に、保定市郊外の宿泊ホテル近くの環状道路に人だかりができていることに気づき、興味本位で行ってみた。そこでは、200人前後の農民が電動スクーターやバイクに乗って集まり、いくつかのグループに分かれて談笑していた（図4-3）。話を聞くと、近郊農村に住む農民が仕事を求めてよくここに集まるようで、収穫期に最も多いという。男性が多かったが、女性も2、3割程度いた。また、朝食やたばこ販売の出店もあり、それを利用する農民も数多くいた。労働者を雇用しようとする雇用主が来ると、労働者たちは一気にその周りに詰めかけ、仕事内容と賃金について尋ねていた（図4-4）。そして、交渉が成立すると、被雇用者たちは電動スクーターやバイクに乗って雇用主の車やバイクに追随して市から去っていったのである。もちろん、こうした市は本章で取り上げた工夫市と単純比較はできないが、労働力調整のためにこのような市を利用するという習慣は今の農民にとっても重要であり、生活に根付いているといえよう。

1　実業部臨時産業調査局編『康徳元年度農村実態調査報告書　産調資料（45）ノ（5）雇傭関係並に慣行篇』実業部臨時産業調査局、1937年、143頁、以下、同類の資料については『45-5 雇傭関係並に慣行篇』のように略す。

2　中支建設資料整備委員会『支那各省農業労働者雇傭習慣及び需給状況』中支建設資料整備事務所、1941年、8-13頁。また、同調査結果によれば、1933年頃の満洲や熱河省、新疆などを除いた中国全土にわたる調査地707県のうち約37%の県にこのような労働市場がみられ、さらに各省の比率をみると北になればなるほどその割合が高くなっていたという。

3　薛暮橋「桂林六塘的労働市場」『新中華』第2巻第1期、1934年。

4　羅崙・景甦『清代山東経営地主経済研究』（済南、斉魯書社、1985年）や、それを批判した朱建「関於中国農業的資本主義萌芽問題──与『清代山東経営地主底社会性質』一書作者商権」（『学術月刊』1961年第4期）などがある。李文治・魏金玉・経君健『明清時代的農業資本主義萌芽問題』（北京、中国社会科学出版社、1983年）や

第4章　農業労働力の雇用と労働市場　　　139

内山雅生「近代中国における地主制――華北の農業経営を中心として」(『歴史評論』319 号、1976 年)の論考も雇農の性質を考える上で重要な研究である。

5　陳玉峰「三十年代中国農村雇傭労働者」『史学集刊』1993 年第 4 期。

6　Philip C.C. Huang, *The Peasant Economy and Social Change in North China*, Stanford, California.:Stanford University Press, 1985. 羅・景前掲『清代山東経営地主経済研究』。曹幸穂『旧中国蘇南農家経済研究』北京、中央編訳出版社、1996 年。

7　尚海濤『民国時期華北地区農業雇傭習慣規範研究』北京、中国政法大学出版社、2012 年。

8　石田精一（南満洲鉄道株式会社調査部編）『北満に於ける雇農の研究』博文館、1942 年。同書には石田精一が工夫市を観察した記録も収録されており、史料としても参考になる。

9　荒武達朗は、より多くの農業労働力を必要とした北満洲では、南満洲や華北地方から集まってきた労働者を分配する役割を工夫市が果たしていたことを指摘している。荒武達朗「第 4 章 1920-1930 年代北満洲をめぐる労働力移動の変容」『近代満洲の開発と移民――渤海を渡った人びと』汲古書院、2008 年。

10　同様の傾向は中国における研究にも指摘することができる。于春英・王鳳傑「偽満時期東北農業雇工研究」(『中国農史』2008 年第 3 期)や李淑娟『日偽統治下的東北農村 1931-1945 年』(北京、当代中国出版社、2005 年)などがある。

11　「全満の労働市場――満洲国民政部で調査」『満洲日報』1935 年 6 月 22 日付。

12　『45-5 雇傭関係並に慣行篇』131-132 頁。

13　『45-5 雇傭関係並に慣行篇』149 頁。

14　『45-5 雇傭関係並に慣行篇』162 頁。

15　満洲国の警察制度の変遷については、満州国治安部警察司編『満洲国警察史』(完全復刻版)(加藤豊隆(元在外公務員援護会)、1976 年、41-70 頁)などを参照。

16　臨時産業調査局調査部第 1 科編『康徳 3 年度農村実態調査一般調査報告書(新民県上巻)』臨時産業調査局調査部第 1 科、1936 年、274-279 頁、以下、参照する一般調査報告書については『新民県一般調査(上)』のように略す。

17　安松康士「黒山県城に於ける工夫市に就て――附近農村に於ける農業労働者の雇傭関係」『内務資料月報』第 2 巻第 3 号、満洲行政学会、1938 年。

18　国務院産業部農務司『康徳 4 年度県技士見習生農村実態調査報告書(錦州省朝陽県)』国務院産業部農務司、1938 年、77 頁。

19　農閑期における土建業雇用の詳細や内訳については明確ではないが、その多くは鉄道敷設や修繕の雇用であったと推測できる。たとえば、北満洲海倫県城の工夫市では、陰暦 3 月頃に集まった約 100 人の労働者は播種が開始するまで街路の修理や鉄道線路の修繕などに雇われていた。『45-5 雇傭関係並に慣行篇』150 頁。

20　塚瀬進『中国近代東北経済史研究――鉄道敷設と中国東北経済の変化』東方書店、

1993 年。

21 『遼中県一般調査（上）』343-344 頁。

22 たとえば、北満洲の海倫県城にあった工夫市では、陰暦 11 月と 12 月には約 100 人の労働者が集まったが、その多くは県城内の糧桟に雇われていた。糧桟では主に買い集めた穀物の再調整、選別、麻袋詰め、輸送などの仕事を行っていた。『45-5 雇傭関係並に慣行篇』151 頁。満洲の糧桟については、風間秀人『満州民族資本の研究』緑蔭書房、1993 年を参照。

23 安冨歩「第 5 章　県城経済──1930 年前後における満洲農村市場の特徴」安冨歩・深尾葉子編『「満洲」の成立──森林の消尽と近代空間の形成』名古屋大学出版会、2009 年。

24 『新民県一般調査（上）』274-275 頁。

25 『新民県一般調査（上）』274-279 頁。

26 『康徳 4 年度県技士見習生農村実態調査報告書（錦州省朝陽県）』77 頁。

27 安冨前掲「県城経済」。この背景には、モンゴルから満洲への役畜供給、長白山系からの木材供給、冬季における道路や河川の凍結に起因する輸送・貯蔵のコストの低下、大豆を中心とする物資流通の季節性などがあり、これらの諸要素が県城経済の発展につながったことも明らかにされている。また、北満洲にはほとんど定期市がみられなかったことも指摘されている。

28 吉川忠雄「北満農業労働人口の研究」『満洲経済』創刊号、満洲経済社、1940 年。

29 兒嶋俊郎「満州国の労働統制政策」松村高夫・解学詩・江田憲治編著『満鉄労働史の研究』日本経済評論社、2002 年。

30 『45-5 雇傭関係並に慣行篇』160-161 頁。旅館の 5 等級の中で 1 番下級の「小店」の宿泊料は、1935 年では 3 銭、1936 年では 5 銭であった。食事付き（2-3 食）の場合、1 日 15-20 銭が必要であった。なお、1934 年の除草期における克山県の日工の 1 日あたりの労賃は、36-58 銭であった。『45-5 雇傭関係並に慣行篇』133-134 頁。

31 また、盤石県や懐徳県の一部の工夫市からは物乞いや貧民が雇われる形で労賃決定や管理を行っていたことが読み取れる。これについては、華北農村の看青と類似する性質、つまり一種の貧農救済の性格が内包されていた。また、農民を抑制できる強い腕力の持ち主が選ばれていたと考えられる。華北地方の看青については、内山雅生『現代中国農村と「共同体」──転換期中国華北社会における社会構造と農民』（御茶の水書房、2003 年、63-68 頁）を参照。

32 松村高夫「撫順炭鉱」や張声振「土木建築」（いずれも松村・解・江田前掲『満鉄労働史の研究』）などがある。苦力頭は、中国現地公権力を媒介として苦力募集や、スト回避の前提となる苦力の労働慣行や賃金感覚の正確な把握などを通じて苦力たちに強い統制力を発揮しうる人物であった。また、現地社会動態に精通した優秀な苦力頭の保持は当時の日本人土建業経営者にとって事業の成否を左右する重要な要件であっ

た。松重充浩「榊谷仙次郎日記」武内房司編『日記に読む近代日本5——アジアと日本』吉川弘文館、2012年。

33　『45-5 雇傭関係並に慣行篇』154-155頁。

34　張前掲「土木建築」。

35　把頭制度は、小商品生産に対応しておらず、相当数の労働者の雇用などを前提とする必要があった。中村孝俊『把頭制度の研究』龍文書局創立事務所、1944年、2頁。

36　安松前掲「黒山県城に於ける工夫市に就て」。

37　石田前掲『北満に於ける雇農の研究』154-155頁。

38　盤錦市人民政府地方志辦公室編『盤錦市志』北京、方志出版社、1998年、巻3農業、農業開発編。

39　民国『盤山県志略』巻1、建置第1。

40　満洲帝国地方事情大系刊行会編『錦州省盤山県事情』満洲帝国地方事情大系刊行会、1936年、9-13頁、以下、『盤山県事情』。

41　『盤山県一般調査』1頁。

42　『盤山県事情』43-44頁。

43　F小河口とN便家屯の位置を特定することができなかったため、F小河口は河沿い、N便家屯は第6区の中央にプロットした。

44　康熙『広寧県志』巻2、建置志。民国『盤山県志略』巻1、勝蹟第4。

45　盤山県地方志編纂委員会辦公室編『盤山県志』瀋陽、瀋陽出版社、1996年、大事記。

46　『盤錦市志』巻1総合、行政建置編。

47　『盤錦市志』巻3農業、芦葦業編。

48　『盤山県志』大事記。

49　塚瀬前掲『中国近代東北経済史研究』23-28頁。塚瀬進「中国東北統治の変容——1860-80年代の吉林を中心に」左近幸村編『近代東北アジアの誕生——跨境史への試み』北海道大学出版会、2008年。

50　民国『盤山県志略』巻1、建置第1。『盤山県一般調査』39-45頁。清朝の官地の丈放については、江夏由樹「清末の時期、東三省南部における官地の丈放の社会経済史的意味——錦州官荘の丈放を一例として」(『社会経済史学』第49巻第4号、1983年)を参照。

51　『盤山県一般調査』226頁。また、『戸別調査之部』には「杜家台関帝廟の僧本善なる者が、本屯を中心に広大な面積を承領し、年工を雇って大々的に開墾、耕作をなした」という記録が残されている。国務院実業部臨時産業調査局編『康徳3年度農村実態調査　戸別調査之部』第4分冊、国務院実業部臨時産業調査局、1936年、298頁。

52　光緒『盤山庁郷土志』巻1、古蹟第5。

53　民国『盤山県志略』巻1、附録一覧表橋梁。また、住持の緒禄については、孫永吉「杜家台大廟与主持僧緒禄」中国人民政治協商会議遼寧省盤山県委員会文史資料研究

委員会編『盤山文史資料』第5集（盤山、中国人民政治協商会議遼寧省盤山県委員会文史資料研究委員会、1990年）にも記述がある。

54 民国『盤山県志略』巻1、建置第1。県治移動には、双台子鎮の交通面の利便性（鉄道と河川）も考慮された。

55 大同学院図書部委員編『満洲国各県視察報告』大同学院、1933年、186頁。

56 京奉鉄道は、開平炭鉱の石炭輸送のために、李鴻章が1879年にイギリス人技師を招き敷設を行ったことに起源があり、1893年には山海関まで完成した。塚瀬前掲『中国近代東北経済史研究』123-127頁。

57 河北線は1898-1900年にかけて全長約95km（盤山境内約42km）の鉄路が敷設された。奉山線の羊圏子駅は1901年に建設された。『盤山県志』大事記。

58 『盤錦市志』巻1総合、総述。1937年の区画変更に伴い営口県の一部も盤山県の所属となり、駅数も五種になった。

59 民国『盤山県志略』巻1、建置第1。開放当初納租地の目標を100万畝としていたが、1903年の段階で21万畝を達成したのみであった。

60 『盤山県一般調査』81-86頁。

61 『盤山県一般調査』75頁。

62 『盤山県一般調査』74頁。

63 『盤山県一般調査』16-17頁。

64 『盤山県一般調査』74-75頁。

65 『盤山県一般調査』74頁。

66 『盤山県事情』43-44頁。水稲は後に日本の指導のもとで展開された土地改良事業によって急増し、当該県の主要産物になるが、本章の対象時期と異なるため考慮しない。この点については、小都晶子が詳細な分析を行っている。小都晶子『「満洲国」の日本人移民政策』汲古書院、2019年。また、盤山県における戦後の接収状況については中央研究院に各種檔案が所蔵されている。たとえば、「東北区盤山農場接収」（中華民国農林部檔案、中央研究院近代史研究所檔案館、20-16-243-01）などがある。

67 『盤山県一般調査』33頁。

68 『盤山県一般調査』183-187頁。

69 『盤山県一般調査』22頁。

70 『盤山県一般調査』189-193頁。

71 『盤山県志』農業編。

72 南満洲鉄道株式会社農事試験場『南満洲在来農業』南満洲鉄道農事試験場、1918年、91-103頁。

73 満洲ではないが、2013年に山西省でかつての雇農に聞き取りした際にこの点に関する言及があった。その農民によれば、一部の村人は収穫期になると、雇用先を求めてまず一番先に収穫が始まる地域（南の臨汾）に南下し、そこから各地の収穫期に合わ

第4章　農業労働力の雇用と労働市場　　143

せて徐々に北上していったという。

74 北満洲の工夫市は、「大体において濱北線沿線の県城の農業外労働者の雇傭の多い工夫市は1年中を通して開市され、その他の地方では農繁期のみに開市」されていた。石田前掲『北満洲に於ける雇農の研究』149頁。

75 国立北京大学附設農村経済研究所編『山東省に於ける農村人口移動——県城附近一農村の人口移動について』国立北京大学附設農村経済研究所、1942年、44頁。

76 朱建華主編、王雲・張徳良・郭彬蔚副主編『東北解放区財政経済史稿』哈爾濱、黒龍江人民出版社、1987年、163-164頁。

第 5 章

農業外就業と農家経営
南満洲の遼陽県前三塊石屯を事例に

2013 年 5 月、遼陽県前三塊石屯の村の入り口と村碑
出典：著者撮影

はじめに

　満洲では、農業に加えて、工業や鉱業などの諸産業も 20 世紀以降における日本の満洲進出や大量の移民流入に伴って発展し、地域社会に大きな影響を与えた。農業外諸産業の発展は農民や農村社会とも深く関わっており、両者の連鎖は看過できない問題である[1]。しかし、従来の満洲農村研究では農業経営のみから農家経営が分析されており、農業外労働や副業が農家経営に果たした役割についてはほとんど検討されてこなかった。たとえば王大任は、満洲における農家経営の展開が「雇農に依存する富農経営から地主経営へ、そして自作経営」に至ったとした上で、土地の零細化が進展した南満洲では中小経営農家は生活を維持するために「仕方なく」副業を農家経営に取り入れたと指摘した。さらに、環境の変化に伴って農家が最大利益の獲得から家計の均衡維持に生計戦略を転換したという[2]。このような王の議論は、まさに農業収入が農家経営に占める絶対性を前提としたものであろう。

　この点については、中国農村史研究の成果が大変示唆に富む。弁納才一と三品英憲は綿業と農家経営の関係に着目して分析を行っている[3]。弁納は、アメリカ棉種栽培と在来綿業との対比を通して農家側がいかに選択していたのかという点を明らかにしている。三品は河北省定県に着目して農家経営の多様性と変容を検討した。三品によれば、当該地域では鉄道敷設に伴って綿業の商品化が進み、土壌や鉄道からの距離などの客観的な条件を満たしている農家は「副業」（綿業）と「主業」（農業）の経営展開の逆転が生まれ、家計の重心が綿業に移行していったという。また、手工業や商工業が進展していた江南地方では、非農業セクターが農家経営において果たした役割が一層明確であり、商工業の発展に伴って、農家余剰労働力は主に家庭内副業や非農業セクターに用いられ、その収入が家計の主要な収入源になっていた[4]。

　このように、上述のこれら研究は中国農村を捉える際に、副業や非農業セクターの農家経営における役割についても重視している。また、序章でも指

摘したように、農村を理解するためには、農業のみでは不十分であり、手工業や商業、運輸業、サービス業、鉱山業などをも含めて「農村経済」という枠組みから検討しなければならない。満洲においても同様であり、20世紀以降に漸次発展してきた諸産業が満洲農村経済に与えた影響や、それらと農家経営との関係についても明らかにする必要があろう。このような作業を通して満洲の農村経済や地域社会を総体的に理解できるようになると思われる。

　以上の問題意識から本章では、農業外就業と農家経営との関係を検討することを通して、近代満洲における農家経営の多様性を明らかにしたい。具体的には、産業化が進展していた南満洲に着目し、農業外諸産業の発展に伴う農民の就業選択の諸相、またそれに伴う農家経営の変容について検討する。分析に際して、南満洲に位置する遼陽県前三塊石屯という一村落に焦点をあてる[5]。なぜなら、当該村落からは多くの労働者が県城やその近郊地域に就業しており、農業セクターと非農業セクターとの関係を詳細にみることが可能だからである。

　以下、第1節では、満洲における農業外就業の概況を整理する。第2節では南満洲の農業経営形態について分析し、その特徴や北満洲との差異を明らかにする。第3節では農家労働力と農業外就業の関係に着目し、その農家経営の実態を検討する。

1　農業外就業の展開

　本節では満洲の農業外就業の状況を土建業および鉱業、工業を中心に概観する。

土建業および鉱業
　開発の進展に伴って満洲では鉄道敷設やインフラ整備などが漸次拡大し、土建業はこれらの事業を支える重要な存在として浮上した。第4章でも述べたように、土建業の労働者募集形態は、「把頭」による募集以外に、「遠隔地

募集」（遠隔都市や県からの募集）と「近隣募集」（施工される沿線の県城からの募集）、「地元募集」（現場附近の農村からの募集）に区別されていた[6]。三つの募集形態のうちで在地農民と深く関連していたのは「近隣募集」と「地元募集」の二つであり、それらの雇用においては工夫市が重要な役割を果たしていた。しかし、鉄道敷設やほかの建設工事などの労働者募集はあくまでも臨時的な雇用にすぎず、農家にとって恒常的な収入源とはなりえなかった。

　続いて、満洲の鉱業開発は、ロシアや日本による満洲進出以前より既に一部地域で進展していた[7]。たとえば、後に製鉄業が隆盛する本渓湖一帯では、明代から鉄器の生産が盛んに行われており、清代においても鉄鉱石や石炭の重要な生産地として知られていた[8]。しかし、近代的技術を導入して大規模経営を展開するに至ったのは、1905 年以降に大倉組が本渓湖煤鉄公司を設立してからのことである[9]。撫順炭鉱についても同様の傾向が看取でき、1907 年に満鉄に移管された当時の出炭量は約 23 万トンにすぎなかったのが、1911 年に 37 万トン、1923 年に 500 万トン、1927 年に 700 万トンと推移し、1937 年には 1,000 万トンを超えピークに達していた[10]。

　こうした鉱業の成長には、日本からの技術や資本の導入のほかに、大量の労働力動員が不可欠であった。山東からの出稼ぎ労働者は満洲の高賃金に魅了され、「陰暦正月末頃より各其目的地に向うものにして旧 2、3 月の候最も多く」、「相当の貯蓄をなしたる後越年のため陰暦 11 月下旬より 12 月中旬に亘り帰郷」していた[11]。一方、満洲の在地農民も労働力として重要な役割を果たした。農民の鉱山労働は、「概ね郷村の四近に止ま」り、「本渓湖炭坑地方の如きは細民多く且つ比較的古くより諸工業の行われたる地なるを以て農間労働者を得ること甚だ容易にして同炭坑労働者の約 4 割を占む」とあるように、主に村落に近隣する炭鉱で働いており、その労賃は貴重な収入源の一つになっていた[12]。

　しかし、このような農民の鉱業への就業は決して満洲全域に存在していたのではなく、鉱業が集中する南満洲に多くみられた就業形態であった。これを端的に表しているのが南満洲における鉱山の数やその規模である。満洲国実業部臨時産業調査局の調査によれば、1936 年において満洲各鉱業監察署

が管理する鉱山の数は、承徳が57ヶ所、奉天が91ヶ所、新京が31ヶ所、斉斉哈爾が21ヶ所であった[13]。満洲の鉱業の中心は、それぞれ91ヶ所と57ヶ所の鉱山を有する南満洲の奉天および承徳一帯であったことがわかる。一方、北満洲を管轄する斉斉哈爾鉱業監督署が有する稼行鉱山はわずかに21ヶ所のみであった。鉱山が集中する南満洲においては農民が容易に炭鉱に働きに赴くことができたが、対照的に北満洲においては一部の地域を除き、このような就業選択は困難であった。

工業

鉱業と同様に、工業も日本が満洲に進出して以降、特に満洲国期に急速に発展・拡大した。以下では、満洲における工場の状況について調査資料に即して概観する[14]。

1934年における満洲の操業工場数は6,497ヶ所であったのに対し、1936年は6,570ヶ所、1938年は9,321ヶ所、1940年には1万2,769ヶ所にまで増加し、6年間で約2倍に達した。特に1936年以降の増加が顕著であり、1938年までの2年間に約2,800ヶ所が、1938年から1940年までの2年間で約3,500ヶ所が増加していた[15]。このような急増は、1937年以降から始まる「満洲産業開発五カ年計画」と密接に関わっており、政策の中心を農業から軍需産業を中心とする重工業に移行させた結果である[16]。

操業工場数や規模の拡大に伴い、常勤職工の人数も急増した。1934年に約11万人いた職工は1940年には約38万人にのぼり、工場数以上の増加をみせた。なかでも窯業の増長が最も大きく、約5倍に及んだ。紡織業についていえば、職工数は1940年こそ窯業を下回ったものの、全期間を通して満洲で最も労働力を必要とした業種であった。このような工場数や雇用人数の拡大は、これら諸産業が展開した大都市や県城、市鎮およびその周辺の農民にとって就業の選択肢が多様化したことを意味し、多くの農民が工場において常時ないし臨時に働くことができる環境が提供された。

しかし、鉱業と同様に工業の分布状況や発展も満洲内において地域差がみられ、南満洲の鉄道沿線地域が分布・発展の中心であった。奉天省は全時期

において開設工場数が満洲内で最も多く、さらに安東省や錦州省を合わせて計算すると、全体の約5、6割を占めていた[17]。奉天は従来政治の中心地であったが、満洲国建国以降は工業都市としても発展し、特に鉄西地区における工場建設が著しかった[18]。

北満洲の工業も19世紀末以降漸次発展し、満洲国期の工場増加率は南満洲を凌いだ。たとえば、北満洲で最も工場数が多かった濱江省では、1938年の操業工場は527ヶ所であったのが、1940年には2,144ヶ所にまで増加していた。満洲における農業の発展に伴って農産物加工業も勃興し、特に大豆を加工する油坊業や製粉業は各地で盛んになり、北満洲でも哈爾濱や斉斉哈爾、牡丹江などを中心に工業が著しく成長していった。しかし、北満洲の工業が満洲全体に占める割合は南満洲ほどには至らなかった。

19世紀の満洲各地には農産物加工を行う油房（搾油製油）・焼鍋（酒造）が存在していたが、その規模は小さく、家内工業や農家副業の域を出ておらず[19]、農業外諸産業の本格的な発展は、20世紀以降からである[20]。当然ながら、これらの諸産業の発展の背景には、日本による植民地支配の強化や軍事需要があったことは確固たる事実である。満洲国政府および関東軍が推進した華北地方から満洲への移民の抑制政策や諸産業の発展は、1930年代後半になると諸産業と農業との間で労働力獲得競争を招き、農業労働力不足や雇農の賃金高騰などをもたらした[21]。とはいうものの、満洲国期の諸産業の成長はより多くの就業先を創出し、多くの農民が近隣の炭鉱や工場に働きに行くことを可能にした。そして、産業の集中する南満洲では就業選択の多様化が一層進展したのに対し、発展の初期段階にあった北満洲では依然として大量の労働力を吸収する段階には至っていなかった。

2　南満洲における農業経営と労働力

本書がこれまで指摘してきたように、満洲の農村は地域によって開発の時期が大きく異なり、そのことが村落形態に多大な影響を与えた。早期に開墾

された南満洲の村落は小経営自作農や小作農を中心に構成されていた一方、北満洲の村落は大経営農家と膨大な土地無所有者層により構成されていた。本節では南満洲における農業経営について遼陽県前三塊石屯を事例に検討する。

遼陽県前三塊石屯の概況

遼陽県は南満洲の中心都市奉天の南に位置し、満洲国期には奉天省に属していた[22]。前三塊石屯は遼陽県県城の南方約12キロメートル離れた地点に所在し、村民らは農産物の販売および物資の購入を県城で行っていた。また地理的に「遼河の大平原と長白山脈の支脈とを境する線の一部を占めているので、南部から西北部にかけては丘陵起伏し、この丘陵が東南に高まって行くと、桜桃園、王家堡子等の鉄山が、鞍山の昭和製鋼所に原鉱の一部を供給しており、南方の小丘から発して北流する小川を挟んで谷間は東北に向って開け、赤土の台地がなだらかにうねりながら平野に連っている」というような場所に位置していた[23]。そして、報告書の記載によれば、前三塊石屯は元々鑲藍旗に属し、1651年に王、李、孫、方の4家族が来住したことにより開墾が始まった。その後、潘と張の2家族が来住した1775年頃は既に開墾の余地は残されておらず、この2家族は前記4家族の小作人あるいは雇農として生活していたという。

1935年の前三塊石屯には農家77戸・490人（男248、女242）が居住していた。77戸の農家は「東街と西街とに分れているが、あちらに20軒こちらに10軒、丘の中腹にとびはなれて2〔、〕3軒と、ばら撒かれて」おり、耕地は「主として東北方台地に拓かれていて、西、南の谷間から山腹の高い所まで開墾せられ、西南丘陵の向う側にも、なお広い谷間の耕地がつづいて」いるという状況であった[24]。

自作（25戸）と自作兼小作（19戸）が村落内において最も多くみられた経営形態であった。土地所有面積をみると、70畝以上が4戸、20-69畝が19戸、19畝以下が42戸、残りの12戸が無所有であった。経営面積についても同様の傾向が指摘でき、耕作面積が70畝以上の農家（すべて自作兼小作）

第5章　農業外就業と農家経営　　　151

図 5-1　遼陽県略図
出典:『康徳 3 年戸別調査之部』第 3 分冊、所掲地図に基づき作成。

は 8 戸、半数以上の農家の耕作面積が 19 畝以下であった。1935 年の当該村落には大土地（70 畝以上）所有・経営者は一部にとどまっており、満洲の中では土地の零細化が相対的に進展していた地域であるといえる。

　1935 年の同村落では、約 1,700 畝の土地を耕作しており、作付の割合は高粱が 53％、大豆が 15％、粟が 21％、棉花が 6％ であった。農業に不可欠な役畜と農具の数をみると、村落内において牛 9 頭、馬 7 頭、騾 9 頭、驢 10 頭が飼われており、運搬に必要な大車 16 台、整地に使う犂丈 20 個、播種に使う壌耙 14 個を所有していた。調査当時の前三塊石屯は土地のみならず、農業に必要な労働手段も各農家に分散されていた。

農業経営と労働力

1935年における村落内の農業労働は、男性労働力100人と女性労働力81人、月工計112ヶ月、日工計298日によって行われていた。年工の雇用は全くみられず、農業労働は主に自家労働力に依存し、農繁期に不足する労働力を月工や日工で補填していた。

①女性労働力

満洲における農業労働の主体は男性であり、女性農業労働者はほとんどみられなかった。その理由の一つに男女の労働効率の違いがあったとされている。たとえば、北満洲で調査を実施した調査員は、「男の行った除草と女のそれとでは、あとの雑草の生え具合が非常に違うようである。こうして女の行う除草は、その程度も不完全」と記録している[25]。さらに纏足の習慣は満洲国期に至っても消滅しておらず、農業労働に従事した女性は、貧農か極貧農の農家に限られていたとされている[26]。しかし、この調査員の観察は主に北満洲を対象としていたため、南満洲にはこれと異なる状況があったことにも注意しなくてはならない。

当該村落については、「一度、鉱山や土場に出稼ぎして文化の香を呼吸してくれば、畑の仕事は女と老人に充てまかせて自分は全く労働者になりきって了い、屯にある家は、ただ休養に帰って来るだけのところとなっているものも尠くはない」というように[27]、自家労働力のうち女性の占める割合が非常に高く、農家経営において重要な役割を果たしていた。さらに、一部の女性が雇農として雇用されていた点も興味深い。たとえば、1935年には同村落の女性1人が月工として他村落で雇用され、棉花の採取などを行っていた。また、同村で雇用された39人の日工のうち、29人（251日）が女性であり、男性よりもむしろ女性の方が多く雇用されていた[28]。

従来の研究では満洲における女性労働力についてほとんど分析されてこなかった。南満洲の女性労働力について言及した王大任は、零細化が進展した南満洲では雇農を雇用する費用を抑えるために「伝統的な固定観念を打破し、女性をも農業に従事させた」としている[29]。しかし、王の見解は必ずしも農家経営の実態を十分に捉えていない。なぜなら、南満洲における女性労働

図5-2 太子河周辺における棉花の摘採
出典：亜東印画協会『亜東印画輯』第144回、亜東印画協会、1936年7月。

力の多さは、農業外就業の多様性と商品作物の栽培とも関連しているからである。上述したように、南満洲では農業外就業の機会が多く、大量の家内男性労働力がより多くの賃金を得るために近隣する工場や炭鉱などで働いていた。そのため、家計の中心ではなかった農業は女性に頼っていたと考えられる。また、南満洲においては「棉花や罌粟等の栽培が行われている地方では、…〔中略〕…婦人や子供の労働が主要な部分をなして」いた[30]。当該村落において女性が主要な労働力を占めていたのは、まさに棉花を大量に栽培していたからである。果樹が多く栽培されていた蓋平県では、自家労働者138人のうち59人が女性労働者であり、女性の日工もわずかながらみられた[31]。このように、棉花や果樹など重労働を必要としない商品作物の栽培が普及していた南満洲においては、女性は重要な労働力となりえた。

②農業慣行「牛具」

次に、南満洲の村落社会に展開していた様々な農業慣行を概観し、その特徴や北満洲との差異について検討する。1935年の前三塊石屯では、主に

154

「牛具」（役畜と農具）と「換工」を中心に行われており、以下ではそれぞれの形態について検討する[32]。

「牛具」は、さらにその賃借関係によって「雇牛具」（役畜や農具の借り入れ）と「貸牛具」（役畜や農具の貸付け）に分かれた[33]。賃借期間は、1年間にわたる長期的なものもあれば、一農作期に限定する短期的なものもあった。また、賃借に関わる賃金（現金や穀物）も時期や農家によって異なっていた。

1935年の当該村落では[34]、「貸牛具」が40件（長期39件、短期1件）行われ、うち無償による賃借は1件のみであり、それ以外はすべて有償であった。そして、貸主は合計して約457円と約1,324斤（1斤＝500グラム）の谷草（粟のわら）を収入として得ていた。「雇牛具」も同程度行われ、41件の「雇牛具」（長期39件、短期2件）で約429円と約662斤の谷草を費用として支出していた。さらに詳細にみると、「貸牛具」を行う農家は、主に50-100畝を耕作する村落内の比較的経営規模の大きい農家であった。これらの農家は「貸牛具」を通して少なからぬ収入を得ていたことがわかる。この点について、華北農村社会における「搭套」を分析した内山雅生によれば、これらの互助関係は一種の貧民救済という側面を帯びていた[35]。しかし、南満洲についていえば、貸主の「経営的」な一面がより強かったことにも留意する必要がある。

一方、「雇牛具」を行うのは10畝以下の土地を耕作する零細農家であり、彼らは耕作に必要な役畜と農具を全く所有していなかった。役畜や農具の所有・維持には一定の財力が必要のため、小経営農家にとって困難であった。したがって、役畜や農具を完備するよりも、むしろ一定の賃金を支払ってほかの農家に依存した方がより効率的であったと考えられる。

③農業慣行「換工」

「換工」とは、人間労働力を多く必要とする農繁期に近隣同士が相互に労働力を融通し、助け合いながら作業を行う慣行である[36]。1935年の前三塊石屯においては8件（計66日間）の「換工」が行われていた[37]。8件のうち、同族間によるものは1件のみであり、他村の農家との交換は2件あった。このことからもわかるように、この慣行は必ずしも同族間や村落内で行われて

いたとは限らず、近隣村落も「換工」の対象になっていた。興味深いことに、8件のうち3件は、労働力と「牛具」の交換であった。「牛具」を貸していた3戸の農家は、自ら有する「牛具」と小経営農家の労働力とを交換して労働力の不足を補うことで、農繁期も含めて雇農を全く雇用していなかった。一方、農業に必要な労働手段を全く所有していなかったこの3戸の小経営農家もまた、自らの労働力で必要最低限の役畜と農具とを交換できた。このように、「換工」は労働力と「牛具」をそれぞれ必要とする双方の農家にとって利益が一致したことで展開されていたといえよう。

　以上のように、南満洲において女性労働力や各種農業慣行は、零細化した小経営農家がわずかな土地や労働手段、労働力を農家経営に活かすための重要な手段であった。対照的に北満洲では、これらはほとんどみられなかった。北満洲の開墾は南満洲と比較して歴史が浅く、満洲国期に一部の鉄道沿線地域で零細化がようやく始まったばかりであった。そのため、依然として大経営農家と膨大な土地無所有者層とに二極化する構造があった。十分な労働手段を所有する北満洲の大経営農家にとって「牛具」のような慣行は必要ではなく、また実際の労働についてももっぱら雇農に依存したため、「換工」も不要であったと考えられる。また、自然環境や農法の面からみても、北満洲は大農経営がより合理的とされたため、大経営農家は労働力や役畜、農具を農業に集中投下していた[38]。

3　農業外就業と農家経営の多角化

　近代以降の開発に伴い、南満洲では農業外諸産業が拡大し、産業化が進展した都市や県城、市鎮の近隣に居住する農民にとって就業の選択肢が急増した。本節では、農家はどのように農業外就業を選択し、また農家経営の実態はいかなるものであったのかを検討する。

農業外就業の概況

遼陽県一帯は農業外諸産業の発展が著しく、「農村は工場鉱山労働者兵士等の第一の供給地」であった[39]。前三塊石屯においても「南方に桜桃園鉱山、北方には王家堡子鉱山があり、県城に於ては紡績会社、セメント工場があり、…〔中略〕…本屯のみに限らず、〔遼陽県〕第2区の某炭鉱、4区の弓張嶺鉱山、6区南方の鞍山等の鉱山、工場がある」ことが調査報告書に記述されている[40]。このように、遼陽県一帯は鉱工業地帯に属しており、産業化が進展していた地域であったといえる。そして、近隣村落が労働力の供給地としての役割を果たしていたのである。

表5-1は1935年における前三塊石屯の農業外就業状況を示したものである。全77戸のうち、41戸の農家が農業外就業を組み入れており、最も多く取り入れていたのは自作（12戸）や兼業自作農家であった。当該村落において「上位の有力な農家であっても、農耕一本で立っているものは他の地方にくらべると非常に少なく、緬山羊を飼育するとか工場の長や鉱山の人夫頭とかをやっているものが多」かった[41]。また、41戸の農家からは計57人が農業外就業に出ており、同一農家から3人が赴いた事例もある[42]。

57人を職種別にみると、鉱山労働者が最も多く、約半分の29人であった。その次に多いのは紡績会社であり、8人が従事していた。そして、石工5人、セメント工場2人、炊事夫2人、焼鍋の雑役2人の順に続く。ほかにも、小学校教員や警官、水汲み、家屋修繕などもあった。そして、彼らの就業先のほとんどが県城もしくは近隣の地域であった。

雇用形態をみると、月・日単位で雇用されていた農民もいたが、一般的には通年で雇用されており、農業外就業は必ずしも農閑期に限定された一時的なものではなかったことがわかる。賃金額は職種や個人の能力に影響されるため、単純な比較はできないが、鉱夫の平均的な労賃は年間130円前後であった。前三塊石屯で高賃金を得ていた雇農でも年間（10-11ヶ月間）で約70-80円の労賃しか得ていなかったことから考えれば、鉱夫の労賃の高さは際立っていた[43]。ほかの職工や石工においても同様の傾向を指摘することができる。そして、これらの高賃金が農村労働力を吸収した最大の理由であっ

表 5- 1　1935 年遼陽県前三塊石屯における農業外就業者と農家概況

番号	経営形態	家族人数(女)	所有面積(畝)	耕作面積(畝)	自家労働力(人)	雇用労働力	職種	就業人数(人)	雇用先	雇用期間	賃金(円)
1	地主	5 (2)	31.5				手芸人	1	県城	常時	10.0
2	地主	5 (1)	10.0				鉱夫	1	桜桃園鉱山	10ヶ月	137.5
3	地主	6 (3)	6.0				焼鍋雑役	1	県城	常時	130.0
4	地主	4 (2)	6.0				鉱夫	1	桜桃園鉱山	常時	135.0
5	地主	7 (3)	2.0				石工	1	鞍山製鉱所	常時	176.0
11	地・自・小	8 (3)	30.0	18.0	女3	20日	職工	2	遼陽セメント工場	常時	160.0
								1	遼陽紡績会社		
12	地・小	10 (5)	6.0	9.0	男1、女1	4日	電車運転手	1	鞍山	常時	120.0
							家屋修繕	1		3日	1.2
13	地・小	7 (4)	5.0	3.0	男1		職工	2	紡績会社	19日	240.0
17	自作	5 (2)	20.0	20.0	男2、女1		鉱夫	2	桜桃園鉱山	常時	160.0
18	自作	8 (4)	17.7	17.7	男2、女1		鉱夫	1	桜桃園鉱山	常時	170.0
23	自作	2 (1)	9.0	9.0	女1	9.5日	小学校教員	1	大鄭家台村	常時	150.0
24	自作	7 (4)	7.0	7.0	男2、女2		炊事夫	1	村落内	62日(冠婚葬祭)	50.0
26	自作	6 (4)	6.0	6.0	男2		職工	1	遼陽紡績会社	常時	120.0
28	自作	4 (2)	4.0	4.0	女2		職工	1	遼陽紡績会社	常時	72.0
							分署長(警官)	1	遼陽県大西門分署	常時	60.0
29	自作	2 (1)	4.0	4.0	男1		鉱夫	1	王家堡子鉱山	常時	90.0
30	自作	5 (3)	3.0	3.0	男1		鉱夫	1		常時	176.4
31	自作	7 (2)	3.0	3.0	男2、女1		鉱夫	1	桜桃園鉱山	常時	130.0
34	自作	10 (5)	2.0	2.0	男1、女2		鉱夫	2	王家堡子鉱山	常時	360.0
								1	桜桃園鉱山		
36	自作	4 (2)	2.0	2.0	男2、女1		鉱夫	1	桜桃園鉱山	常時	120.0
37	自作	4 (2)	2.0	2.0	男1、女1	6日	大工	1	洮南県	6ヶ月	80.0
							鉱夫	1	桜桃園鉱山	1ヶ月	
44	自・小	9 (4)	34.0	81.0	男3、女3	4ヶ月	土建業	1	県城	46日	46.0
47	自・小	7 (4)	24.0	27.0	男2、女1		鉱夫	1	王家堡子鉱山	2ヶ月	30.0
50	自・小	9 (6)	21.0	36.0	男2、女2	4ヶ月、3日	鉱夫	1	桜桃園鉱山	1.5ヶ月	23.0
52	自・小	7 (4)	13.6	18.6	男1、女4		鉱夫	1	桜桃園鉱山	1ヶ月	12.0
55	自・小	9 (4)	5	23.0	男1、女3		鉱夫	1	桜桃園鉱山	常時	264.0
57	自・小	2 (1)	4.0	8.0	男1	2日	水汲	1		常時	6.0
58	自・小・雇	2 (1)	5.0	7.0	男1、女1		鉱夫	1		常時	50.0
60	自・雇	6 (2)	14.0	14.0	男2		焼鍋雑役	1	県城	常時	35.0
61	自・雇	11 (8)	12.0	12.0	女4		鉱夫	1		常時	153.0
62	自・雇	6 (4)	4.0	4.0	男1、女1		左官	1		40日	32.0
63	自・雇	8 (4)	4.0	4.0	男2		石工	2	本県第一区	常時	160.0
64	自・雇	6 (4)	2.0	2.0	男1、女2		軍人	1		常時	40.0
65	自・雇	7 (3)	2.0	2.0	男1		職工	2	遼陽紡績会社	18ヶ月	141.0
66	小作	6 (3)		10.0			職工	1	遼陽紡績会社	常時	180.0
67	小作	5 (2)		6.0	男2		炊事夫	1		常時	110.0
							鉱夫	1		7ヶ月	90.0
68	小作	9 (3)		3.0	男1、女2		鉱夫	2	王家堡子鉱山	常時	250.0
70	雇農	12 (5)					鉱夫	3	桜桃園・王家堡子鉱山	常時	390.0
73	雑業	5 (3)					鉱夫	1	王家堡子鉱山	常時	120.0
74	雑業	5 (1)					石工	2	鞍山	常時	400.0
75	雑業	4 (3)					鉱夫	1	桜桃園鉱山	常時	110.0
77	雑業	4 (1)					鉱夫	1	桜桃園鉱山	常時	110.0

※「番号」は調査報告書に記載の農家番号である。「経営形態」の中にある「地」は地主、「自」は自作、「小」は小作、「雇」は雇農を表す。「自家労働力」は農家内で農業労働に携わる人数を表す。「雇用労働力」の中にある「月」は雇農した月工の合計月数、「日」は雇用した日工の合計日数を表す。

出典:『康徳 3 年戸別調査之部』第 3 分冊をもとに作成。

たといえる[44]。

　農業外就業は1930年代末にかけてどのように変化したのであろうか。雲塚善次の研究によれば、1935年から1939年にかけての農業外就業者数は、遼陽県前三塊石屯では56人から52人に、遼陽県後三塊石屯では50人から68人、新民県二道前子屯では14人から42人に変化した[45]。サンプル数は少ないもののおおむね増加の傾向を読み取れる。前三塊石屯では農業外就業の全体人数こそ数人減少したものの、鉱山労働者数は28人から34人に増加していた。このように、農業外就業は一時点に限定して多数みられたのではなく、満洲国期全般にわたってみられており、その労賃が農家にとって重要な収入源になっていた[46]。

就業の選択——鉱業と紡績会社

　ここでは、前三塊石屯が多数の農業外就業労働者を送出する背景について、その地域経済と関連して分析を行う。

　就業職種のうち最も多くを占めていたのは鉱夫の29人であり、そのほとんどが遼陽県にある桜桃園鉱山と王家堡子鉱山で雇用されていた。桜桃園鉱山と王家堡子鉱山は、満洲における鉄鉱石の産地である鞍山鉄鉱区に属していた。1931年の調査によれば、「山麓レヴェル」以上の鉄鉱の埋蔵量は、桜桃園では2,740万トン、王家堡子では1億1,000万トンであった[47]。桜桃園鉱山は鞍山鉄鉱区の中で早期から採掘された地域の一つであり、後期に採掘が開始された王家堡子鉱山よりも埋蔵量は少なかった。王家堡子鉱山は鞍山の主要鉱区として1931年の時点で1日約400トンを出鉱し、約1,500人前後の鉱夫が働いていた[48]。このように、鞍山鉄鉱区は満洲における鉄鉱の重要な産地であり、特に開発進行中の王家堡子鉱山は大量の労働力を雇用していたため、賃金の高騰をもたらしていたと考えられる。そして、前三塊石屯の村民にとって高賃金に加えて、自宅から通えるという立地的な便宜性もまた好都合であったといえよう[49]。

　就業先の一つに遼陽紡績会社が選ばれていた。紡績業が当該地域で発展を成し遂げた背景には、一帯が棉花の産地であったことと深く関わっている。

棉花の栽培は、気候的に満洲では不適当であったとはいえ、南満洲では少量ながら生産されており、なかでも満鉄沿線の遼陽県一帯や京奉鉄道沿線の生産が盛んであった[50]。当該村は「棉作適地帯たる高燥地帯に位置する故、棉作地としての自然的条件は具備」しており、1910 年代から棉花の生産が漸増し、調査当時には棉花協会の奨励により一層増加の傾向がみられた[51]。

　遼陽紡績会社は、1924 年に 14 万 1,492 斤、1925 年に 29 万 2,915 斤、1927 年に 4 万 961 斤、1928 年に 8 万 5,473 斤、1929 年に 4 万 8,997 斤、1930 年 4,849 斤、1931 年 27 万 7,235 斤の棉花を県城内の棉花商人より買い付けていた[52]。買付量に変動がみられるのは、おそらく災害の変化によるものと考えられる。たとえば、1929 年に突然減少したのは、1929 年 6 月の連雨と関係していよう[53]。そして、1924 年と比較して 1931 年の買付量が約 2 倍に増加したことは、当該会社の経営規模の拡大を端的に示している。このような拡大には大量の労働力が必要であり、県城近隣村落に居住する農民がそれを支えていた。

農家経営の多角化

　それでは、このような産業化が進展した地域では、農家はどのように労働力を農業セクターと非農業セクターとに分配して農家経営を展開していたのか、表 5 − 1 と表 5 − 2 にあるいくつかの農家を例にみてみる[54]。

　まず表 5 − 2 から農業経営のみで生計を立てていた農家をみてみる。9 番（地主兼自作）は、25 畝の土地を耕作し、男性 2 人と女性 2 人によって農業労働が行われ、雇農を全く雇用しなかった。9 番はすべて農業収入に頼っており、収入合計は 80.1 円であった。10 番（地主兼自作）は、15 畝の土地を耕作していた。家内の男性 2 人が農業労働に従事し、雇農を雇用していなかった。10 番の収入も農業収入のみで、33.02 円であった。この 2 戸とも家族内労働力のみで農業に従事して、未耕地は小作地として貸し出していた。

　続いて、上記の 2 戸と耕作面積が近い、農業外就業を送出していたいくつかの農家の例をみてみる。11 番は、家族 8 人（男 5、女 3）で 18 畝の土地を耕作していた。当該農家からは男性 3 人（遼陽セメント工場 2 人、遼陽紡績会

表 5 - 2 1935 年遼陽県前三塊石屯における農家経営状況

農業外就業	番号	経営形態	所有面積（畝）	貸付面積（畝）	小作面積（畝）	耕作面積（畝）	家族人数（人）	自家労働力（人）	雇用労働力（人）	農業現金収入（円）	小作収入	農業外就業収入（円）	経常収入合計（円）	小作料支出（円）	労働支出（円）	生活費（円）	経常支出合計（円）	収支差引（円）
なし	9	地・自	27.0	2.0		25.0	5人(2人)	男2、女2		80.10	なし（租税公課の一部負担）		80.10			34.44	83.81	-3.71
なし	10	地・自	21.0	6.0		15.0	3人(1人)	男2		33.02	栗2.02石、高粱3.76石、栗のわら352.96斤、高粱のわら1103.00斤		33.02			9.94	57.72	-24.25
あり	11	地・自・小	30.0	24.0	12.0	18.0	8人(3人)	女3	20日	14.66	大豆6.32石、大豆のわら1103.00斤	160.00	174.66	20.00	8.00	101.65	155.49	19.17
あり	18	自作	17.7			17.7	8人(4人)	男2、女2				170.00	170.00			66.11	120.18	49.82
あり	47	自・小	24.0		3.0	27.0	7人(3人)	男2、女2		140.00		30.00	170.00	6.50		41.03	79.49	90.51
あり	55	自・小	5.0		18.0	23.0	9人(5人)	男1、女3		20.00		264.00	284.00	70.00		93.66	212.52	71.48

※「農業現金収入」は農産物売却収入のほかに副産物売却収入、「賃牛具」、および小役畜・家畜の売却収入などの臨時収入は含まれていない。「経常支出合計」は「労賃支出」、「小作料支出」、「生活費」のほかに、租税公課支出、役畜費、肥料費などが含まれ、冠婚葬祭や医療費などの臨時支出は含まれていない。「収支差引」は「経常収入合計」から「経常支出合計」を差し引いた金額を表す。そのほかは「表5-1」と同じである。

出典：『康徳3年戸別調査之部』第3分冊をもとに作成。

第5章　農業外就業と農家経営

社1人）が工場に就業しており、計160円の賃金を得ていた。興味深いこと
に、同農家の農業労働はもっぱら家庭内の3人の女性によって行われていた。
そして、農繁期に計20日の日工を雇用していた。11番は、同族の44番と5
日間の「換工」をしており、また役畜と農具を所有していなかったため48
番とは長期の「雇牛具」の慣行を行っていた。農業収入を比較すると、11
番（14.66円）は9番（80.1円）や10番（33.02円）よりはるかに少ないが、
農業外収入（160円）を合算した収入は174.66円にのぼり、収支差引も含め
てほかの2戸を大幅に凌駕していた。

　11番についてさらに詳細に検討する。当該農家は実質30畝の土地を所有
していたが、うち24畝を小作地として村落内の48番に貸し出し、小作料と
して穀物を受け取っていた。その代わりに7番から12畝の土地を借り入れ
し、小作料20円を支払っていた。このように、11番は地主、小作、自作、
農業外就業などの多様な経営形態を組み合わせながら農家経営を展開してい
た。家族人数に違いがあるため、9番と10番とを単純に比較することは難
しいが、11番は農業外就業に家計の主軸を置くことでより効率的に家族労
働力を配分していたといえる。11番は、9番や10番のように自家労働力の
総数を農繁期に合わせて調整することもできたが、多様な経営形態を組み合
わせることによって農閑期あるいは通常期に家庭内余剰労働力を生み出すこ
とができた。むしろ、家内男性労働力をより収入の多い工場に就業させ、農
業をすべて女性労働力に依存して農繁期に不足する労働力を雇農や「換工」、
「雇牛具」などで補っていた方がより多くの利益をあげることができたので
ある。

　11番のように農業外就業を含む多角的経営を展開していた農家は、ほか
にも表5−2の18番や47番、55番などがある。18番は17.7畝の土地を3
人（男2、女1）の自家労働力によって耕作し、男性1人が常勤労働力として
桜桃園鉱山で働いていた。当該農家に農業収入が全くなかったのは、農産物
をすべて自家で消費していたからであろう。炭鉱で勤務していた男性が170
円の賃金を得ており、ほかの出稼ぎ労働者よりも高額の収入を得ていたこと
がわかる。これは炭鉱で勤めていた18番の長男が「把頭」であったからで

ある。18番の長男は調査当時36歳で、12年前から継続して炭鉱で働いたが、文字を読めたことから2年前に「把頭」に抜擢された。「把頭」になる前の労賃は1日約0.5円であったが、「把頭」になってから1日約1円にまで増加した。また、「把頭」になったことが当該村落から多くの労働者を同地に輩出した一因であったという[55]。

　47番は男性2人と女性2人が27畝の土地を耕作し、男性1人が王家堡子鉱山に2ヶ月間出稼ぎに行っていた。農業収入と出稼ぎ労賃、経常支出合計を合算すれば、同農家の収支差引は約90円もあった。55番は村落内でも比較的規模が大きな家庭であり、9人の家族がいた。自作地に加えて小作地を借り入れ、男性1人と女性3人によって農業労働を行い、ほかの男性2人が桜桃園鉱山で働いていた。当該農家は子ども3人を除いて、すべての成員が農業あるいは出稼ぎに行っていたことで、同農家の収支差引は約70円もあった。

　表5-1の中にも同様の例が多数みられる。たとえば、23番の男性は小学校教員であったため、農業は女性1人によって行われ、農繁期に9.5日間の日工を雇用して不足を補っていた。28番では4人家族のうち男性2人が出稼ぎに行っており、農業労働は2人の女性が行っていた。61番でも農業が4人の女性によって行われ、男性1人は月工（7ヶ月）として雇用され、男性1人は鉱夫として働いていた。この数戸に至っては、男性労働力が全く家内農業労働に従事しておらず、すべて女性によって耕作されていた。

　さらに注目すべきことに、当該村落の5戸の地主農家（1-5番）はすべて出稼ぎに行っていた。これは、満洲の地主が必ずしもすべてが広大な土地を所有して小作料のみで生活する、いわゆる大地主ではなかったことを意味する。零細化により労働手段や労働力が不足したこれらの農家は、農業収入を小作料のみにし、家内労働力を農業外就業に赴かせることでより高収入を得ていた。加えて、同村落には全く農業経営をせずに、農業外就業のみで生計を立てていた「雑業」農家も数戸いた。5戸の地主農家の事例とも合わせて考えれば、農業外就業が可能な地域では既に脱農化が進展していたともいえよう。

第5章　農業外就業と農家経営　　163

上で列挙したこれらの農家は、北満洲のように大経営農家が自ら労働を行わず雇農に農作業を行わせ、多くの家庭内労働力を持て余すという状況ではなかった（第6章）。零細化が進展した前三塊石屯では、土地集約的な大経営に移行することは難しく、現有地のみで農業経営を展開せねばならなかった。しかし、農業外就業の機会が多い当該地域では、農家は農業経営を必要最低限にとどめ、家計の重点をより高収入を得られる農業外就業に移行することで、より多くの利益をあげることができた。また、農家は、すべての労働力を自然災害にあう可能性もある農業に配分するのではなく、農業外就業にも労働力の一部を分散することで農業経営の不安定さを回避する一面もあったといえよう。

　満洲の重工業部門の中心であった昭和製鋼所について考察した趙光鋭は、南満洲の農村に雇用されていた出稼ぎ労働者の「多くが農村・農業から完全に離脱してな」く、「家庭収入はあくまで農業で出稼ぎ収入は補助的であった」と指摘している [56]。しかし、趙の分析では論じきれていない側面があったことにも目を向ける必要がある。すなわち、出稼ぎを単なる余剰労働力の送出とみなすべきではなく、むしろ南満洲の農家は家内労働力を優先して出稼ぎに送出していた側面が強いという点である。満洲における農作サイクルを踏まえて考えれば、零細化が進行していた南満洲においては、これら農家は農繁期の需要に即して家内労働力の多寡を調整するのではなく、男性労働力を農業外就業に、女性労働力を農業に配分することによって、より多くの収入を得ようとしていた。そして、農繁期に不足する労働力を雇農や各種農業慣行を利用して補っていた。自家労働力を農繁期に合わせて雇農を雇用しない農家経営を展開することも可能であったが、自家労働力を送出して農繁期に雇農を雇用した方がより多くの収入を得ることができたとも換言できる。農家は合計収入が最大となるように家内労働力の保留と送出を組み合わせながら農家経営を行っていたのである。

おわりに

　本章では、近代の南満洲、特に第二次産業化が進展していた地域における農村経済の実態について、農家経営と農業外就業との関係から検討し、そこからみえてくる南満洲農村社会の一端を明らかにした。

　満洲における農業外諸産業の本格的な発展は、20世紀に入ってからであった。農業中心であった満洲社会は近代、特に満洲国期以降の開発に伴って農業外諸産業が大きく発展し、より多くの農民がそれらの職業を選択することが可能になった。しかし、これらの産業は主に南満洲に集中していたため、南満洲と北満洲とでは選択可能な範囲が大きく異なっていた。南満洲の多くの地域では農業外諸産業への就業が可能であり、多くの農民が地域の特性に合った職種に就業していた。一方、北満洲は、まだ発展初期段階であったため、大量の労働力を吸収する段階には至っていなかった。

　農業外諸産業の発展は、南満洲の農業経営にも変化をもたらした。南満洲では、農業外就業の多様性と商品作物の栽培という条件が合致していたため、女性も重要な農業労働力となった。また、「牛具」や「換工」などの各種農業慣行は南満洲で多くみられ、双方の農家にとって利益が一致していた形で展開されていた。女性労働力や各種農業慣行の活用は、南満洲の零細化した小経営農家がわずかな土地や労働手段、労働力を農家経営に活かすための重要な手段であった。

　対照的に北満洲では、これらはほとんどみられなかった。満洲国期の北満洲は、依然として大経営農家と膨大な土地無所有者層とに二極化する構造があった。北満洲では、大農経営がより合理的とされたため、大経営農家は労働力や役畜、農具を農業に集中投下していた。そのため、十分な労働手段を所有する北満洲の大経営農家にとって、このような農業慣行は必要がなかった。加えて、農法などとの相性により北満洲の農業労働は女性には適していなかった。

第5章　農業外就業と農家経営　　　165

また、農業外諸産業が拡大し、産業化が進展した都市や県城、市鎮の近隣に居住する多くの農民にとって、就業の選択肢が急増したことで、地域の特性に合った職種に就業することが可能となり、これらの地域における農家経営もそれに伴って多様化していった。これらの就業は、単なる余剰労働力の送出という側面よりも、農家がより多くの利益を得るための、各地域の特性や需要に合った産業への労働力の分散であった。つまり、農家はより収入の多い農業外就業に労働力を送出し、保留する労働力や雇農、各種農業慣行を利用して農業を行っていた。各農家は労働力を最大限に活用することを通して、戦略的な農家経営を展開していた。

　満洲の農家経営や農村社会の構造は、村落と鉄道との距離、商品作物の栽培程度、農業外諸産業への就業機会の多寡などによって影響されていたといえよう。本章では南満洲の中でも第二次産業化が進展していた地域の事例を検討したが、必ずしもこの類型にはあてはまらない地域、すなわち農業経営を中心とする地域も存在していた。このような事例として、たとえば遼中県黄家窩堡などがある（第2章第4節）[57]。当該村落は、前三塊石屯と同様に1936年の調査対象でありながら、「鉄道都市等の影響比較的少き地帯」として選定された[58]。黄家窩堡は鉄道沿線から離れており、穀物の出荷は県城や近隣各県、奉天などに分散していた。加えて、零細化は依然として進展しておらず、土地や労働手段は一部の大経営農家に集中し、農業労働も大量の雇農に依存していた。そして、農業外就業をする機会がほとんどなく、多くの余剰労働力は村落内で雇農として雇用され、主たる家計は農業収入に依存していた。

　本章で検討した前三塊石屯は、鉄道駅から近く、人やモノが移動しやすい環境にあった。加えて、商品作物の棉花が多く栽培され、また周辺に就業できる炭鉱や工場などが多数みられたため、多くの農家が容易に多角的な経営を展開しえた。この類型に属する南満洲の村落はほかにも多数存在し、たとえば蓋平県や新民県、朝陽県などの一部の地域が含まれる。蓋平県呉家屯についてみると、「行商その他を兼業し、また家族の一員が出稼に行って、生活を維持しているというような農家が多く、全屯戸数65戸のうち20戸は、

全然農業にタッチしていないし、あと 45 戸のうちでも、34 戸は他業を兼ね
または都市労働者を出している農家であった」という [59]。これらの地域に
おける農村経済の発展形態は、華北地方や江南地方と類似していたといえる。
端的にいえば、農業外就業の選択肢が豊富なこれらの地域において、零細化
は必ずしも農家の困窮を意味しなかった。零細化と農業外就業とは相互に関
連しながら展開していき、農家により多くの選択肢を提供することになった。

1　日本植民地の視点からの研究では、主に農業外諸産業に関連する経済政策の立案過程
　　や工業化政策の実績などの分析に集中しており、工業発展が農家経営や地域社会に与
　　えた影響については十分に考察されていない。たとえば、小林英夫「1930 年代『満
　　洲工業化』政策の展開過程――『満洲産業開発五カ年計画』実施過程を中心に」(『土
　　地制度史学』11 巻 4 号、1969 年) や、松村高夫・解学詩・江田憲治編著『満鉄労働
　　史の研究』(日本経済評論社、2002 年)、などがある。

2　王大任「圧力下的選択――近代東北農村土地関係的衍化與生態変遷」『中国経済史研
　　究』2013 年第 4 期。

3　弁納才一「20 世紀前半中国におけるアメリカ棉種の導入について」『歴史学研究』第
　　695 号、1997 年。三品英憲「近代における華北農村の変容過程と農家経営の展開――
　　河北省定県の例として」『社会経済史学』第 66 巻第 2 号、2000 年。

4　曹幸穂『旧中国蘇南農家経済研究』北京、中央編訳出版社、1996 年。

5　当該村落については、農村実態調査の『戸別調査之部』のほかに、調査の見聞が記録
　　されている満洲評論社編『満洲農村雑話』(満洲評論社、1939 年) の「様々な聚落」
　　という項目でも紹介されている。また、民間信仰の視点から前三塊石屯の近隣で実施
　　した調査に、内田智雄『中国農村の家族と信仰』(弘文堂書房、1948 年) がある。

6　張声振「土木建築」松村・解・江田前掲『満鉄労働史の研究』。労働力募集および管
　　理における把頭の役割については、松重充浩「榊谷仙次郎日記」(武内房司編『日記
　　に読む近代日本 5――アジアと日本』吉川弘文館、2012 年) や松村高夫「撫順炭鉱」
　　(松村・解・江田前掲『満鉄労働史の研究』) などを参照。

7　満洲国実業部総務司文書科編『満洲国産業概観 (康徳 4 年版)』実業部総務司文書科、
　　1936 年、99 頁。

8　『本鋼史』編写組編『本鋼史――1905-1980』瀋陽、遼寧人民出版社、1985 年、1-8 頁。

9　村上勝彦「本渓湖煤鉄公司と大倉財閥」大倉財閥研究会編『大倉財閥の研究――大倉
　　と大陸』近藤出版社、1982 年。

10　満史会編『満州開発四十年史 (下巻)』満州開発四十年史刊行会、1964 年、49-64 頁。

第 5 章　農業外就業と農家経営　　167

松村前掲「撫順炭鉱」。

11 南満洲鉄道株式会社鉱業部地質課編『満洲ニ於ケル鉱山労働者』南満洲鉄道鉱業部地質課、1918 年、21、37-38 頁。

12 『満洲ニ於ケル鉱山労働者』54 頁。

13 『満洲国産業概観』114-129 頁。

14 工場に関する調査として、満洲国実業部臨時産業調査局編『満洲国工場統計――康徳元年』（満洲国実業部臨時産業調査局、1936 年）や、産業部大臣官房資料科編『満洲国工場統計――康徳 3 年』（産業部大臣官房資料科、1938 年）、経済部大臣官房資料科編『満洲国工場統計――康徳 5 年』（経済部大臣官房資料科、1940 年）、経済部工務司編『満洲国工場統計――康徳 7 年』（経済部工務司、1942 年）などがある。1934 年の調査は一部の地域の報告遅れなどにより、調査として必ずしも完全ではないことが報告書の凡例から読み取れる。おそらく調査が実施されたのは満洲国建国間もない時期であったため、治安がまだ安定していなかったからであろう。

15 また、同報告書からわかるように、工場の資本額や生産額も増加していた。1934 年には資本総額のうち日本人資本が占める割合は約 3 割であったが、1938 年と 1940 年はそれぞれ約 7 割と約 8 割にまで拡大していった。業種によって詳細は異なるが、概して満洲の重要な工業分野は日本人資本によって牽引されていたといえる。

16 「満洲産業開発五カ年計画」の実施およびそれに伴う諸問題点については、小林前掲「1930 年代『満洲工業化』政策の展開過程」を参照。

17 たとえば、1938 年における各省工場数の割合をみると、奉天省は約 37%、安東省は約 8%、錦州省は約 5% であった。『満洲国工場統計（B）――康徳 5 年』15 頁。

18 塚瀬進『中国近代東北経済史研究――鉄道敷設と中国東北経済の変化』東方書店、1993 年、94-95 頁。

19 守田利遠編述『満洲地誌（中巻）』丸善、1906 年、410 頁。

20 しかし、その発展は満洲の一部の都市や地域に限られていた。塚瀬進「満洲国における産業発展と地域社会の変容」『環東アジア研究センター年報』7 号、2012 年。

21 農業労働力と農業外諸産業の関係については、雲塚善次「満洲農業の資本主義化に就て（1）-（完了）」（全 8 号）（『満洲評論』第 18 巻第 21 号-第 19 巻第 15 号、1940 年）がある。

22 村落概況については、国務院実業部臨時産業調査局編『康徳 3 年度農村実態調査　戸別調査之部』（第 3 分冊、国務院実業部臨時産業調査局、1936 年、以下、『康徳 3 年戸別調査之部』）を参照。

23 『満洲農村雑話』54-55 頁。

24 『満洲農村雑話』55 頁。

25 『満洲農村雑話』183 頁。

26 『満洲農村雑話』180、183 頁。

27 『満洲農村雑話』56 頁。

28 この点については、男女の労賃差（男 1 日約 0.44 円、女 1 日約 0.20 円）も関係していたと思われる。

29 王大任「近代東北地区雇工経営農場的再探討」『史林』2011 年第 4 期。

30 『満洲農村雑話』183-184 頁。

31 『康徳 3 年戸別調査之部』第 3 分冊、336-359 頁。

32 ほかに「挿犋」（「搭具」「打具」とも呼ぶ）と呼ばれる慣行（2 戸または 3 戸の農家が共同に役畜および農具を出し合う）もあったが、1935 年の当該村落においてこの慣行がみられなかったため、ここでは省略する。これらの慣行については、石田精一「南満の村落構成——特に旧官荘所在地を中心として」（『満鉄調査月報』第 21 巻第 9 号、1941 年）を参照。

33 南満洲における「牛具」については、石田前掲「南満の村落構成」を参照。

34 「貸牛具」と「雇牛具」の状況については、『康徳 3 年戸別調査之部』第 3 分冊、30-37 頁を参照。

35 内山雅生『現代中国華北農村と「共同体」——転換期中国農村における社会構造と農民』御茶の水書房、2003 年、120 頁。

36 南満洲における「換工」については、石田前掲「南満の村落構成」を参照。

37 「換工」の状況については、『康徳 3 年戸別調査之部』第 3 分冊、4-37 頁を参照。

38 北満洲における大経営農業の合理化については、角崎信也「土地改革と農業生産——土地改革による北満型農業形態の解体とその影響」（『国際情勢』第 80 巻、2010 年）がある。

39 『満洲農村雑話』56 頁。

40 『康徳 3 年戸別調査之部』第 3 分冊、2 頁。

41 『満洲農村雑話』56 頁。

42 『康徳 3 年戸別調査之部』（第 3 分冊）では「被傭労働」の合計 55 人と表記されているが、内訳をみると 57 人になっているため、ここでは 57 人とする。

43 愛甲勝矢「南満洲農村に於ける出稼労働の問題」『産業部月報』第 1 巻第 2 号、1937 年。

44 一方、土地の零細化や階層分化など農村内部の要素も農業外就業者を増加させる要因であったという指摘もみられる。雲塚前掲「満洲農業の資本主義化に就て（6）」。

45 雲塚前掲「満洲農業の資本主義化に就て（7）」。

46 荒武達朗によれば、1940 年代以降の満洲での就労が必ずしも好条件でなくなり、華北地方からの自発的な意志に基づく満洲への出稼ぎはその動機付けを失う傾向にあった。荒武達朗「第 4 章 1920-1930 年代北満洲をめぐる労働力移動の変容」『近代満洲の開発と移民——渤海を渡った人びと』汲古書院、2008 年。

47 満鉄経済調査会編『満洲の鉱業』南満洲鉄道株式会社、1933 年、56 頁。

48 『満洲の鉱業』60 頁。

49 産業部官方資料科「奉天省遼陽県農村実態調査一般調査報告書」『産業部月報』第 2 巻第 2 号、1938 年。

50 南満洲鉄道株式会社興業部農務課『満洲の棉花』南満洲鉄道興業部農務課、1928 年、34-41 頁。

51 『康徳 3 年戸別調査之部』第 3 分冊、1-2 頁。

52 山崎芳数ほか「昭和 8 年度第 27 回調査報告書 第 4 巻瀋陽外 3 県調査班 第 4 編遼陽県調査」50 頁、『東亜同文書院第 30 期生第 27 回支那調査報告書 自第 4 巻-第 6 巻』『中国調査旅行報告書』雄松堂出版、1996 年、産業部大臣官房資料科『綿布並に綿織物工業に関する調査書』国務院産業部大臣官房資料科、1937 年、12-14 頁。

53 『康徳 3 年戸別調査之部』第 3 分冊、1 頁。

54 近代産業による労働力の吸収が農村に与える影響については、梶原子治『満洲に於ける農地集中分散の研究』（満洲事情案内所、1942 年、69-70 頁）を参照。

55 愛甲前掲「南満洲農村に於ける出稼労働の問題」。

56 趙光鋭「昭和製鋼所」松村・解・江田前掲『満鉄労働史の研究』。

57 遼中県黄家窩堡については、『康徳 3 年戸別調査之部』第 3 分冊、181-332 頁。

58 満洲帝国産業部大臣官房資料科編『農村実態調査（綜合・戸別）調査項目』満洲帝国産業部大臣官房資料科、1939 年、2-3 頁。

59 『満洲農村雑話』57 頁。調査員は呉家屯との対比として、張家屯という別の村落についても言及している。張家屯は農業生産が主であり、他業や出稼ぎに頼っている農家は 53 戸中 6 戸のみであるという。これを受けて調査員は出稼ぎの多い呉家屯は貧困村で、一方農業が主体の張家屯は裕福であると結論に至っている。この点については当時調査者の農村に対する見方とも関わっており、さらに検討する必要がある。

第 6 章

分家からみる農家経営の変容
北満洲の蒼氏一族を事例に

2011 年 7 月、綏化県蔡家窩堡の風景
出典：著者撮影。

はじめに

　本章は、北満洲における大経営農家の解体過程とそれに伴う経営状況の変容を分析するものである。

　1970 年代以降の中国農村史研究においては、中国農民層分解を理解する枠組みとして「小ブルジョア的発展論」が注目され、多くの議論がなされてきた[1]。三品英憲は、これらの議論を整理した上で、その到達点と課題を指摘した。つまり、「大経営一般の富農的性格を、生産力的な分析にもとづいて否定したこと」や、「近代中国の『中進』『先進』地帯では、小経営形態での生産が基本的に可能な生産力段階に到達していた」ことが明らかにされたという[2]。

　序章でも述べたように、満洲の農民層分解を取り扱った唯一の研究として、風間秀人の論考がある[3]。風間は、満洲国の統制経済期における農家経営の変容に焦点をあて、この時期における北満洲が「小経営が中経営へ、中経営が大経営へと上昇する可能性は少なく」、「富農を含む全農業経営者の下降分解、換言すれば全般的落層も起こり得る状況であった」と述べている。一方の南満洲は、少数の「不在地主」か「富農経営」と圧倒的多数の貧・雇農という両極分解であったと指摘する。南満洲と北満洲は農民層分解のあり方に差異があったが、その過程で大量の雇農が創出されるという点が共通していると結論づけている。日本による植民地支配の影響から農民層分解を検討した点は興味深いが、満洲における内在的な要素や下降分解後の経営変化に関する分析も行われていないという課題がある。

　本章では、北満洲の大経営農家がどのような経緯で解体するに至ったのか、解体後の農家経営はどのように変化したのかについて検討する。具体的な方法として、第 3 章でも取り上げた綏化県蔡家窩堡という村落において卓越する大経営農家であった蒼氏に焦点をあて、当該一族の解体と農家経営の変化を検討するという手法をとる。従来の宗族研究は法制史や社会史の視点から

の議論に集中していたが、これに対して本章では経済史の角度から一宗族の変容を分析する[4]。

　本章では、主に1935年の第1回農村実態調査および1939年に満鉄によって実施された再調査の関連報告書を用いる[5]。これらには同一村落で実施された2調査の記録が収録されており、長期的な視点から一村落の変容を分析することが可能となっている（第1章）。また、同村落に関するほかの調査報告書も組み合わせる[6]。異なる主体や目的によって残された調査報告書を相互対照することは、複眼的な視点から村落社会の実態を解明するための素材を提供してくれる。その中で、特に重要なのは岩佐捨一「北満農村に於ける大家族分家の一事例——綏化県蔡家窩堡」（『満鉄調査月報』第20巻第12号、1940年）である。当該報告書は、岩佐が参加した1938年度北満経済調査所商工係による農村流通現象調査の副産物であり、さらに1939年の再調査において補充調査も行い、それらをもとにまとめたものである。そこでは、蒼氏一族のたび重なる分家の原因や方法、分家後の土地移動状況、経営状況などが詳細に紹介されており、また分家に関連する家族内文書である「分書」と家系図、「家屋配置略図」なども付されている（本章の末尾を参照）。これは一族の分家から満洲における農民層分解を理解するための貴重な史料であるといえよう。そして、もう一つの中心資料は、著者が現地調査において入手した『蒼氏家譜』（図6−2、私家版、2006年）と、蒼氏の末裔を対象に行ったインタビューの記録である[7]。当該資料の入手経緯や内容、意義などについては、本章の補節で詳細に述べる。

　以下、第1節では、北満洲における農家経営形態を概観する。第2節と第3節では蒼氏一族に焦点をあて、第2節では蒼氏の分家過程を、第3節では1930年代における蒼氏各農家の経営状況および変容過程をそれぞれ検討する。そして、補節では1980年代以降における蒼氏一族の宗族活動およびその背景について簡単に紹介する。

第6章　分家からみる農家経営の変容　　173

1 北満洲における農家経営形態

　北満洲は自然条件や農耕技術の事情により、農耕作業を行う上で南満洲や中国の他地域とは異なる特質を有していた。すなわち、北満洲は「緯度高く概して傾斜緩やかであり、土壌は重粘にして且つ加湿」であり、「土壌を好適の状態に置く為には、高畦作りが必要であり、之が技術的にも経済的にも可能且つ合理的な方法として、大きな犂丈（鋤）による比較的深い耕起がなされ、その結果畦幅は南満に比して広く又畦は高くなる」という特徴がみられた。作物や土壌、役畜の効率によって細部は異なるが、15-20 晌（1 晌は約74 アール）を耕作するために少なくとも役畜 3 頭、成人労働力 3 人が必要とされていた[8]。

　北満洲における農法は、「実際に自給肥料の生産に於て非常に労力が省かれて居り、耕起、整地、播種に於ても手入れが可成り粗雑となり、又其の他の農耕過程に於ても、就中除草等に於て著しく人手が抜かれて居る」と述べられているように、非常に粗放的であった[9]。農繁期にあたる除草期（5 月下旬-7 月下旬）は雨期であり、作業に最も労働力が必要とされた[10]。除草期における土地 1 晌あたりに必要とされた労働力は、大豆では約 5 人、小麦では約 3 人、高粱では約 5 人であった[11]。

　このような農業環境のもとで、清末以降急速に開墾が進んだ北満洲においては、大経営農家は村落内において極めて強い支配力を有しており、有利な状況で農家経営を展開していた。以下では、その背景を土地経営規模、労働力、労働手段の三つの要因からみてみよう。

　第一の土地経営規模とは土地の集中のことである。北満洲ではわずか5.5% の農家が 46.19% の土地を所有しており、雇農や兼業雇農が人口の57.5% を占めた。これについては当時の調査員も「耕作地の配分は非常に不均衡であって、総戸数の 5 分の 1 に充たない 20 晌以上の耕作者が、全耕地の 8 割 5 分に近い面積を耕作して居り、他方全戸数の半数の者が殆んど耕

作せざる状態にある」と指摘していた[12]。また、調査員は耕作面積の多寡によって農家経営形態をさらにいくつかの階層に分類した。それぞれ100晌以上の土地を耕作する大経営農家、20-100晌を耕作する中経営農家（さらに20-50晌は中経営下、50-100晌は中経営上）、20晌以下を耕作する小経営農家である[13]。先に入満した者が払い下げなどで安価で広大な土地を入手して大土地所有者となり、後から移住してきた者は雇用労働者になるという構図のもとで村落社会が形成されていた[14]。

　第二は豊富な自家労働力と大量の雇農に依存する農耕方式である。満洲国期の北満洲では大経営農家は1戸あたり24.59人という圧倒的な家族人数を誇っていた[15]。満洲では土地を開墾する際に豊富な自家労働力が不可欠であり、交通が不便な未開地では匪賊や野獣に対する防衛にとっても家族構成員の多寡は重要な要素であった[16]。豊富な自家労働力を有していた農家は農家経営において有利な状況にあったが、経営規模の拡大に伴って直接的な農業労働はもっぱら雇農に依拠するようになった[17]。雇農への依存度が最も大きいのは大経営農家であり、農業労働のほとんどは雇農に依拠していた。中経営農家は大経営農家ほどではないものの、農業労働の大部分は雇農に頼っていた。小経営農家は自家労働力を中心としながら、常時労働力が不足した際や農繁期には雇農で補っていた。

　第三は役畜や農具などの労働手段の集中である。約8割の役畜と農具が総戸数の5分の1に満たない農家に集中し、特に耕作面積が100晌以上の大経営農家への集中が明白であった[18]。一方、小経営農家が所有する役畜は全体の5％しかなかった。これらの労働手段は北満洲の農耕において極めて重要な役割を果たしており、特に役畜は整地や中耕において最も重要な労働力提供者であった。さらに、役畜は肥料や収穫物などの運搬、磨や碾子（石臼）による精白調製・脱穀の動力としても広範に使用されており、役畜なくしては農耕が全く不可能であったといっても過言ではない[19]。

　以上のような自然環境や農法などにより、北満洲では広大な土地と豊富な労働手段を保有していた大経営農家が有利な立場にあった。対照的に、これらを十分に有していなかった小経営農家の経営は往々にして困難に直面した。

第6章　分家からみる農家経営の変容　　　　175

北満洲の農業環境が小経営農家にとって不利であったのは労働力や役畜の投下のあり方以外に、女性労働力のあり方や農家間の相互扶助の欠如とも関連していた。満洲の農業労働力はほとんど男性に集中しており、女性の労働従事者はほとんどみられなかった。第5章でみてきたように、南満洲の一部の地域においては女性が自家農業労働に従事したり、雇農として雇用されたりした事例もあったものの、普遍的にみられた現象ではなかった。北満洲においても、貧農家庭の女性がごく稀に一部の軽労働に携わっていたにすぎなかった[20]。また、農家間の労働力交換や労働力と農具との交換などの相互扶助が北満洲でほとんど行われていなかったことも小経営農家にとって不利な要素であった[21]。

2 蒼氏の分家

蒼氏の移住

蔡家窩堡の歴史は蒼氏と蔡氏の2家族による開墾から始まった[22]。蒼氏は満洲八旗（鑲藍旗）に属し、順治年間（1644-1661年）に一度北京に移住したが、招民開墾政策に伴って乾隆年間（1736-1795年）に熱河省に再移住した。その後、奉天省復県西藍旗屯への移動を経て道光年間に吉林省双城県劉鎮窩堡に移住し、旗人の劉凱から20晌の小作地を借りて20数年間生活していた。双城県で若干の貯蓄ができたため定住地を探していたところ、綏化県一帯の開放を聞き、1872年に一族20余人が蔡氏一族とともに蔡家窩堡に移住した。後に蒼氏の一族人が語った「壮年時代に馬車に家財家具を満載して一家の者がはじめて現在の地に入植した当時、周囲は蒙古人の遊牧地であり現在の哈爾濱は未だ松花江畔に漁家が数戸点在する一寒村に過ぎなかった」という回想からは、開墾前の蔡家窩堡一帯の様子がうかがえる[23]。

蒼氏は開墾当初に荒地約90晌の払い下げを受け、その後土地を漸次増やしていった。1930年頃には約3,000晌の土地を所有するようになり、近隣において卓越した一族となっていた。蒼氏は土地のみならず、役畜や農具など

の労働手段も集中して所有しており、農家経営を有利に展開していた。報告書に「経済的にも経済外的にも永らく本屯を支配し、蒼家に忠実でない小作人は忽ち却られ、茲に蒼家を中心とする本屯の歴史が繰り拡げられて来た」と記されているように、蒼氏の勢力は圧倒的なものであった[24]。

蔡家も同様の過程で経営規模を拡大していったが、たび重なる分家により徐々に零細化し、満洲国期に至ると一族に物乞いをする者さえいた。豊富な生産手段や労働手段を背景に農家経営を拡大していった蒼氏とは対照的に、蔡氏一族は没落していったのである。

蒼氏の分家

以下では蒼氏一族の分家に着目し、分家するに至った経緯やその過程について考察する。

日本人調査員が残した「分書」（分家資料「分書」①を参照）によれば、蒼氏は「家族内の状況が入り乱れており、同居することが難しい」ため分家するに至ったが、その決定的なきっかけになったのは「十一弟蒼毓芬が外で負債」したことである。四世の末弟である蒼毓芬（生没年不詳）は、1926年に知人の李某と折半して出資し、資本額黒龍江官吊400万吊をもとに綏化県城に銭荘（中国の旧式の金融機関）信学銀号を開業した。数年間営業を続けたものの世界恐慌に遭遇して出資金を損失した上、さらに黒龍江大洋8万元あまりの負債を負うに至った[25]。

『蒼氏家譜』より蒼毓芬の経歴と当時の状況をみると、蒼毓芬は「綏化県城内の顕一堂という薬屋の店員を務め」、後に「より多くの大金を稼ぐために家族と相談もせずに、勝手に県城で銭荘を開業」した。しかし、「数年もせずに事業金を損したのみならず、巨額の借金を負う」ようになり、本人は「海倫県三井子に逃亡」した。その間にも多くの債主が蒼家に取り立てに来たという。一部を返済したものの返済されなかった額は大きく、家計は次第に悪化していった。この状況に対し一部の族人は分家を極力阻止しようとしたが、1931年1月頃にはついに11戸に分家するに至った[26]。

以上のように、調査資料と家譜に記載された分家の理由はおおむね一致し

ている。さらに家譜が伝えるところによれば、当時の家族内にはもう一つの問題が潜んでいた。それは「5世兄弟の3分の1がアヘンを吸飲しており」「お金ある者は購入して吸うが、お金ない者は家産を盗むようになったため」、「労働に従事する族人が多くの不満を抱くようになり、労働をしなくなり、家事に関心ある人も漸次に減って」いったという[27]。この点からもわかるように、分家前の蒼家は、豊富な自家労働力による労働生産という大家族の優勢を既に有しておらず、同一家計であることの意味が薄れていた。また、このような負債をきっかけとする分家は、一族が危険を回避・軽減するための戦略としての性質を有していた。すなわち、一族全体の衰退を招くよりも、「被害」を最小限に軽減すべく分家を選択した側面もみてとれる。分家の際に「兄や甥は同族の情を思い、〔蒼毓芬が〕常に債務を負うのを忍びないことを考慮して、協議した結果各戸から既耕地10晌を出資してその返済に充てる」と「分書」に記述されているように、同族内の相互扶助もみられた（「分書」①）[28]。

　1931年の分家から1935年の農村調査が実施されるまでの間にさらに2戸の農家が再分家を行った。蒼毓斌（生没年不詳）一家は長男O（1906-72年）と次男P（1914-79年）の2戸に分家した。C（1885-1942年）は父蒼毓欽（生没年不詳）の死後、戸主として弟のD（1896-1948年）とE（1904-75年）とともに生活していたが、「分書」の記載によれば「父が早逝し、さらに母も老い家事を管理できない」ため、1931年12月に所有家産を3兄弟に均分した（「分書」③）[29]。この二つの再分家は、いずれも将来不和を起こさないための「和分」（家庭内の不和が原因ではない）であり、一般的にみられた分家の形態である。

　さらに、1936年11月、12番蒼毓英（生没年不詳）一家は将来不和を起こさないために、蒼毓英、R（1903-45年）、S（1909-41年）の3戸に分家した。表6-5は分家前後の農家概況を示しているものである。ここからは、土地や役畜、農具のほとんどが均分されたことがわかる。この分家は上の再分家と同様に「和分」であったが、やや特殊なのは蒼毓英が分家後も12aの戸主を担っていたことである。この理由については報告書や家譜に記されていな

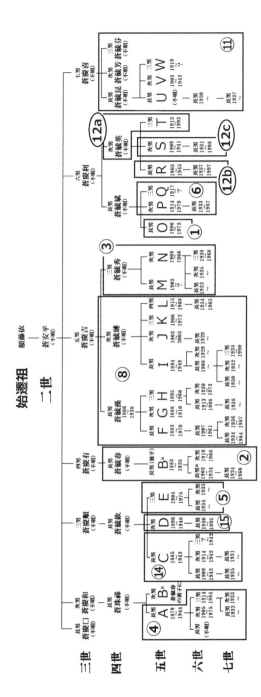

図6－1 蒼氏家系図

※本家系図は、七世以前かつ1939年以前に生まれた人のみ対象とする。(農号)は農家番号を表しており、(12a)(12b)(12c)は分家前の12番農家を表している。×は分家時に亡くなった人を表す。また、個人情報保護のため、五世兄弟をアルファベット（表および本文）と①〜⑮で表し、六世以降は名前をすべて省略する。
出典：『蒼氏家譜』および『康徳元年戸別調査之部』第1分冊、岩佐前掲『北満農村に於ける大家族分家の一事例』に基づき作成。

いが、おそらくT（1913-93年）が3兄弟の末弟かつ未婚であったため、ま
だ労働が可能な父毓英（分家時50代後半）と生活をすることになったからだ
と考えられる。12aに6晌分の養老地が多く配分されたのも、毓英の将来の
ために留保した分であろう。

家産の分割

1931年における分家前の蒼氏は、四世の蒼毓藻（1866-1938年）を家長と
して、11人の従兄弟を中心に95人の大家族であった。一家には、約3,000
晌の土地（村落内に約800晌）、家屋数十部屋、役畜90頭、農具約60個、加
えて防衛に使用する銃器や弾薬が多数所有していた。銃器を大量に所持して
いた点からは、北満洲の農民にとっての自己防衛の重要性が読み取れる。な
お、銃器類は満洲国建国に伴い政府に回収され、調査当時においては全く所
持されていなかったという[30]。

表6-1は1931年の家産分割状況を示しており、土地、家畜、農具、銃器
などがすべて均分されたことがわかる（「分書」②）。蒼氏は蔡家窩堡のほか
に張内粉房屯や布西界などにも土地を所有していたため、これらもすべて
11戸に分けられた。蔡家窩堡の土地は各戸に約80晌ずつ分配されたが、蒼
毓藻と蒼毓璉（生没年不詳）の配分は著しく少なかった。調査資料にはこの
点に関する記述がないためその理由を知ることができないが、家譜からその
内実を確認できる[31]。分家当時、家族人口が異なっていたにもかかわらず
戸ごと均分されたため不満も多く、一族内に不和が起きていた。それを解消
するため、家長であった蒼毓藻は不足する配分地を自分と弟の蒼毓璉の分か
ら分与した。一方、誰も欲しがらなかった遠隔地（正紅旗二屯）がこの2戸
に配分されたという。土地以外の家畜や農具なども各戸に均分され、それほ
ど大差はみられない。しかし、こうした均分は必ずしも土地や労働手段の生
産性を考慮したものではなかったことを、分家後の農家経営からみてとれる。

また興味深いことに、分家後に数戸が配分された家産を合同し、再び生計
をともにするという戦略がとられた。前家長であった蒼毓藻は2人の弟蒼毓
璉と蒼毓秀（生没年不詳）に対して合同することを提案し、蒼毓璉はそれを

表 6 - 1 1931 年蒼氏における分家後の家産状況

戸主	土地（晌）				家畜（頭）					農具（個）				銃器	
	蔡家窩堡	張家粉房屯	正紅旗二屯	布西界	馬	牛	騾	驢	豚	大車	犂	碾子	磨	銃(槍)	銃弾
A	82.1037	10.444	—	162.0	3	1	1	—	2	1	1	1	—	—	—
蒼毓春	82.1527	10.444	—	162.0	1	3	2	1	2	1	2	1	1	1	106
蒼毓璉	62.4000	10.444	61.794	162.0	2	1	2	—	3	1	3	1	2	3	501
蒼毓藻	30.1000	10.444	61.794	225.0	2	1	1	—	3	1	3	2	2	3	511
C	81.9995	10.444	—	162.0	3	2	1	—	3	1	3	2	2	3	555
蒼毓秀	75.2197	10.444	—	162.0	3	1	1	—	3	1	3	1	1	3	560
蒼毓斌	82.0397	10.444	—	162.0	3	1	1	—	3	1	1	1	—	2	448
蒼毓英	83.2277	10.444	—	162.0	3	1	1	—	3	1	1	1	—	3	555
蒼毓昆	83.9698	10.444	—	162.0	3	1	1	—	3					3	190
蒼毓芳	81.7690	10.444	—	162.0	3	1	1	—	3	3	3	1	2	1	27
蒼毓芬	82.0397	10.444	—	162.0	3	1	1	—	3					3	501
合計	791.02157	114.884	123.588	1,845	30	15	13	1	31	11	20	11	10	29	3,954

※「戸主」は分家直後の戸主名を表している。アルファベットについては、「蒼氏家系図」を参照。蒼毓藻は分家前の戸主であるため、所得分の蔡家窩堡の土地の中に、墓地・放牧採草地や蒼氏一族の共有地および村落内の宅地などが含まれている。「布西界」にある土地は荒地である。
出典：岩佐前掲「北満農村に於ける大家族分家の一事例」をもとに作成。

快諾した。しかし、蒼毓秀は「自身がアヘン中毒者であり、また子供も労働に従事できない」ことを理由に辞退した[32]。そのため、蒼毓藻と蒼毓璉の 2 戸のみで生計をともにした。一方、分家の根本的な要因を作った蒼毓芬も分家後に 2 人の兄蒼毓芳（生没年不詳）・蒼毓昆（生没年不詳）と合同して生活をともにした[33]。

　以上のように、蒼氏一族の 1930 年代におけるたび重なる分家に伴い、彼らの所有していた豊富な生産手段や労働手段は分散していった。開墾から約 70 年が経過した 1930 年代に至ると、蒼氏一族は既に四世代同居の大家族に拡大していた。そのため、一族内に多くの不和が生まれており、たとえ商業投資による失敗が発生しなかったとしてもいずれ分家が進められたであろうことは想像に難くない。このような分家は決して蒼氏のみに限定された事例ではなく、特に 1930 年代前後の北満洲に広くみられる傾向であった[34]。当該時期になると、北満洲でも県城における糧桟や銭荘が増加するなど、商業

第 6 章　分家からみる農家経営の変容　　181

経済が急速に発展した。したがって、一定の余剰資本を有する大経営農家が
より多くの利益を得るために、これら商工業に投資することが珍しくなくな
っていた。しかし、1929 年の世界恐慌による農産物価格の下落は満洲農業
に大打撃をもたらし、それは商業投資を行っていた大経営農家にも及んだと
考えられる [35]。そして、蔡家窩堡において卓越した大農家であった蔡氏と
同様に、一度解体した宗族は従来の結束力を失い、再分家や分割相続による
農地の零細化を阻止することができなかった。このような零細化の趨勢は華
北地方や江南地方など中国の他地域が歩んだ道と共通面を有していたといえ
よう。

3　分家に伴う農家経営の変容──大経営の拡大と中小経営の零細化

1934 年の農家経営

①経営形態の変容

　1930 年代初頭の分家を経て、1934 年の蒼氏一族は 1 戸の大経営農家から
11 戸の農家に分かれた（表 6 - 2）。その経営形態は、地主 1 戸（1 番）、地主
兼自作 5 戸（2-6 番）、地主兼自作兼小作 1 戸（8 番）、自作 4 戸（11、12、14、
15 番）であった。

　所有既耕地面積をみると、100 晌以上は 2 戸（8、11 番）、50-99 晌は 4 戸
（2-4、12 番）、20-49 晌は 4 戸（5、6、14、15 番）、19 晌以下は 1 戸（1 番）で
あった。所有地が 100 晌以上の 2 戸の大経営農家はいずれも分家後に生計を
ともにした農家であり、他方所有地が 50 晌以下になった農家はすべて再分
家した農家である。最初の分家で 1 戸の大経営農家から数戸の中経営農家に
なり、再分家を経た農家（1、5、6、14、15 番）のほとんどは小経営農家に下
降していたことがわかる。また、経営面積をみると、100 晌以上は合同した
2 戸、50-99 晌は 1 戸、20-49 晌は 2 戸、19 晌以下は最も多く 6 戸であった。

　興味深いことに、1934 年の 11 戸のうち 8 戸は、地主あるいは兼業地主と
して農家経営を行っていた。以下ではいくつかの農家を例に具体的にみてみ

表6-2 1934年における蒼氏一族の農家経営概況

分家直後戸主	農家番号	1934年戸主	経営形態	家族人数（男）	所有面積（晌）	貸付面積（晌）	小作面積（晌）	耕作面積（晌）	農具（個）	役畜（頭）	自家労働力（人）	自家労働力同等価計	雇用労働力（同等価計）	労働力1.0あたりの耕作面積	主要作物収穫量（石）	労働力1.0あたりの収穫量（石）
蒼毓春	2	蒼毓春	地・自	6(3)	63.00	60.00	—	3.00	2	3	—	—	年工1人、日工20日(0.6)	5.00	不明	不明
蒼毓秀	3	蒼毓秀	地・自	5(3)	51.38	45.00	—	6.37	2	2	2	1.5	年工3人、日工317日(2.6)	1.56	42.0	10.2
A	4	A	地・自	9(5)	51.25	38.75	—	12.50	4	2	3	2.2	年工4人、日工293日(4.5)	1.87	67.8	10.1
蒼毓斌	1	O	地主	5(1)	14.25	13.75	—	0.50	—	—	1	1.0		0.50	—	—
	6	P	地・自	7(4)	30.63	28.13	—	2.50	5	2	2	1.9		1.32	30.0	15.8
蒼毓藻 蒼毓璉	8	I	地・自・小	36(15)	160.75	101.00	45.00	103.50	12	17	4	3.5	年工15人、日工1,350日(16.0)	5.31	789.0	40.5
蒼毓英	12	蒼毓英	地・自	10(5)	69.26	1.95	—	67.31	12	6	4	3.5	年工6人、月工18.5ヶ月、日工855日(11.3)	4.55	590.1	39.9
蒼毓芬 蒼毓芳 蒼毓昆	11	蒼毓芬	自作	12(5)	180.00	—	—	180.00	24	28	2	2.0	年工27人、日工1,780日(29.4)	5.73	1312.5	41.8
C	5	E	地・自	6(3)	31.90	30.63	—	1.40	1	—	1	1.0	月工3.5ヶ月(0.4)	1.00	—	—
	14	C	自作	10(6)	26.25	—	—	26.25	4	3	4	3.5	日工44日(0.2)	7.09	125.7	34.0
	15	D	自作	5(1)	20.00	—	—	20.60	8	5	1	1.0	年工4人、月工1.0ヶ月、日工138日(3.2)	4.90	166.0	39.5
合計				111(51)	698.67	319.21	45.00	423.93	74	68	24	21.1	年工60人、月工23ヶ月、日工4,797工(70.2)			

※「分家直後戸主」は1931年第1回分家後の戸主の名前を表し、「農家番号」は1935年調査時の農家番号であり、表6-3と同じである。「1934年戸主」は1935年調査当時の戸主の名前を表す。アルファベットについては、「蒼氏家系図」を参照。「経営形態」の「地」は地主、「自」は自作、「小」は小作を指す。「所有面積」は、村落内外に所有している耕作地面積を表す。「役畜」は成牛や成馬など農業を行える役畜を指し、豚は含まれていない。「自家労働力同等価計」は、13-14歳と56-60歳の男性を0.2、15-17歳と46-55歳を0.5、18-19歳を0.7、20-45歳を1.0として換算する。「雇用労働力同等価計」の年工も「自家労働力同等価計」と同様に換算し、月工は10ヶ月・日工は200日をもって1.0とする。「労働力1.0あたりの耕作面積」は、「耕作面積」を「自家労働力同等価計」と「雇用労働力（同等価計）」の合計で割った値である。「主要作物収穫量」は収穫した大豆、小麦、高粱、トウモロコシ、粟の合計を表し、そのほかの穀物は含まれていない。「労働力1.0あたりの収穫量」は、「主要作物収穫量」を「自家労働力同等価計」と「雇用労働力同等価計」の合計で割った値である。
出典：『康徳元年戸別調査之部』第1分冊、『蔡家窩堡』、岩佐前掲「北満農村に於ける大家族分家の一事例」、『蒼氏家譜』をもとに作成。

第6章 分家からみる農家経営の変容

る。

　2番蒼毓春の家族は土地63晌を所有していたが、そのほとんどを同村落の農家に貸し付け、約3晌の土地を雇農に頼りながら耕作していた。このように地主兼自作という経営方式の選択に至った背景には、当該農家の労働力不足があったことが家譜から読み取れる。蒼毓春は子女に恵まれず、兄の次男B（1883-1925年）を養子として迎えるも彼は1925年に病死した。1934年の一家の男性は、年配者の蒼毓春（当時61歳以上）とまだ少年であった2人の子どもの計3人であり、農業労働を行うための十分な男性労働力を有していなかった。したがって、一家は自ら耕作を全く行わず、3晌の土地も年工1人と日工（20日分）に耕作させており、主に小作料を頼りに生活していた[36]。

　5番E（1904-75年）も地主兼自作で経営を行っており、土地30.63晌を同村落の小作人に貸し、残りの1.4晌を自ら耕作していた。これもまた男性労働力不足によるものであった。調査報告書と家譜を対照すると、5番一家にはEと2人の息子がいたが、息子は2人とも幼児であったため農業労働に参加することはできなかった。そのため、小作料収入に依存しながら残りの1.4晌の土地をEが1人で耕作し、不足分の労働力を月工（3.5ヶ月分）で補っていた。

　この2戸の例が示すように、農家経営を行うための十分な男性労働力（あるいは管理者）を有していなかった農家は、大部分の農地を小作に出しつつ、残りわずかの土地を雇農に頼って耕作することで生計を維持した。男性労働力の重要性については14番の例からも読み取れる。14番も5番と同様に2回の分家を経た小経営農家であり、1934年の時点では26.25晌の既耕地を有していた。しかし、5番農家と対照的なのは14番一家が十分な男性労働力（4人）を有していたため、もっぱら自家労働力に依拠した自作経営を行っていた点である。

　男性労働力に加えて北満洲の農家経営において重要であったのは、農具と役畜の存在であった。これらの労働手段は耕作に不可欠であり、十分な労働力を有してもこれらの労働手段を欠いては農作業を行えなかった。このこと

を端的に示しているのは15番の例である。5番と同じように十分な男性自家労働力を有していなかったにもかかわらず当該農家が自作経営をなしえたのは、農作業を行うための役畜（馬4頭、騾1頭）と農具（8個）を所持していたからだと考えられる。不足労働力は雇農で補充することができたが、労働手段を増やすには一定の財力が必要であった。

　以上のように、蒼氏一族が1戸の大経営農家から11戸の農家に解体したことは、農地のみならず男性労働力や役畜・農具といった労働手段の分散を招き、したがって農家経営方式を大きく変えなければならなかったことを意味していた。男性労働力や労働手段を十分に確保できなかった中小経営農家の多くは、より多くの収入を得るために自作をほとんど行わずに、小作料収入を中心に生計を立てるようになった。換言すれば、分家が招いたのは、経営面積の点で違いがあったとはいえ「地主化」ともいうべき趨勢であった。このような状況は満洲開拓団の農家経営にもみられた。日本人満洲移民は労働力不足に加え、雇用労働力の不足や賃金高騰などにより農業経営が悪化した結果、自作から地主へと経営方式を転換していった[37]。性質は異なるが、各農家が経営軸を自作から地主へ移行したという点においては共通しており、またいずれも労働力や労働手段の不足による経営困難が「地主化」の原因であった。ここに北満洲における農家経営を取り巻く環境の特徴をみてとることができよう。

②労働力と農家経営

　分家後の各農家における労働力生産性（表6-2）をみると、20晌以下の土地を耕作していた3-6番農家の労働力同等価計（以下、労働力価）1.0あたりの耕作面積は、それぞれ1.56晌（3番）、1.87晌（4番）、1.0晌（5番）、1.32晌（6番）である。これらはすべて「地主化」した農家であり、彼らは主に小作収入に頼っていたため自作の比重は低かった上、自作分についても雇農に依存していた。

　対照的なのは8番と11番である。100晌以上を耕作する両農家の労働力価1.0あたりの耕作面積は5.31晌（8番）と5.73晌（11番）であり、上述の小経営農家との差は歴然である。また、労働力価1.0あたりの収穫量も全農

家の中で最も多く、いずれも 40 石を超えていた。労働生産性から考えれば、これらの大経営農家は日本人調査員が指摘した北満洲の合理的な労働力投下（土地 20 晌に成人労働力 3 人、役畜 3 頭）に最も近かったといえよう。

　大経営農家と中小経営農家の差は表 6−3 の農家収支からもみてとれる。しかしここで注意しなければならないのは、調査報告書には農業外収入は含まれていないため、8 番と 11 番のより詳細な収支を確認することはできないという点である[38]。また、調査が実施された前年に北満洲の全域的な水害が発生していたため、農産物の収入は必ずしも通常時を代表できないことも意識する必要がある（第 1 章）[39]。この 2 点もまた調査記録の問題点や限界といえる。とはいうものの、調査記録は当時の家計を知る唯一の史料であるため、ここではこれらの限界を踏まえつつ読み取れる傾向をみてみる。

　収支差引をみると、突出して多くの収益をあげていたのは 8 番と 11 番の両大経営農家であり、12 番が続いている。8 番と 11 番に農業外収入を加えれば、収入額がさらに大きくなることはいうまでもない。一方、1 番、4–6 番は収支差引がマイナスになっており、1 番は 38.21 円、4 番は 398.23 円、5 番は 80.79 円、6 番は 63.34 円をそれぞれ借り入れして不足分を補っていた[40]。この対比からもわかるように、大経営農家や中経営自作農家は、「地主化」していった中小経営農家よりも有利に農家経営を展開し、多くの利益を得ていた。

　この点について、合同した 8 番と 11 番の 2 戸の事例に即してより具体的に検討しよう。

　8 番農家は 160.75 晌の既耕地を所有していたが、そのうち分家時にどの族人も欲しがらなかった遠隔地（正紅二屯）101 晌を小作地として貸し出し、逆に近接する 45 晌の小作地を 3 番（兄）から借りて、約 103 晌を耕作していた。近接する 45 晌の土地を借りたのは、おそらく家族 36 人で生活するためには残った土地のみでは不十分であったからだと考えられる。また表 6−3 からもわかるように、当該農家は 36 人の成員を有していたとはいえ、必ずしも十分な男性労働力を有していなかった。調査報告書と家譜とを対照すれば、男性成員 15 人中労働可能な男性労働力はその半分の 8 人であり、さ

表6-3　1934年における経営概況と農家収支

農家番号	所有面積（晌）	貸付面積（晌）	小作面積（晌）	耕作面積（晌）	家族人数（男）	男性労働力（人）	農業外就業（人）	農業従事者（人）	収入合計（円）	支出合計（円）	収支差引（円）	備考
1	14.25	13.75	—	0.5	5(1)	1	0	1	100.7	126.4	−25.70	
2	63.00	60.00	—	3.00	6(3)	0	0	0	893.8	733.53	160.27	
3	51.38	45.00	—	6.37	5(3)	2	0	2	889.48	732.06	157.42	
4	51.25	38.75	—	12.50	9(5)	3	0	3	830.13	842.71	−12.58	
5	31.90	30.63	—	1.40	6(3)	1	0	1	376.76	437.17	−60.41	
6	30.63	28.13	—	2.50	7(4)	3	0	2	325.20	370.55	−45.35	
8	160.75	101.00	45.00	103.50	36(15)	8	4	4	6,226.25	6,066.76	159.49	農業外収入は含まれていない。
11	180.00	—	—	180.00	12(5)	4	1	2	6,157.00	5,604.99	552.01	農業外収入は含まれていない。
12	69.26	1.95	—	67.31	10(5)	4	0	4	2,518.25	2,185.00	333.25	
14	26.25	—	—	26.25	10(6)	4	0	4	758.00	733.07	24.93	
15	20.00	—	—	20.60	5(1)	1	0	1	827.85	687.86	139.99	

※「男性労働力」は11歳以上60歳以下、未就学の男性を指す。「収入合計」には、農産物収入や小作料収入、副産物収入などすべての農業収入が含まれている。「支出合計」には、小作料支出、労賃支出、生活費、役畜飼料費、公租公課、雑支出などすべてが含まれている。「収入合計」と「支出合計」のいずれも経常収入と経常支出のみ含まれており、借入金、土地売却、役畜売却、借金の回収などの臨時収入、土地購入、役畜購入、農具購入、冠婚葬祭費、医療費、貸付金、借金の返済額などの臨時支出は含まれていない。なお、資料の通り現物もすべて現金に換算したままを示している。そのほかは「表6-2」と同じである。
出典：『康徳元年戸別調査之部』第1分冊、『45-11農家経済収支篇』、『蒼氏家譜』をもとに作成。

らにそのうちの4人は既に農業外職業（官吏、駅員、店員など）に就いていたため、農作業に従事できたのは4人のみであった。この4人も直接労働するというよりも農作業の指揮や会計を担当しており、実際の農作業はもっぱら雇農（15人の年工と1,780日の日工）に頼っていた。「地主化」していった数戸と比較すると、当該農家も合同せずに生計を別々にしていれば、自家労働力や農具、役畜の不足などの問題が生じ、同様に「地主化」する可能性も十分にあったと思われる。合同したことによって多角的な農家経営（自作、地主、小作、農業外就業）を展開できるようになり、ほかの農家より多くの収入をあげていたのである。

　11番農家についても同様なことを指摘できる。180晌の土地を耕作していた当該農家の家族成員は12人しかおらず、教員や学生、年配者を除けば農業労働に従事していたのは男性2人のみであった。3戸の農家が合同して生計をともにした結果再び大経営農家になったが、3戸のままであったならば

中小経営農家であったろう。

　以上のように、自然条件が苛烈な北満洲においては、土地や労働力、労働手段が分散することは農業生産性から考えると著しく合理性に欠けており、生産手段や労働手段が集中する大農経営がより適していた。8番と11番はいずれも豊富な男性労働力を有していたとはいえないが、合同したことによって数人の自家労働力が農作業・雇農・経営の管理に携わり、農業労働をもっぱら雇農に依存する形で農家経営を展開することが可能になった。また、一部の自家労働力は教員や店員などの農業外職業に就くことで、より多くの収入を得ることができた。この2戸が家族の合同を選択したのは、この形態が北満洲の農業経営に適した戦略であったこと、すなわち所有の土地や労働生産性の合理的な活用を考慮して有利な農家経営を展開しようとしたからだといえよう。

1938 年の農家経営
①大経営の拡大と中小経営の下降

　1938 年における一族の経営状況（表6-4）を概観してみよう。まずは分家後に合同して再び大経営農家になった8番と11番の農家経営をみてみる。所有耕作地と耕作面積のいずれの点においても、両農家とも 1934 年よりさらに規模を拡大していた。11 番は 1937 年に 1.66 晌の土地を同族の2番の家屋と交換し、さらに 1935 年と 1936 年にそれぞれ 3.5 晌と 4.0 晌の土地を購入した。そのうち、1935 年の購入分（3.5 晌）は同族の4番からである。両農家は土地のみならず役畜の数も 30 頭以上に増加させていた。

　労働力投下については両農家とも 1934 年と大きな変化はみられず、雇農に依存した経営であった。特に8番農家は、1934 年では自家労働力4人を農業に投下していたが 1938 年では1人に減少し、それに伴い雇用する年工の数が 15 人から 22 人に増加していた。このように、両農家とも労働力価 1.0 あたりの耕作面積や収穫量においての効率を維持し、ほかの農家より一定の優勢を有していた。なお、1939 年の再調査報告書には家計収支に関する記録がないため、より詳細な収支を確認できないが、両戸とも少なからぬ

表6-4　1938年における蒼氏一族の農家経営概況

農家番号	戸主	経営形態	家族人数（男）	所有面積（晌）	貸付面積（晌）	小作面積（晌）	耕作面積（晌）	農具（個）	役畜（頭）	自家労働力（人）	自家労働力同等価計	雇用労働力（同等価計）	労働力1.0あたりの耕作面積	主要作物収穫量（石）	労働力1.0あたりの収穫量（石）
2	蒼毓春	地・自	7(2)	62.400	53.000	—	9.400	2	7	1	1.0	年工2人、日工93日(1.7)	3.48	76.5	28.3
3	蒼毓秀	地・自	8(5)	75.414	70.414	—	5.000	2	4	1	1.0	年工2人、日工78日(1.6)	1.92	48.0	18.5
4	A	自・小	11(5)	39.520	—	21.650	61.170	10	6	2	2.0	年工7人、日工838日(10.4)	4.93	672.5	54.2
1	O	地・自	5(1)	15.000	13.750	—	1.250	—	—	1	1.0	月工2ヶ月(0.2)	1.04	3.0	2.5
6	P	自作	7(3)	27.500	—	—	27.500	7	4	2	1.5	年工4人、日工240日(4.4)	4.66	97.5	16.5
8	I	自・小	36(17)	179.948	—	59.970	239.918	29	33	1	1.0	年工22人、月工28ヶ月、日工1,810日(29.7)	6.04	2437.6	79.4
11	蒼毓芬	地・自	14(7)	198.163	3.444	—	196.350	21	39	3	2.7	年工15人、日工1,629日(20.1)	8.61	1481.6	65.0
12a	蒼毓英	自作	4(2)	30.000	—	—	30.000	6	4	2	1.5	年工4人、日工270日(4.3)	5.17	280.5	48.4
12b	R	自・小	5(2)	23.000	—	13.750	36.750	6	4	1	1.0	年工3人、日工266日(3.5)	8.16	293.7	65.3
12c	S	自・小	5(2)	22.500	—	1.625	24.125	6	4	1	1.0	年工4人、日工275日(5.1)	3.95	332.5	54.5
5	E	地・自	6(3)	29.150	21.650	—	8.000	1	—	1	1.0	年工2人、日工93日(1.7)	2.96	42.0	15.6
14	C	自作	10(6)	15.700	—	—	15.700	6	5	2	2.0	年工1人、日工170日(1.9)	4.02	151.5	38.8
15	D	自・小	6(2)	29.542	—	13.540	43.482	10	8	1	1.0	年工2人、日工225日(4.1)	8.52	391.0	76.7
合計			124(57)	747.837	162.258	110.535	698.645	106	117	19	17.7	年工69人、月工30ヶ月、日工5,987日(88.7)			

※「戸主」は1938年の戸主の名前を表す。そのほかについては「表6-2」と同じである。
出典：『蔡家窩堡』、岩佐前掲「北満農村に於ける大家族分家の一事例」をもとに作成。

収益をあげていたと考えられる。

　次に、中小経営農家の経営状況をみてみる。1934年では所有既耕作面積が20-50晌であった農家は4戸であったのに対して、1938年時点では7戸に増加していた。増加傾向がより明らかなのは30晌以下の農家であり、1934年の3戸から1938年の8戸にまで増加していた。この5年間において、蒼氏の零細化が急激に進展していたことが指摘できる。

　また、一族の下降傾向は土地売買からもみられる。1934年以降の5年間で数戸の農家は次のように漸次土地を売り払っていた[41]。4番は、旧債返済

のために 1935 年に村内に所有する耕作地 3.5 晌を同族 11 番に、同年に同じ
く返済のために村内に所有する耕作地 13.5 晌を村外の農家に売却した。5 番
は結婚費用のため、6 番は労賃支払いのため、14 番は馬の購入費用のため、
15 番は旧債返済のため、分家後の 12c は旧債返済のためそれぞれ耕地の一
部を村外の農家に売却した。これらの売却のほとんどは借金返済や臨時的な
出費（馬の購入や結婚）のためであったことから、中小経営農家は決してゆ
とりある生活ではなかったことが推測できよう。

②零細化に伴う経営形態の変容

　1934 年と比較して大きく変化したこととして、経営形態に小作が含まれ
る農家が 1934 年ではわずか 1 戸であったのに対し、1938 年には 5 戸に増加
したことが挙げられる。新しく小作経営を取り入れた 4 戸はすべてが所有面
積 50 晌以下の中小経営農家である。そして、5 戸のうち 3 戸が同族内の契
約であった。表 6 − 4 からも読み取れるように、小作経営を混在させた農家
の数戸（4、12b、15 番）は、大経営農家に匹敵する生産性をあげていた。小
作地面積の広さに差異があるとはいえ、小作経営を取り入れ、耕作面積を増
して多様な農家経営を展開していたこれらの農家は、少しでも合理的な生産
性を目指していたといえよう。

　そして、これらの小作契約にいくつか付加条件が加えられていた。5 番は
21.65 晌の土地を 4 番に貸し、残りの 8 晌分を自作していた。しかし、5 番
は役畜を全く保有していなかったため、4 番に土地を貸す条件として春耕の
際に無償で役畜を貸すことが加えられていた。3 番は 56.22 晌の土地を 8 番
に、一部の土地を別の農家に貸し、残りの 5 晌分を自作していた。3 番と 8
番の小作契約をみると、「穀物販売の際に市場迄運搬する」という内容が小
作料とは別に付加されていた [42]。このことは地主である 3 番の経営上の都
合によるものである。3 番は役畜を 4 頭も所有していたが、農具を二つ（碾
と磨）しか有しておらず、人の移動や穀物運送・販売で使用する大車を所有
していなかった [43]。大車を有していなかった 3 番はおそらく穀物を販売す
る上で不便であったため、収穫物の運搬という条件を加えた形で 8 番と小
作契約をしたのであろう。

この二つの事例からは、地主が自家で不足していた労働手段（役畜や農具）や農作業の補助を、小作契約の付加条件で補おうとする思惑をみてとることができる。これらの援助は単に同族内の相互扶助として捉えきれない一面、すなわち北満洲におけるこれらの労働手段の重要性がうかがえる。北満洲においては単に土地と労働力を有するのみでは十分な農家経営を行えず、農耕に見合う分の役畜と農具も必要不可欠であった。

中小経営農家における雇農の雇用

　最後に労働力と農家経営の関係をみてみる[44]。前述のように蒼氏一族では、1938 年においては中小経営農家がさらに増加していた。しかし、このような零細化はかえって雇農への依存度を高めた。1934 年には一族全体で、年工 60 人、23 ヶ月の月工、4,797 日の日工を雇用していたが、1938 年では、年工 69 人、30 ヶ月の月工、5,987 日の日工に増加していた。この増加は、決して大経営農家の 8 番と 11 番によるものではなく、そのほかの中小経営農家にもみられたものである。この点については表 6 − 5 をもとにより具体的に検討してみる。

　12 番は、分家前に 67.31 晌の土地を労働力価 11.3 の雇用労働力（年工 6 人、18.5 ヶ月の月工、855 日の日工）と自家労働力を中心に耕作を行っていた。分家後、12a は 30 晌の土地を労働力価 4.3 の雇用労働力（年工 4 人、270 日の日工）と自家労働力、12b は 36.75 晌の土地を労働力価 3.5 の雇用労働力（年工 3 人、266 日の日工）と自家労働力、12c は 24.125 晌の土地を労働力価 5.1 の雇用労働力（年工 4 人、275 日の日工）と自家労働力によって耕作していた。1 戸の中経営農家から 3 戸の小経営農家に分家したことによって、雇農の雇用数、特に年工の人数が分家前の 6 人から分家後の 11 人に増加していた。分家前は自家労働力と 6 人の年工、農繁期の月工と日工で農業労働を行っていたのが、分家したことでわずかな自家労働力も分散され、減少分の常駐労働力を年工で補うしかなかった。雇農への依存度を高めたもう一つの要因は労働手段の分散である。分家前は役畜を 6 頭有していたのが分家後は各農家が 3-4 頭、すなわち耕作を行うための最低限の水準にまで落ちた。

第 6 章　分家からみる農家経営の変容　　191

表 6-5　蒼毓英一家の分家

分家前（1934 年）		分家後（1938 年）		
農家番号	12	12a	12b	12c
戸主	蒼毓英	蒼毓英	R	S
経営形態	地・自	自作	自・小	自・小
家族人数（人）	10	4	5	5
所有面積（晌）	69.26	30.00	23.00	22.50
貸出面積（晌）	1.95	—	—	—
小作面積（晌）	—	—	13.75	1.625
耕作面積（晌）	67.31	30.00	36.75	24.125
自家労働力（人）	4	2	1	1
自家労働力同等価計	3.5	1.5	1.0	1.0
雇用労働力	年工6人、月工18.5ヶ月、日工855日	年工4人、日工270日	年工3人、日工266日	年工4人、日工275日
雇用労働力同等価計	11.3	4.3	3.5	5.1
役畜（頭）	6（馬4、騾2）	4（馬2、騾2）	3（馬3）	4（馬2、騾2）
農具（個）	12	6	6	6
備考	ほかに仔馬2頭	養老地6晌	小作地は同族1番農家から	分家後、土地2.6晌を売却

※分家後の農家番号を「12a」「12b」「12c」で表す。そのほかは「表6-2」と同じである。
出典：『康徳元年戸別調査之部』第1分冊、『蔡家窩堡』92 頁をもとに作成。

　そして、雇農と農家経営との関係においてもう一つ考えるべき問題は、満洲全体において顕著となっていた農業労働力不足に伴う賃金の高騰である。この背景には、満洲国および関東軍による華北地方から満洲への移民の抑制政策と、満洲における農業外諸産業の発展によって生じた職業間の労働人口の移動が深く関係していた。1934-1938 年にかけて年工や月工、日工の労賃は2、3倍に増加していた。雇用主が当時「労働者が足りない」と主張していたように、賃金の高騰は雇農に依存するこれらの農家に一定の影響を与えたと考えられる[45]。

以上のように、農家経営の零細化によって直面した農地や自家労働力、役畜、農具の分散という事態に対し、北満洲の農家は現存の労働手段や労働力を活用しつつ不足分を雇農で調整する農家経営をとったため、当該地域では雇農需要が急激に高まった。この点に近代北満洲の地域的特質を見出すことができよう。

おわりに

　本章では、近代北満洲における大経営農家の特質と変容について、ある一族に焦点をあてて分析し、大経営農家の解体過程および解体に伴う農家経営の変容からみえてくる北満洲の特質の一端を明らかにした。その内容をまとめると次の通りである。

　蒼氏一族は、初期の移住者として長らく当該村落において支配的地位にあったが、1930年代のたび重なる分家によって大きく地位を低下させた。蒼氏は族人の投資失敗を契機に分家したのであるが、この分家は宗族が危険を回避・軽減するための戦略としての一面も有していた。すなわち、一族全体の衰退を招くよりも、「被害」を最小限に軽減すべく分家を選択したのである。そして、一度解体した宗族は従来の結束力を失い、再分家や分割相続による農地の零細化を阻止することができなかった。

　ところで、北満洲では歴史的な経緯や自然環境、農法などの諸条件により、大経営農家が極めて有利に農家経営を展開していた。これは大経営農家が広大な土地のみならず、耕作に見合う豊富な役畜や農具、労働力を有していたからである。そのため、蒼氏のように分家によって生産手段や労働手段、労働力が分散することは、北満洲における生産の合理性とは著しく背馳_{はいち}するものであった。分家後にいくつかの農家が合同して再び大経営化する戦略をとったのも、このような土地や労働力の生産性を考慮した合理的な選択であったといえる。一方、十分な労働手段や労働力を有していなかった農家は、経営の重心を地主経営に移行したり、あるいは小作経営を組み入れたりして、

農家経営形態を変更していった。また、零細化が進展したことはより一層雇農への依存度を高めることにつながった。なぜならば、十分な労働手段や労働力を有さない小経営農家は、その不足を雇農の雇用によって調整することを余儀なくされたからである。分家による農地の分割相続が北満洲全体における大経営農家の解体と農家経営の変容を促した原因であったという点においては、北満洲は中国の他地域と共通性を有していた。しかし、開墾から零細化までの過程が極めて短期間であったこと、さらに自然環境や農法などにより零細化が農家経営に与えた影響がより鮮明であったことなどが満洲全体、とりわけ北満洲の特徴であったといえよう。

　そして、もう一つ留意しなければならないのは、零細化と農業外就業との関係についてである。第5章で取り上げた南満洲の前三塊石屯と異なり、蔡家窩堡は1934年において副業に従事していたのは2戸のみ（鍛冶屋の手伝いと、柴草採取および裁縫）、1938年の当該村落において農業外労働従事者は3戸の雑業農家を除けば8人（教員2人、甜菜公司1人、合作社職員1人、鉄道局員1人、県公署職員1人、小売人2人）のみであった[46]。このように、農民層分解が必ずしも農業外就業の増加と同時に進展していなかった地域において、零細化した農家は農業経営形態を変えたり、雇農となったりして、調整していたのである。

　いうまでもなく、北満洲にも副業を取り入れて多角的な農家経営を展開する農家・村落があった。北満洲の最北端に位置する璦琿県松樹溝屯には、調査当時に63戸の農家がおり、自家労働力107人（男性79人、女性28人）と年工17人、月工17ヶ月、192日の日工によって約335晌の土地が耕作されていた[47]。当該村落からは42人が農業労働外の業種に雇用され、そのうちの24人は馬車を利用した鉄道建設ための砂利や木材の運搬に従事していた。調査当時、当該地域では満鉄北黒線の建設工事が行われており、鉄路の修繕や建設に使用される砂利や小石の需要が高まっていた[48]。また、璦琿県一帯は林業が盛んな地域であったため、木材運搬の需要もあった。多くの農民が運搬業に携わっていたのは、このような背景があったからと考えられる。

　さらに詳細にみていくと、同村には55台の大車と103頭の馬があった[49]。

ほかの農具や役畜の頭数は平均的であったのに対して、大車と成馬が北満洲の他村に比して群を抜いていた[50]。また、雇農と雑業農家を除いてほとんどの農家がこれらを所有（大車37戸、馬36戸）していた点も特徴的である。このような大車と馬は農作物運搬のためというよりも、まさに砂利や木材の運搬業のためにも用意されていたと考えられる。なぜなら、運搬業の労賃が高く、農繁期の最高労賃は1日1円であったのに対し、運搬業の労賃は1日3-5円であったからである[51]。運搬業は年間を通して数十日間という短期間であったとはいえ、その収入額が農業収入を凌駕するほどであった[52]。このように、北満洲にも農業外就業の選択が豊富な地域があり、そこで生活する農家が南満洲にみられたような多角的な農家経営（第5章）を展開していたといえよう。

補節　1980年代以降における蒼氏の宗族活動

　著者は2011年8月と2012年3月、8月の3度にわたって、綏化県蔡家窩堡（現在、黒龍江省綏化市新華郷）を訪問した[53]。その際、蒼氏一族の末裔である七世蒼久顕（図6-1蒼氏家系図、Iの長孫）と八世蒼施謙（蒼久顕の長男）と知り合うことができた。両氏への聞き取りに加えて、一族が建設した祠堂も参観し、さらに家譜『蒼氏家譜』（図6-2）を閲覧することができた。特に家譜は本章における主要資料の一つとなっている。以下では、1980年代以降から2010年頃までの一族の宗族活動について、家譜編纂と祠堂建設に分けて簡単に紹介する。

宗族活動と台湾
　具体的な内容を述べる前に、まず一族の活動が再興した背景について述べておく。
　一般的に満洲は華南地方と比較して宗族的な血縁組織が弱く、祖先祭祀のような宗族活動は一部を除いて近年ほとんどみられない。それにもかかわら

ず、蒼家が 1980 年代から活発な活動を行えるようになったのは、台湾にいる六世の蒼開治（I の次男）の影響があった[54]。

蒼開治は 1929 年に生まれ、綏化国民高等学校卒業後、黄埔陸軍軍官学校第 23 期生となり、国共内戦の「成都戦役」に従軍した。中華人民共和国成立後、1950 年に香港を経て台湾へ渡り、国民党軍に帰隊後、駐屯部隊として大陳島や馬祖島などを転々とし、「金門砲戦」にも参加した。その後、台湾師範大学、国立中央大学などの軍事訓練総教官を歴任し、57 歳で退役し、最終的に国防部少将となった。蒼開治が綏化にいる族人と連絡を取れるようになったのは、1971 年以降になってからである。また、台湾から中国本土への親戚訪問が可能になると、蒼開治は 1988 年 4 月に約 40 年ぶりに綏化に戻り、以後毎年帰郷していたという。

このように、台湾にいる族人と再会したことにより、宗族活動が一気に活性化した。とりわけ、宗族活動を行うための資金が蒼開治によって出資されたことが、一族にとって大きな意味を持った。

家譜

族譜は、宗族が一族の歴史並びに構成員を記録するために編集し保有する私的な史料であり、同一宗族や同一血縁団体である証として宗族の結合強化のために欠かせない重要なものである[55]。膨大な宗族研究が既に指摘してきたように、族譜を史料として使用する際には族譜の存在理由、いいかえればなぜ族譜が書かれたのか、いかにしてそれが保持され、「使用」されたのか、どのような機能を果たしていたのかなどを考慮しなければならない[56]。

『蒼氏家譜』は 1991 年から約 13 年間の年月をかけて編纂され、「序言」「世系表」「排序表」「凡字表」「満洲族の伝統習俗と伝説」「家史概述」「宝倫書屋」「後記」の 8 章から構成され、全部で 161 頁がある。編纂にあたっては、蒼久勲と蒼久武が資料の収集・整理、蒼久武と蒼恵馨が執筆を担当した[57]。また、様々な専門家と族人の協力があり、特に蒼開治の役割が重要であったという[58]。当該家譜を発見したことは、本書にとって以下の三つの意義がある。

第一は、調査資料の精確さを確認できた点である。満洲国期に蔡家窩堡を対象とする様々な農村調査が実施された。2011年に蔡家窩堡を訪問した際に、族人にこれらの調査報告書をみせると、これほど大量かつ詳細な史料が存在していることに対し驚きを隠せなかった[59]。特に分家に関する詳細な史料は一族の関係者も持っておらず、当然ながら家譜を編纂する際も全く参照していなかった。調査報告書と家譜を比較すると、家系図や分家時の状況、家族の内情などがほぼ一致していた。調査報告書の方が分家前後に作成され

図6-2　『蒼氏家譜』表紙

たということもあり、家譜よりももっと詳細である。
　第二は、質的データとして利用できる点である。第1回農村実態調査と1939年の再調査の報告書は、集計表を中心に構成されているが、数字の裏に隠されている内情や社会関係を読み取ることには限界がある。一方の『蒼氏家譜』には綏化県に移住した後の一族の歴史が記述されており、そこから各族人の経歴（生没年、学歴、仕事など）や各時期の一族の内情を知ることができる。一つ例を挙げるとしたら、分家後に数戸が家産を合同し、再び生計をともにした（本章第2節と第3節）。岩佐捨一の調査報告書では、経営体を一つにしたについては触れられているが、その原因については全く言及がなかった。一方、家譜を確認すると、分家前後における族内の人間関係や族人の反応などについては細かく記述されている。このように、当該家譜を質的データとして利用することで、農村調査当時の詳細な農家状況を分析することが可能となった。
　第三は、中華人民共和国成立前後における一族の状況を確認できる点である。満洲国期の豊富な農村調査報告書とは対照的に、中華人民共和国成立前

表 6-6　土地改革時における蒼家五世族人の階級区分

族人	階級・状況	備考	族人	階級・状況	備考
A	死去	長男と次男は貧農となった。	L	地主	
B	死去	次男は地主となった。	M	消息不明	
C	死去		N	地主	
D	地主	満洲国期に保長を務めた。	O	貧農	
E	地主		P	地主	
F	地主		Q	地主	
G	死去		R	消息不明	
H	地主		S	地主	
I	地主		T	地主	
J	台湾へ	嫩江省教育庁庁長を務めた。1948 年台湾へ。	U	消息不明	
			V	地主	
K	地主		W	消息不明	

※「族人」のアルファベットは本章のほかの表と同じである。「階級・状況」の中にある
「死去」は土地改革前に既に死去したことを示し、「消息不明」は家譜から没年や消息を確
認できていないことを示す。
出典：『蒼氏家譜』をもとに作成。

後の一族の状況を知るための史料はほとんど存在しない、あるいはまだ利用
できない状況にある。『蒼氏家譜』の中には土地改革期や文化大革命期にお
ける族人の経験に関する記述もあり、そこから 1945 年以降における一族の
大まかな状況を知ることができる。

　この点については、家譜をもとに土地改革時の状況を簡単に紹介する[60]。
家譜によると、土地改革に先立ち、蒼宝倫（Ｉ、8 番農家戸主）の指示のもと
で、大経営農家を中心に分家が迅速に進められた。しかし、こうした対応策
は無意味に終わり、村落を長年支配してきた一族は土地改革の主要な標的と
なった。表 6-6 は土地改革時における五世族人の階級区分を示している。
五世に限定したのは、この時期における各農家の戸主がほとんど五世であっ
たからである。この表からもわかるように、ほとんどの族人が「地主」に区
分されていた。このうち、ＤとＩ（蒼宝倫）は土地改革の最中に亡くなって

いた。唯一貧農となったO（1934年と1938年の1番農家）は、妻と娘の3人暮らしで、土地改革時に土地や家産をほとんど持っていなかった。

　また、家譜の記述をみると、一族がかつての栄光から没落した原因は、まさに土地改革にあったとしている。なぜなら、土地改革時に区分された「地主」という階級はその後も一族を苦しめ続け、政治運動が起こるたびに一族が批判の的となったからである。また、進学や就職、結婚する際にも、階級による影響があったという。

祠堂

　蒼氏一族は2002年に祖先祭祀のための祠堂「宝倫書屋」（図6-3）を建設した[61]。「宝倫書屋」は、2002年4月1日に着工し、同年10月10日に完成された。建設に先立ち、かつての蒼氏の敷地や土地を買い戻したという[62]。敷地総面積は2,071 m^2、建築面積は680 m^2、当時の総額で約100万人民元の費用がかかった。建設資金はほとんど蒼開治によって出資され、設計は同氏の長男である蒼松（七世、2002年に死去）によって行われた。名前を「宝倫書屋」としたのは、まさに父親蒼宝倫（I）を追想するためであった[63]。

　「宝倫書屋」の3階の部分がホールになっており、祠堂として使用されていた。ホール西側の壁には満洲八旗鑲藍旗の旗が掛けられ、その下に位牌「蒼氏祖先世代宗親之位」（図6-4）が安置されている。北側の壁には先祖の写真が掛けられ、その中心に位置するのはやはり蒼開治の両親蒼宝倫と母親・高学綸である。東側の壁一面には綏化に移住した後の一族の家譜が貼られている。また、南側の窓やベランダから附近一帯の景観を見渡せるようになっている（本章扉図版）。

　また、建物敷地内西北の一角に「胡仙堂」が建てられた。満洲では胡仙が広く信仰されていたため、多くの村落や農家に「胡仙堂」があった[64]。蒼氏一族は満洲国期以前から胡仙を信奉しており、「蒼家分家以前の家屋配置略図」からも廟（「胡仙堂」）の位置を確認できる（図6-5）。新しい「胡仙堂」はまさに当時と同じ場所に建てられたのである。

　さらに、『蒼氏家譜』の中には、先祖代々伝承されてきた一族と胡仙にま

図6-3　蒼氏一族の祠堂「宝倫書屋」
出典：2011年8月、著者撮影。

図6-4　「宝倫書屋」に安置されている蒼氏の位牌
出典：2011年8月、著者撮影。

つわる物語が記載されている[65]。それによると、ある初冬の夕方、猟師に追われた白い狐は行き場を失い、身を潜めるために仕方なく蒼家の砲台に潜り込んだ。それを目の当たりにした四世蒼毓琿は、追ってきた猟師を追い出して、狐を守った。以降、この狐は一族に感謝するためよく訪れるようになり、家族から「老狐仙」と称されていた。「老狐仙」は守護神として一族の健康や繁栄を長年守り続けていた。

そして、この物語には同村落の蔡氏一族も登場している。第3章と本章で述べたように、蔡家は長らく同村落を支配する存在であった。しかし、蔡家は病弱者が多く、アヘンの吸飲と自家労働力の不足などにより漸次土地を売り渡し、1930年代には没落していた。興味深いことに、両家の繁栄と没落が胡仙の報いで語られている。すなわち、当時「老狐仙」を追っていた猟師の苗字は「蔡」であり、蔡家を没落させたのもまた「老狐仙」であるという。やや本題から逸脱したが、この物語は満洲における民間信仰がどのように家族史と関連づけて語られるのか、またそれがどのように伝承されてきたのかを考える上でも重要な事例であろう[66]。

最後に、「宝倫書屋」の管理や維持についてみてみる。『蒼氏家譜』の「付記」では建物の今後の管理方法や維持方法について述べられている。その内容をまとめると、蒼開治は族人が一同に集うための場所を建設してくれたが、永続的な経営や管理はできない。そのため、「書屋管理発展委員会」を組織し、族人全員が責任を持ってその管理や修繕に努めることが提言された。実際、このような組織が結成されたかは不明であるが、著者が2011年に訪問した際には建物がほとんど使われておらず、その管理も基本的に敷地の隣に住んでいる蒼久顕一家に一任しているという印象を受けた。

以上、本補節では家譜編纂と祠堂建設から1980年代以降における蒼氏一族の宗族活動を概観した。冒頭でも指摘したように、蒼氏の宗族活動が一時的に「再興」した背景には、台湾の要素が看過できない。一族は、族人の数十年ぶりの再会をきっかけに活動が動き出し、蒼開治の出資でその活動も加速し、そして2000年代初頭の家譜と祠堂の完成をもって最高潮に達した。

しかし、こうした宗族活動は継続されることがなく、徐々に縮小していった[67]。

蒼氏一族の分家資料

「分書」①
分書

立分書人蒼毓璉為家務紛紜勢難同居、爰請親族近隣一再相商各無異議、将祖遺及自置産業所有房間地畝騾馬生畜一切浮物傢倶肥瘠相搭好歹相兼経親族隣人、較比高下当衆先写字号、後自拈■〔竈か〕以杜流弊、按兄弟十一股均劈、毎股応攤房地及物品数目多寡除開列於帳簿存照外茲不贅及惟十一弟毓芬在外、累有債務値此拆居兄侭等念惜骨血之情不忍其常負此債各股共同和議毎股願抽出熟地拾垧給其還債日後倘有盈虧時兄侭等各不争找免有争執、自分之後各立門戸均無返悔毎股各執分書乙紙恐後無憑立此分書為証

親隣人	鄭芳	薛明文	呉連甲	劉玉麟	王国平	王富	傅廣才	徐長庚
族中人	蒼永成	蒼永海	蒼徳宝	蒼潤庭	蒼毓才	蔡景文	蔡景宝	蔡景林
書字人	蔡景陽							

劈字第伍号

中華民国二十年古正月二十二日立分書人　　蒼毓璉　印

※判読不能な文字は■とした。読点は引用のままである。
出典：岩佐前掲「北満農村に於ける大家族分家の一事例」。

「分書」②
分居証書

嘗思先人創業歴尽艱難沾体塗足立無疆事業欲伝萬世子孫矣幸家人百口事寔紛紜你強我勝各有自立之志同衆共議凡我兄弟十一人公同楽従将家私所有料理均配再邀親族隣誼等爰立分書以作日後証拠耳

202

元号

蒼宝元　承領後街由東第参処房基壱処内有草正房五間、東廂房四間、西廂房

参間、南至道心北至樹外、東至毓斌西至毓藻、四至分明、前院内応分瓦西廂

房北頭参間半、門窓隔壁倶全、餘代大門西磚墻一半、並無炮臺、此房墻起空、

不連地基二門至墻西、両家均分

劈字第壱号

承領房後小串道西地参拾

撻拉腰地壱段弐拾　此三筆地数與照不付遷後另写洋犁方西辺地

分得

黒鳥咀騾子　一匹　小青騾馬　壱匹　黒尖牛　壱頭

小青騸馬　壱匹　小青児馬　一匹

原領布西剛字二十三甲十二井毛荒壱股応攤西辺参方陸

座落西辺第壱号

将応分地畝各処数目列此

陸牌半応分地毛数八拾弐晌壱畝零参厘七

計照八張

張家粉房屯応分地拾晌零四畝四分四

計照二頁

親隣人等　　薛明文　鄭芳　呉連甲　王国平　朱富　劉玉麟　呉叢林　徐長
　　　　　　庚　傅廣才　李慶宝　王富　蒼徳宝

族中人等　　蒼玉才　蔡景宝　蔡景文　蔡景陽　蒼永吉　蒼永成　蒼永海
　　　　　　蔡景霖

書字人　　　蒼潤庭

出典：岩佐前掲「北満農村に於ける大家族分家の一事例」。読点は引用のままである。

「分書」③

分書

立分単人蒼宝齡為父母所生三子各皆婚配成人因為父已経去世母年老不能指掌

家務今回親族人等将房産地土牛馬器用等件估明対衆均分自分之後各不許倚強

第6章　分家からみる農家経営の変容　　203

欺弱混頼不遵、執此分単為記並将所分地数各物件同列於後若有競争等情有同
族親友為証恐後無憑立此分単存照

計開

一、分家南地東辺九晌八畝二分　一、分西地六晌六畝六分

一、分黒騾騾壱匹　一、分東頭房基地五丈五尺

一、分西屯房基二丈　一、分北溝子地四晌八畝

一、分東頭院裏草正房二間半　一、分南頭草廂房二間半

一、分条通一晌四畝三分三厘　一、分列子車壱輌

一、分紅児馬壱匹　一、分磚大墻大門西辺半段

一、分大蓋槍壱桿　一、分東小園地壱晌三畝五分

一、分小紅牛壱頭　一、攤養老地弐晌

一、分西屯地三晌四畝三分　一、分大缸二口

一、分碾子壱件

中人　薛明文　譚嘉孔　呉連甲

宗族人　蒼永■　蒼永魁　蒼宝■　蒼宝恕　蒼宝民　蒼宝元　蒼宝珍

代字人　蒼宝鈞

中華民国弐拾年十二月初九日立分書人　蒼宝齢　拇印

※判読不能な文字は■とした。

出典：岩佐前掲「北満農村に於ける大家族分家の一事例」。読点は引用のままである。

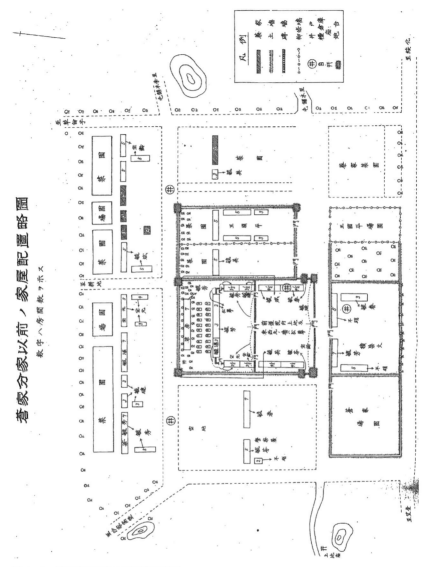

図6-5 蒼家分家以前の家屋配置略図
出典:岩佐前掲「北満農村に於ける大家族分家の一事例」。

1　この論争の過程や意義を整理した論考に、奥村哲「第 8 章　『農民層分解』に関する諸説の検討」『中国の資本主義と社会主義——近現代史像の再構築』（桜井書店、2004 年）などがある。

2　三品英憲「近代中国農村研究における『小ブルジョア的発展論』について」『歴史学研究』第 735 号、2000 年。また弁納才一も 1980 年代以降に発表された中華民国期の農業に関する研究を丁寧に整理し、農村経済と農業・農村政策が別々に分析されていた点に問題があると指摘した。また、中国農村経済の近代化を西欧中心史観（西欧的な資本主義的農業経営）から理解するのではなく、中国の枠組み（小農経営の発展）で捉える必要性も述べた。弁納才一「第 1 章　中華民国期の農業に関する研究の流れ」弁納才一『近代中国農村経済史の研究——1930 年代における農村経済の危機的状況と復興への胎動』金沢大学経済学部、2003 年。

3　風間秀人「『満州国』における農民層分解の動向（Ⅰ）——統制経済期を中心として」『アジア経済』第 30 巻第 8 号、1989 年、「『満州国』における農民層分解の動向（Ⅱ）——統制経済期を中心として」『アジア経済』第 30 巻第 9 号、1989 年。

4　満洲における宗族研究として聶莉莉の研究が挙げられる。聶は、人類学の視点から近代から現代に至るまで国家統治が宗族に与えた影響や変容について検討した。聶莉莉『劉堡——中国東北地方の宗族とその変容』東京大学出版会、1992 年。中国における分家や家産均分主義について、仁井田陞『中国の農村家族』（東京大学出版会、1952 年）がある。また、中国における家族の慣習を法制史の視点から論じた研究として、滋賀秀三『中国家族法の原理』（創文社、1967 年）がある。

5　1935 年の調査は国務院実業部臨時産業調査局編『康徳元年度農村実態調査　戸別調査之部』（全 3 冊、国務院営繕需品局用度科、1935 年、以下、『康徳元年戸別調査之部』）、1939 年の再調査は、南満洲鉄道株式会社調査部『北満農業機構動態調査報告——第 2 編北安省綏化県蔡家窩堡』（博文館、1942 年、以下、『蔡家窩堡』）、蒼氏の分家については、岩佐捨一「北満農村に於ける大家族分家の一事例——綏化県蔡家窩堡屯」（『満鉄調査月報』第 20 巻第 12 号、1940 年）がある。また、満洲国期に日本人がしばしば村落を訪れて、蒼家に宿泊していたという。また、村内を案内した際に飴をもらったことについて蒼氏の末裔が記憶している。「蒼久顕氏インタビュー記録」2011 年 8 月 2 日、未定稿。

6　蔡家窩堡に関する調査は、ほかにもいくつかある。1940 年 1 月 22 日から 2 月 3 日にかけて、満鉄新京支社調査室が蔡家窩堡と同県杏山堡で実施した調査があり、その成果として『農家経済調査』（担当者梶原方治、新京支社調査室、1940 年）が刊行されている。その「ハシガキ」によると、同調査は「農村ニ於ケル価格差傾向ノ推知ト其ノ増派幅カ農村特ニ農業生産力ニ及ホセル影響ヲ可及的鮮明ナラシメムコトヲ」目的に展開されたもので、「農業生産機構動態調査ノ補修調査ニ際シ附加的ニ為サレタモノ」である。したがって、これもまた上述の 1939 年における再調査の一連の成果で

もあるといえよう。調査報告書は再調査のものより簡単な内容となっているが、調査
対象の 2 村落を比較しながら物価の変動が農業生産にもたらした影響を中心に論じて
いる部分も多く、大変興味深い。またほかの調査と少し性質が違うのは、中村興によ
る調査である。街村の育成事務を担当する中村は、「部落の共同体としての機能を街
村育成上どの程度に生かし得るか、自然発生部落と街村とを如何にして結びつけ得る
か」という目的のもとで、1938 年 3 月 18 日から月末にかけて蔡家窩堡で調査を実施
し、同年に「濱江省綏化県蔡家保、蔡家窩堡屯の実態調査」(『内務資料月報』第 2 巻
第 9 号、1938 年) を発表した。同調査報告では村落の歴史的な経緯や経済状況を概
観した上で、同村落には 2 種類の共同関係が存在し、すなわち一つは蔡家と蒼家とい
う二大宗族を中心に構成されている血縁的共同関係であり、もう一つは小作関係ある
いは雇用関係など土地を結合紐帯とする経済的共同関係であると指摘している。そし
て、街村及屯の組織や農事実行合作社の組織においては、このような血縁関係や経済
関係は無視できないという結論に至っている。

7　蒼久勣・蒼久武・蒼恵馨編『蒼氏家譜』私家版、2006 年。

8　実業部臨時産業調査局編『康徳元年度農村実態調査報告書　産調資料 (45) ノ (3)
　　農業経営篇』実業部臨時産業調査局、1937 年、4–5 頁。以下、同類の資料については
　　『45-3 農家経営』のように略す。

9　『45-3 農家経営』3 頁。

10　天野元之助『中国農業の地域的展開』龍渓書舎、1979 年、30 頁。

11　佐藤武夫『満洲農業再編成の研究』生活社、1942 年、122–23 頁。

12　『45-3 農家経営』15 頁。

13　この点についてはより詳細な分類が必要であるが、本章では耕地面積で大経営農家
　　(100 晌以上)、中経営農家 (20–100 晌)、小経営農家 (20 晌以下) に大別する。『45-
　　1 農家概況』52、55–56 頁。

14　石田精一 (南満洲鉄道株式会社調査部編)『北満に於ける雇農の研究』博文館、1942
　　年、10–11 頁。『45-1 農家概況』21 頁。

15　『45-1 農家概況』52、55–56 頁。

16　『蔡家窩堡』20–21 頁。

17　大家族の利点について仁井田陞は、「大型家族員が協働する場合には労力は経済であ
　　り収益は多く、農業経営にその利点が発揮でき、消費もまた節減できる点からいえば
　　利点が重なる」と指摘している。仁井田前掲『中国の農村家族』104 頁。

18　『45-3 農家経営』23、53–54 頁。

19　『45-3 農家経営』19 頁。また、役畜の種類も農作業の効率を左右する重要な要素であ
　　る。この点については、満洲における馬の重要性について検討した、永井リサ・安冨
　　歩「凍土を駆ける馬車」(安冨歩・深尾葉子編『満洲の成立——森林の消尽と近代空
　　間の形成』名古屋大学出版会、2009 年) が示唆に富む。

20 『45-3 農家経営』84-85 頁。

21 『45-3 農家経営』5、109 頁。南満洲の一部では互助関係がみられ、それについては、本書の第 5 章や石田精一「南満の村落構成——特に旧官荘所在地を中心として」(『満鉄調査月報』第 21 巻第 9 号、1941 年) を参照。華北農村における互助関係については、内山雅生『現代中国農村と「共同体」——転換期中国華北農村における社会構造と農民』(御茶の水書房、2003 年) を参照。

22 岩佐前掲「北満農村に於ける大家族分家の一事例」。

23 平野蕃『満洲の農業経営』中央公論社、1941 年、30 頁。家譜によると、一族が復県から蔡家窩堡に移住したのは道光初年 (1821 年) 頃であるという。『蒼氏家譜』44 頁。

24 『康徳元年戸別調査之部』第 1 分冊、183 頁。

25 岩佐前掲「北満農村に於ける大家族分家の一事例」。貨幣流通の状況や背景については、塚瀬進『マンチュリア史研究——「満洲」六〇〇年の社会変容』(吉川弘文館、2014 年、190-195 頁) を参照。また、当時の換算率については、南満洲鉄道株式会社庶務部調査課編『哈爾濱大洋票流通史』(南満洲鉄道株式会社庶務部調査課、1928 年) を参照。

26 『蒼氏家譜』48-49 頁。

27 『蒼氏家譜』67-69 頁。

28 岩佐前掲「北満農村に於ける大家族分家の一事例」。

29 第 1 回目および第 2 回目分家時の立会人などについては、岩佐前掲「北満農村に於ける大家族分家の一事例」を参照。

30 岩佐前掲「北満農村に於ける大家族分家の一事例」。

31 『蒼氏家譜』68-69 頁。

32 『蒼氏家譜』69-70 頁。

33 滋賀秀三が「数人の兄弟が一旦家産分割を行った上で、そのうちの仲よい者だけが再び合して共財生活にもどることは差支えないわけであるが、実際上そのようなことが行われるのは極めて稀れである」と指摘するように、これらの農家が生計を共にした一つの重要な要素は兄弟であったからといえる。滋賀前掲『中国家族法の原理』83 頁。

34 『45-9 農村社会生活篇』116 頁。たとえば、呼蘭県孟家屯の瀋家は 200 晌を耕作する大経営農家であったが、糧桟経営に失敗して、分家するに至った。『康徳元年戸別調査之部』第 1 分冊、444 頁。

35 塚瀬進『中国近代東北経済史研究——鉄道敷設と中国東北経済の変化』東方書店、1993 年、35-36 頁。

36 小作料は収穫量の 4 割 (大豆 45.6 石、粟 42 石、トウモロコシ 25.8 石、高粱 32.4 石など)、付加物として高粱と粟の稈を 2,300 束も支払われたのである。なお、租税については、小作人 6 割負担であった。『康徳元年戸別調査之部』第 1 分冊、213 頁。

37 今井良一「『満州』試験移民の地主化とその論理——第三次試験移民団『瑞穂村』を事例として」『村落社会研究』第9巻第2号、2003年。また、小都晶子は日本人開拓民の地主化は従来の階級関係を継承している側面もあり、地域の安定要因として働いたと指摘している。小都晶子『「満洲国」の日本人移民政策』汲古書院、2019年、174-176頁。

38 一方、1939年の再調査の報告書には農業外収入についても記述されており、教員は約240-288円、県公署職員は半期で約150円、綏化県城にあった甜菜公司の職員は約216円の収入を得ていた。『蔡家窩堡』91-93頁。

39 中兼和津次『旧満洲農村社会経済構造の分析』アジア政経学会、1981年、132頁。

40 『45-11 農家経済収支』。

41 『蔡家窩堡』46-48頁。土地売買においては先買権が存在しており、親戚、四隣、同一村落内居住者との交渉を経てから最終的に村外の人に売却する慣習があった。しかし、当該時期においてはこのような慣習はほとんど守られていなかった。また、土地売買に加えて、一定額の金銭を得るために土地使用収益権を一時的に譲渡する関係（「典権」）もみられた。

42 『蔡家窩堡』54-55頁。

43 『蔡家窩堡』103-104頁。

44 朝鮮人と漢人農家における労働力の需給関係については、朴敬玉『近代中国東北地域の朝鮮人移民と農業』（御茶の水書房、2015年）の第7章「北満洲に於ける稲作及び畑作経営」に言及がある。

45 石田前掲『北満に於ける雇農の研究』93頁。

46 『康徳元年戸別調査之部』第1分冊、186-187頁。『蔡家窩堡』92頁。また、綏化県における商工業の概況については、濱江省綏化県公署総務科編『濱江省綏化県一般状況』（濱江省綏化県公署、1938年、335-384頁）を参照。

47 『康徳3年戸別調査之部』第1分冊、4-5頁。

48 臨時産業調査局編『（20世紀日本のアジア関係重要研究資料3）農村実態調査一般調査報告書——黒河省瑷琿県—康徳3年度』（復刻版）龍渓書舎、2010年、298頁、以下『瑷琿県一般調査』。

49 『康徳3年戸別調査之部』第1分冊、38-41頁。

50 たとえば、綏化県蔡家窩堡は1934年の大車所有台数は22台、馬は72頭であった。第5章で取り上げた遼陽県前三塊石屯の1935年の大車の所有台数は16台、馬は7頭であった。第2章で分析した遼中県黄家窩堡の1935年の大車所有台数は12台、馬は10頭であった。

51 『康徳3年戸別調査之部』第1分冊、22-25頁。

52 大車運搬を主とするその他雑業の被用収入は村落全体で4,463円に達していた。『瑷琿県一般調査』298頁。

53 2012 年 3 月の調査については、佐藤仁史・林志宏・湯川真樹江・菅野智博・森巧「中国東北地方文献調査記」（『国史研究通訊』第 2 期、2012 年）を参照。

54 以下の蒼開治の経歴は、『蒼氏家譜』99-101、151-152 頁。

55 瀬川昌久「中国人の族譜と歴史意識」『東洋文化』第 76 号、1996 年。牧野巽『牧野巽著作集 第 1 巻 中国家族研究（上）』御茶の水書房、1979 年、20 頁。

56 瀬川前掲「中国人の族譜と歴史意識」。牧野巽『牧野巽著作集——第 2 巻 中国家族研究（下）』御茶の水書房、1979 年。M・フリードマン著、田村克己・瀬川昌久訳『中国の宗族と社会』弘文館、1987 年。

57 この 3 人は一族の中で比較的に高学歴である。七世の蒼久勘（C の長男の子）は農学者として農作物の研究や普及に励み、「五一大豆」の開発者でもある。七世の蒼久武（H の長男の次男）は政治運動の影響により苦難の人生を過ごしたが、1978 年頃から教師となり、その後副校長や教育委員会書記なども務めた。六世の蒼恵馨（L の次男）は教員を経て、綏化市政協委員や北林区政協常任委員、綏化市僑連副主席などを歴任した。

58 専門家の名前として、大連市政協文史学習委員会の傅敏が挙げられている。また、実証性を追求するために、族人 2 人以上の証言がない限り、家譜の内容に入れなかったという。『蒼氏家譜』157-160 頁。

59 「蒼久顕氏インタビュー記録」2012 年 3 月 12 日、未定稿。

60 以下の土地改革部分については、『蒼氏家譜』111-114 頁、および各族人の経歴を参考にしている。

61 「宝倫書屋」については、『蒼氏家譜』151-156 頁を参照。

62 土地の買戻しについては、「宝倫書屋」の定礎にも「宅基地為蒼家老宅西北角、先後三次買回人民銀行及東隣民居両所計 2071 平米分建宝倫書屋・看護室・学綸亭・胡仙同・囲壁・大門花壁・旗台・緑化・装璜等投資人民幣約百万元」と記載されている。

63 家譜によると、蒼開治は①両親への感謝、②先祖代々に対する追想、③一族が再び偉業を成し遂げられるようにという期待、④郷里の人々や後世にも恩恵を与えられる書斎の建設、が出資に至った背景という。

64 満洲の胡仙については、赤松智城・秋葉隆『満蒙の民族と宗教』（大阪屋号書店、1941 年）や、内田智雄『中国農村の家族と信仰』（弘文堂、1948 年）、瀧澤俊亮『満洲の街村信仰』（満洲事情案内所、1940 年）が詳しい。また、満洲の民間信仰について、深尾葉子と安冨歩は村落を基盤とする廟と廟会は希薄であった一方、自家用の小廟が多数存在していたと指摘している。深尾葉子・安冨歩「第 7 章 廟に集まる神と人」（安冨・深尾前掲『満洲の成立』）。

65 胡仙をめぐる内容は、『蒼氏家譜』58-60 頁を参照。

66 胡仙と族譜や家族史との関係については、劉正愛（「第 9 章 民間信仰、族譜、歴史認識」『民族生成の歴史人類学——満洲・旗人・満族』風響社、2006 年）が大変示唆

に富む。今後より多くの族譜を用いて、さらに検証する余地が残されている。

67　著者は台湾で生活している蒼氏一族に何度かインタビューを試みたが、承諾を得ることができなかった。また、蒼久顕もその後の台湾との関係や宗族活動についてあまり積極的に語らなかった。このような蒼家の事例は満洲に特徴的なものなのか、また満洲の宗族活動と地域社会の特徴にはどのような関係があるのかなどについては今後さらに検討したい。

補　論

1945 年以降の農村社会
土地改革の影響と互助合作の展開

土地改革で分配された馬を連れて帰る農民
出典：晋察冀文芸研究会編『東北解放戦争』瀋陽、遼寧美術出版社、1992 年（梅村卓氏より情報および写真提供）。

はじめに

　日本敗戦と満洲国の崩壊に伴い、満洲は中国共産党（以下、共産党）と中国国民党（以下、国民党）の双方にとって相手と対抗する上で極めて重要な地域となった。1946 年に国共内戦が本格化すると、満洲が主戦場となった[1]。当初は国民党が圧倒的に優位に展開したが、1947 年に共産党による「夏季攻勢」（1947 年 5 月–6 月）、「秋季攻勢」（1947 年 9 月–11 月）、「冬季攻勢」（1947 年 12 月–1948 年 3 月）で戦況が一気に逆転し、1948 年 9 月–11 月の遼瀋戦役における瀋陽陥落をもって、国民党軍の満洲での敗退が決定的となった。共産党軍が形勢逆転できた背景には、ソ連の協力や大衆動員の成果があったと思われる[2]。特に満洲農村での大衆動員は、共産党にとって兵員と食糧を確保するための重要な手段として、早期から比重を置いて進められた[3]。

　近年、満洲の大衆動員に関して、多くの研究成果が積み上げられている。そこでは、共産党がどのように大衆を動員し、基層社会をいかに組織・統合したのか、基層民衆と共産党との関係がいかなるものであったのかなどについて、満洲国期の社会や政治支配のあり方を意識しながら詳細に検討されている[4]。

　角崎信也は土地改革や互助合作運動と農業生産・農村社会との関係に注目し、多くの論考を残している。一例を挙げると角崎は、北満洲の農耕に必要不可欠な役畜と農具は満洲国期には大経営農家に集中していたが、土地改革でそれらが分散したことにより生産効率が著しく減退したことを明らかにした[5]。また、北満洲における互助・合作化が早期に浸透し、定着したのは、自然的条件、高崗のイニシアティブ、工業化の加速という三つの要素が互いに有機的に結びつきつつ作用した結果であったという[6]。角崎のこうした研究により、満洲における大農経営の合理性や、農業経営面における土地改革の非合理性、共産党の大衆動員と地域の内的要因がより浮き彫りになったといえよう[7]。

214

本章では、以上のような角崎の議論を踏まえながら、共産党によって実施された土地改革や、互助合作運動の推進に焦点をあて、その実施過程や、農業生産および農村社会にもたらした影響について検討する。具体的には、土地改革で浮上した農業生産上の諸問題に共産党がどのように対応したのか、また土地改革と同時に推進された互助合作運動がどのような形で展開され、いかなる役割を果たしたのかについても考察する。そして、検討する際には、第2章から第6章まで論じてきた労働手段や労働力との関係に焦点をあてる。

　分析にあたっては、各地で発行されていた地方新聞を中心に利用する。従来の研究においては、戦後内戦期における満洲を検討するために主に『東北日報』が使用されてきた。本章は、『東北日報』に加えて、個別地域に関する詳細な記事がより多く掲載されている各市・県レヴェルで発行されていた新聞（『安東日報』『牡丹江日報』『遼東日報』など）を用いる。また、檔案が重要な史料群であるが、近年の規制や管理の強化によりその閲覧が困難になっている。そのため、本章では既刊の檔案集や関連史料集を利用する。これらには、共産党からの様々な指示や政策の展開過程、およびその過程で発生した諸問題などが記されており、土地改革や互助合作運動について政策実施側の視点からうかがうことができる。

　以下、第1節では、満洲で実施された土地改革の状況を分析し、その過程や共産党の意図を明らかにする。第2節では、土地改革によって浮上した諸問題、特に農業生産に関わる役畜や労働力の問題に着目し、その実態と対応方法について考察する。第3節では、農村で推進されていた互助合作運動が果たした役割や問題点について検討する。

　最後に予め断っておきたい点がある。本章は、社会経済史の視点から満洲の労働力や農家経営について分析した第2章–第6章とは性質がやや異なる。それは、第2章–第6章では満洲国期に実施された緻密な農村調査の報告書を利用できたのに対して、本章はバイアスがかかっている地方新聞や檔案などを利用せざるをえないからである。それでも、1945年以降の変容をみることは、本書の主題である近代期の農村社会を知る上で重要であるため、あ

補　論　1945年以降の農村社会

えて本章を補論として追加した。1945年以降における農村社会の変容については、本章を土台に今後さらに考察を深めたい[8]。

1 土地改革の展開

「関於土地問題的指示」前後における運動の展開

　共産党による土地改革は1930年代の江西ソビエト期から断続的に行われていたが、第二次世界大戦後に実施した土地改革は、大きく「関於土地問題的指示」（以下、「五・四指示」）期（1946年5月-）、「中国土地法大綱」期（1947年10月-）、「中華人民共和国土地改革法」期（1950年6月-）の三つの時期に大別でき、時期ごとにその方針や対象とした地域が異なっていた。一つ目と二つ目の時期は、主に満洲や華北地方、そのほかの一部地域を対象に実施されたものである。それに対して、三つ目の時期は1950年から1951年にかけて国共内戦後に新たに獲得した支配地で実施されたものである[9]。

　表補-1は満洲における土地改革の展開を簡単に整理したものである。土地改革の展開は、国共内戦の戦況や、支配状況、支配時期によって大きく異なっており、一概に論じることはできない。たとえば、共産党が安定して支配していた北満洲の土地改革は、早期から開始されていたが、実験的な一面も強く、紆余曲折を経ながら展開していた。一方、内戦の激戦区となった地域の土地改革は、遅れて開始されたが、前者の経験が活かされたこともあり、異なる様相を呈していた。ここでは、共産党の指示やそれに伴って展開された運動に即して簡単に整理する。

　第二次世界大戦終了直後、共産党は一足早く満洲に進軍し、これまでの旧根拠地での経験を活かしながら、新たに支配の及ぶ「新解放区」で「減租減息」を始めた[10]。農村では、地主の批判集会が開かれ、超過分の小作料を地主から小作農に払い戻させたり、小作農の権益を守るための様々な規定が決定されたり、運動に積極的に参加する「積極分子」を発見するような取り組みが行われた[11]。

表補 - 1 満洲における国共内戦と土地改革の展開

満洲における国共内戦	土地改革の展開		
	中国共産党中央委員会の指示	東北局の指示	主要な運動
ソ連支配期 1945 年 8 月-1946 年 3 月			「減租減息」運動
国民党軍攻勢期 1946 年 4 月-1947 年 4 月	1946 年 5 月 4 日「関於土地問題的指示」	「関於処理日偽土地的指示」(1946 年 3 月 20 日)	日本人および「傀儡」・「大漢奸」の所有地を分配
		1946 年 7 月 7 日「東北的形勢和任務」	「清算分地」運動 (1946 年 7 月-11 月)
			「半生半熟」運動 (1946 年 11 月-1947 年 6 月)
共産党軍攻勢期 1947 年 5 月-1948 年 11 月	1947 年 10 月 10 日「中国土地法大綱」		「砍大樹、挖財宝」運動 (1947 年 6 月-12 月)
		1947 年 12 月「東北解放区実行土地法大綱補充辦法」「中国共産党東北中央局告農民書」	「土地均分」運動 (1947 年 12 月-1948 年 2 月)

　次に、東北局は土地不足問題を解決するために、「関於処理日偽土地的指示」を出し、日本人および「傀儡」・「漢奸」の所有地分配に着手した[12]。彼らの土地を分配することは、階級闘争や統一戦線のような難題に触れることなく、外敵やその手先に対する懲罰という説明のみで可能であったため、容易な決断であった。実施においてもほとんど問題が発生しておらず、多くの農民が土地分配の受益者となった。そして、分配された土地も肥沃なものが多かったため、受益者の満足度も高かったという[13]。

　1946 年 5 月 4 日、中国共産党中央委員会（以下、中共中央）は「五・四指示」を頒布し、日中戦争期にも行われていた地主からの土地の没収と分配という政策が公然化した[14]。「五・四指示」は、「減租」から土地改革への転換点とみなされ、その後の土地改革の原点でもあった。満洲における土地改革の本格的な開始は、東北局副書記の陳雲が起草した「東北的形勢和任務」

補　論　1945 年以降の農村社会

（以下、「七・七指示」）が 1946 年 7 月 7 日に東北局拡大会議で通過したこと
を画期とする [15]。以来、前後して約 1.2 万人の新旧幹部が満洲の農村に入り、
数人からなる「工作隊」を組織し、運動を推進し始めた [16]。実際、「七・七
指示」が出される前から既に一部の地域で関連の運動が展開されていたが、
「七・七指示」以降これらがさらに大規模化していったのである。

　この時期の主な運動には、「清算分地」運動 [17]、「煮生飯」（生煮え飯を煮
る）運動 [18]、「砍大樹、挖財宝」（大樹を切り倒し、財宝を掘り出す）運動 [19] が
含まれていた。これらの運動は、一度で完結するのではなく、繰り返して行
われていた。そして、「五・四指示」が発表された段階にみられた地主や富
農に対する寛容な配慮は、国共内戦の激化によりほとんど実現されなかった。
多くの農民が一連の運動を通して生活に必要な物資を得ることができたが、
それらは一時的なものにすぎなかった。

「中国土地法大綱」発表以降における運動の展開

　中共中央は、1947 年 10 月 10 日に「中国土地法大綱」を公布した。それ
を受け、東北局は 1947 年 12 月 1 日に「東北解放区実行土地法大綱補充辦
法」[20] および「中国共産党東北中央局告農民書」（「東北農民に告ぐる書」）[21] を
発表し、共産党の方針をより具体的に示した。この一連の指示が発表された
ことで、土地改革は法的根拠を得ることになり、揺るぎないものになった。
「土地均分」運動（以下、均分運動）は、上述の様々な運動と連動しながらさ
らに拡大していったのである。

　1948 年 3 月 28 日、東北局は「東北局関於平分土地運動的基本総結」を発
表し、「東北解放区のほとんどの地域において確かに土地改革の根本的な問
題を解決」し、「経済面においても政治面においても封建制度を徹底的に消
滅した」と総括した。また、均分運動を通して、松江省、龍江省、合江省、
嫩江省の 4 省では土地約 5,000 数万畝、牛馬約 40 万 8,000 頭、金約 1 万
9,500 両、銀約 4 万 7,300 斤、衣服約 520 数万着が農民に分配され、農民は
「独立して農業生産を行うための生産手段、すなわち土地や役畜、およびそ
のほかの農具や家屋、食糧、衣服などを得る」ことができたという [22]。当

該総括の後も一部の地域で土地改革が展開されていたが、一般的にこの総括をもって満洲の土地改革は完了したと認識されている[23]。

分配の結果

　均分運動を通して農民の土地、役畜、農具などの所有状況はどのように変化したのだろうか。これに関する統計的なデータは存在しないため、その全貌を把握することは困難である。また、各村落の状況や運動の展開過程によっても異なっていたため、一概にいえない側面もある。ここではいくつかの事例からみてみる。

　まず土地についてである。共産党の統治が比較的安定していた北満洲の「老解放区」では、平均して１人あたり0.8晌前後の土地が分配された[24]。一方、国共内戦で土地改革が遅れて本格化した南満洲の「新解放区」をみてみると、だいたい3-5畝（約0.3-0.5晌）の土地が分配された[25]。このような両地域における差異は、第２章でも言及したような村落規模や土地開墾面積、人口密度などによって生じたものであろう[26]。

　次は役畜および農具についてである。役畜の中でも重要であったのが生産性の高い馬や牛であり、農具の中でも重要であったのが大車や犁であった。宋慶齢が満洲を視察旅行した際に、呼蘭県永貴村を訪問し、当該村落における土地改革前後の状況について記している（表補－2）。地方新聞や檔案などと史料的性質は少々異なるが、分配の状況を知る上で興味深い資料である。宋慶齢によると、永貴村は土地、家屋、馬、大車のほとんどが均分され、特に土地の均分が顕著であり、１人あたり約0.66晌が分配されていた。ここで注目すべきは馬や大車の均分である。馬は満洲の農業において重要な役割を果たしていた。特に鋤起こしや穀物の運搬などにおいて数頭が必要であった。また、大車は穀物運搬に必要不可欠な農具であった。しかし、土地改革による均分後、１戸が１頭を確保することが困難になり、数戸が１頭を共同所有する形となった。また、大車についても同様で、１台を所有できた農家はほとんどなかったと考えられる。

　以上のように、土地改革によって従来の農村階層構成が大きく変化した。

表補 - 2　呼蘭県永貴村における土地改革前後の所有状況

階級	1人あたり土地（晌）		1人あたり家屋（間）		1人あたり馬（頭）		1人あたり大車（台）	
	土地改革前	土地改革後	土地改革前	土地改革後	土地改革前	土地改革後	土地改革前	土地改革後
雇農	—	0.66	—	0.33	—	0.16	—	0.04
貧農	—	0.66	0.12	0.31	0.08	0.13	0.01	0.02
中農	0.55	0.67	0.24	0.38	0.35	0.18	0.05	0.05
富農	2.41	0.66	0.70	0.22	0.42	0.11	0.06	—
地主	3.30	0.66	1.62	0.15	0.70	0.06	0.06	—

※家屋および馬、大車の単位は、著者が推測してつけたものである。
出典：宋慶齢『為新中国奮闘』北京、人民出版社、1952年、246頁。

また、土地や農具、役畜が各階層に均分されたことで、必然的にそれまでの農業経営のあり方にも影響を及ぼした。この点については土地改革後の黒龍江省委員会の「均分運動後、農村の生産関係は改変され、土地、畜力および労働力は広く分散した。また東北における農業耕作においては集団的生産を行う必要性が比較的強かったため、均分運動は農業生産に新たな問題をもたらした」という報告内容からも読み取れる[27]。共産党はどのようにこれらの農業生産上の問題を克服しようとしたのだろうか。次節では役畜と労働力の問題を中心に述べていく。

2　土地改革に伴う農業生産の諸問題

役畜不足

　本書の中で繰り返し指摘したように、満洲の農業においては馬や牛が極めて重要な労働力であった。作物や土壌、役畜の効率によって細部は異なるが、15-20晌を耕作するために少なくとも役畜3頭が必要とされていた[28]。役畜が分配されたことで、地域によっては一家一頭を確保することさえ難しかった。また、満洲で土地改革を実際に見聞した野間清が「遅れた農民の中には、国民党軍がもう一度やって来ないだろうかと心配し、地主の反動的な行動や

流言に迷わされて、農具や役畜なども、かくしたがって使用しなかったり、中には分配された牛や馬を殺して食べてしまう」と回想しているように、役畜の屠殺問題も深刻化していった[29]。

役畜不足という問題に対して、共産党はまず役畜の保護にとりかかった。1947年1月2日、東北行政委員会は「東北行政委員会為開展生産運動、解決畜力困難、保護耕畜的通令」を発布し、「生産運動の展開、役畜不足の解決、役畜の保護を実施するため」に、「1、役畜（騾、馬、牛、驢）の屠殺を禁止する。耕作できない役畜（高齢あるいは不具）については、区以上の政府機関の許可があれば、屠殺しても良い」、「2、役畜を境外に連れ出すことを禁止する。無許可で役畜を解放区から国民党支配地区に連れ込むことが発覚すれば、県以上の政府機関に送付し、その役畜を没収する。解放区内であれば、役畜の移動や売買は自由である」という2点を規定した[30]。

1948年10月に中共中央東北局が発表した「関於今年農業生産的総結与明年農業生産任務的決議」において、農業生産力を向上させるための課題として、第一に挙げたのが「役畜の保護と繁殖」である。つまり、「役畜は東北の農業生産において極めて重要である。しかし、近年役畜の死亡が甚だしく、たとえば嫩江省では役畜40万頭のうち4万頭が死亡」した状況にあるという。この問題を解決するために、「1、役畜の所有権は分配された本人が有する。役畜が分配されていない人にも分配すべきである。また他人の役畜を使用する場合は一定の報酬を支払うべきである」、「2、各地の状況に応じて大衆を動員して牛舎や馬小屋を建てる」、「3、獣医の育成や役畜保護組織の設立、省防疫所の設立および予防注射を推進する」、「4、役畜の飼料を十分に用意し、役畜の餓死を予防する」という4つの具体的な方法が提示された[31]。

役畜不足問題を解決するために、共産党が次に注目したのが役畜の繁殖である。松江省は「松江省1948年度経済建設計画（草案）」の中で「馬および牛の5％、合計8,850頭の繁殖」を目標として設定した上で、状況に相応する増殖頭数を任務として各県に割り当てた（双城県1,000頭、尚志県700頭、巴彦県500頭など）[32]。

補　論　1945年以降の農村社会

労働力不足

次は労働力についてみてみる。本書で確認できたように、満洲の農法は粗放的であり、大量の労働力を投下する必要があった。なかでも農繁期にあたる除草期（5月下旬–7月下旬）は雨期とも重なるため、作業が短期間に集中し、大豆1晌あたりで約5人、小麦1晌あたりで約3人、高粱1晌あたりで約5人を必要とした[33]。農業生産に大量の労働力が必要であったにもかかわらず、農村では深刻な労働力不足に陥っていた。その背景には国共内戦における共産党の徴兵があった。東北行政委員会が1948年2月25日に発表した春耕に対する指示では、「大量の青壮年が入隊したため、農村労働力が日に日に減少している」とした上で、食糧増産を達成するためには「今年の春耕では、必ず雇農を中心に、農村の老若男女をすべて動員して大規模な生産運動を展開しなければならない」と指摘した[34]。

以下では、「労働模範」（模範労働者）の選出と女性労働力の動員という2点から、共産党がいかに農業労働力不足を解決しようとしたのかについてみてみる。

① 「労働模範」の選出

労働力不足を解決するための方法として、労働模範の選出が期待された。これは、労働者の中から模範となる者を選出・奨励することによって、「積極分子」を育成し、ほかの農民の労働意識や生産意欲を高め、農業生産の向上を目指すという意図があった[35]。

ここでは、どのような人物が労働模範に選出されたのかについてみてみる。東北行政委員会が公布した農業生産奨励令の中でその条件が記されている[36]。

1、積極的に農業生産に従事し、個人あるいは農家の耕作する面積や収穫量が、当該地域における一般的な耕作面積や収穫量の超過（30%以上）に貢献した者。

2、農業生産の互助運動において、其の積極的な労働あるいは指導力により、互助組織あるいは村落に20%の増産をもたらした者。

3、上述の増産規定以外で、法令を遵守し、かつ其の負担すべき戦争の
業務や義務労働を積極的に達成した者。

　これらのうち、条件1と条件3、もしくは条件2と条件3を達成した個人
や団体（家族や互助組織、村落など）には、労働模範（もしくは労働模範家庭、
労働模範小組）という称号と賞状・賞品（食糧あるいは賞金）が与えられた。
特に優れた業績を挙げた個人あるいは団体には、「労働英雄」という称号に
加えて、賞状や賞品が贈呈された。選定基準のいずれにも条件3（戦争支援
に対する貢献）が必要であったことから、これは一種の戦争動員であったと
も位置づけられよう。

　ここでは、さらにいくつかの具体例からみてみる。牡丹江市謝家区の各村
から94人の農民が労働模範として選出された。そのうち、八達溝村の孟憲
栄と卡路村の王国士は「一等労働模範」となった。孟は、積極的に互助組の
生産に取り組んだことや、荒廃地を開墾したこと、軍人家族の農業生産を援
助したことが評価された。一方の王は、分配された土地に加えて、新たに2
晌分の荒廃地を開墾し、さらに大車35台分の畜糞（肥料）を拾ったという。
選出された模範労働者には、食糧や農具が賞品として贈られた[37]。また、
同省綏陽県綏芬河区から選ばれた張富貴と張徳詳は、自家の農業生産や荒廃
地の開墾に加え、軍人家族の耕作を手助けした点が選出された根拠であった
という[38]。

　上述のような労働模範の選出・奨励運動の成果については、1948年7月
に発表された「黒龍江省農業生産総結」の中で言及されている。そこでは、
①農業生産運動の中枢を担える人物を発見できたこと、②宣伝および動員の
面において重要な役割を果たせたこと、③農業生産の推進につながったこと、
が成果として挙げられ、今後も農業生産を推進する上での重要な政策である
と位置づけられた[39]。当時、実際に農村で基層幹部として農業生産運動に
携わっていた章雲龍は「農民たちを動員して、農民間で生産を競争させ、さ
らに模範労働者（模範幹部も含む）を選出することは、私たちが当時、農業
大生産運動を指導し、また各種運動を推進するための最も重要な手段」であ

り、「幹部や大衆が生産や運動の中で互いに競争し、互いに学習し合うという方法には明らかな効果」があったと回想していた[40]。

以上の労働模範の選出条件といくつかの具体例から、戦争の後方支援が重要な選考基準であったことがわかる。国共内戦が繰り拡げられている中、軍人家族は労働力不足に陥り、農耕に多くの問題を抱えていた。共産党は、入隊希望者の減少を防止するために、各政策や宣伝において軍人家族に対する優遇を強調していた。それは労働模範の選出・奨励に限らず、次のような女性の動員や互助合作にもみられた。

②労働力としての女性

女性の動員について、国共内戦がまだ本格化していない段階では、①共産党が日本帝国主義から女性を「解放」したこと、②一方、国民党支配地区の女性がまだ「解放」されていないこと、③今後は女性の組織を設立する必要があること、などがしばしば強調されていた。それが、国共内戦の進展に伴う労働力不足が深刻化すると、女性は労働力不足を補う存在として、さらに銃後の役割として期待されるようになり、東北局の各指示の中でもその内容が言及されていた[41]。

女性労働力の重要性については、各省の報告からも読み取れる[42]。中共松江省委員会が1948年9月に発表した生産報告では、「解放区の建設や戦争支援により、農村で労働力不足が生じており、今後はさらに減少することも予想される。このような状況において、重視しなければならないのは女性の農業労働への動員である」ことが指摘された[43]。ほかにも、松江省委員会書記を務めていた張策は、農業生産力向上のためにはより多くの人を動員しなければならないが、「最も重要なのは、女性労働力の動員である」と述べていた[44]。

各地方新聞でも女性が労働に参加する様子や各村落の経験が紹介され、その効果が強調されていた。それらは、女性が男性とともに農耕を行ったり、婦女委員会や近隣同士で構成されていた女性組織で農作業に取り組んだり、女性が副業で家計を支えたりするなどのような内容が中心であった[45]。また、女性もたびたび労働模範に選出された。たとえば、安東省労働模範とし

て選ばれた何素珍は夫と義母の3人暮らしで、夫が病気を患っている関係で農業や家事、副業のほとんどが何によって行われていた[46]。何は、夫と分業して約20畝の土地を耕作し、ほかに鶏と豚の飼育や副業を通して家計を支えていた。また、「保衛臨江戦役」でほかの女性を率いて、兵士に食事を届けたり、傷病兵を県城まで送ったりして後方を支えていた。何は、通化県代表として安東省労働模範大会に参加し、安東省労働模範に選ばれた[47]。

上述の共産党の指示や女性労働に関する新聞記事、さらに労働模範として選出された何の例からわかるように、共産党が宣伝していた女性像は、男性と同等の農業生産力を有する女性、かつ副業でも家計に貢献できる女性、軍隊に入隊した夫の代わりに家庭を支える女性、銃後を支える女性であった。

しかし、共産党の宣伝とは反対に、女性の動員は必ずしも順調に進展していなかった。それを端的に示しているのは合江省の事例であろう。合江省委員会は1948年6月に中共婦女委員会の蔡暢宛に手紙を送り、合江省各地における女性動員の成果について紹介した上で、女性が農業生産に参加する際に発生した諸問題について下記の2点を指摘した[48]。

第一点は、女性の組織方法についてである。省内一部の地域では村落内の女性のみでグループを組織した。そして、婦女委員が彼女らを指揮し、農家からの申し出に応じてグループを派遣するという形をとっていた。しかし、女性労働力を必要とする農家がほとんどなく、女性を労働力として充分に活用できていない。

第二点は、労働のあり方についてである。一部の地域では、男性が行う重労働を女性に求める傾向があった。ところが、実際に重い鋤を利用して土を掘り起こせる女性はごくわずかであり、たとえできたとしてもその質や要領は決して良いものではなかった。過重労働の結果、すぐに体調を崩す女性もいた。また、一部の女性は労働模範になりたくて、軍人家族や労働力不足農家に無給で働きに行こうとするが、農家は自分の耕地を台無しにして欲しくないという思いがあり、あるいは女性たちの仕事ぶりに満足できないことを理由に女性を歓迎しなかった。断られた女性もまた自信を喪失し、農家に対して不満を抱いたという。

補　論　1945年以降の農村社会

女性の動員に関する問題は、黒龍江省でもみられた。黒龍江省委員会が1948 年 7 月に発表した生産報告の中で、女性の動員について、①女性の能力に適する仕事を与えるべきであり、過度な要求をしてはいけない、②女性を動員するためには、農村および女性の旧来の思想を変えなければいけない、③女性農業労働を農業生産全体の一部として取り組む必要がある、④女性の労働模範やリーダー、積極分子を選出すべきである、という 4 点を指示した [49]。これらの指示からは、黒龍江省でも上述の合江省と類似したような問題が発生していたと推測できよう。

　以上の女性動員に伴って浮上した諸問題からもわかるように、女性は満洲農業に特有な重労働に必ずしも適しておらず、加えて女性を受け入れるための観念や体制もまだ農村で整えられていなかった。実際、どれぐらいの女性が農業生産に動員されたかは不明であるが、黒龍江省委員会の報告によれば「春耕を開始してから、各県は女性を農業生産に動員した結果、農村労働力を増すことができた。16 歳以上の女性のうち、約 5% 以上が農業労働に参加した」という [50]。共産党は女性労働力の動員に期待していた成果を各地で挙げることができず、政策目標と実態の間には相当な乖離が生じていた。このような女性動員の問題は、土地改革期に限らず、その後の様々な場面においてもみられた [51]。

3　互助合作運動と農業生産

推進の背景

　共産党が、役畜や農具、労働力不足を解決するために、最も力を入れたのは、土地改革と同時に推進された互助合作運動である。互助合作は農家間で農具や役畜の融通をしたり、労働交換したりするものであり、共産党が江西ソビエト期から利用していた政策である [52]。

　東北局は、1946 年 3 月 27 日に「関於開展生産運動的指示」を発表し、農業生産を行う上で「現地の人々の習慣や需要に合わせて、労働互助運動を発

動させる必要がある…〔中略〕…『換工』『搭牛具』や様々な適当な形式な
どを取り入れ、労働力や役畜の協力・互助を組織しなければならない」と提
唱した[53]。興味深いことに、国共内戦や土地改革がまだ本格化していない
ため、労働力と役畜の不足は「日本帝国の略奪や破壊に」起因するものであ
るという。翌年も「互助が最も有効な方法であろう。もとからある『搭具』
『換工』の慣習をさらに発展させる。すべての農民を動員し、特に農地は多
いが役畜が少ない地域と、農地は少ないが役畜が多い地域の農民間の様々な
労働力および役畜の互助を組織しなければならない」ことを春耕前に指示し
ているが、その目的が「自衛戦争で勝利を獲得するために」へと変化し
た[54]。

　このように、共産党は互助合作の必要性を頻りに強調してきた。その背景
には、土地改革の均分化による影響と満洲の内的要因がある。均分化による
影響は中国の他地域も同じであるが、内的要因がその影響をより浮き彫りに
したという点に満洲の特徴がある。本書が明らかにしたように、歴史的な経
緯や自然環境、農法などの諸条件により、満洲、特に北満洲では大経営農家
が極めて有利に経営を展開していた。これは大経営農家が広大な土地のみな
らず、耕作に見合う豊富な役畜や農具、労働力を有していたからである。共
産党もまた、このような大農経営の合理性を認識していた[55]。

　大農経営の合理性は、農村現場にも広く浸透していた。たとえば、北安県
第6区の幹部53人が、互助方法を議論するに先立ち、大経営農家（「地主富
戸」）と小経営農家（「貧農」）の生産効率の違いについて比較し、22項目の
理由を挙げながら大経営農家の合理性を指摘した[56]。この22項目は大きく
三つに分類することができる。一つ目は、役畜と農具の使用についてである。
大経営農家は強健な役畜と頑丈な農具を多く所有しており、役畜の飼育にも
力を入れていた。また、役畜と農具を非常に合理的に組み合わせながら農作
業を行っていた。二つ目は、土地の利用についてである。大経営農家の耕地
は肥沃で、かつ集中しているのに対し、小経営農家の耕地は分散していた。
三つ目は、労働力の雇用、運用、管理についてである。これは最も多く挙げ
られている内容でもある。従来の大経営農家は、熟練労働者である「打頭

的」をリーダーとして、その指揮のもとで大量の「跟做的」が農耕し、さらに炊事や役畜の世話を担当する専門の労働者もいる、という労働分業制は実に効率が良いという。

満洲における労働分業制の有効性については、『東北日報』の社論「組織起来——換工挿具、合作互助」の中でも言及されている。同記事では、労働模範や「積極分子」、あるいは幹部や工作隊が、旧来の熟練労働者である「打頭的」の役割を担い、新たなリーダーとして農業生産や農業労働の全体を管理・分配する必要があると指摘した[57]。また、互助組を組織することは、「跟做的」を扶助することにもなるという[58]。なぜなら、旧来の労働者の大部分が「跟做的」であったが、彼らは「打頭的」の指示で単純労働を行っていただけで、農耕に必要な高度な専門技術を特に有していなかったからである。そのため、土地や農具を分配されたとしても、種まきや施肥の最良の時期はいつか、輪作をどのようにするのかなど、何から着手すれば良いのか判断できない人が多く、分配された土地を他人に売却してしまう人もいた。互助合作は彼らを助けられるばかりでなく、その能力を最大限に発揮することにもつながると考えられた。

互助合作の展開

満洲の農村における互助の形式は様々であったが、「挿犋」や「換工」が最も一般的である。以下では、それぞれがどのように展開されていたのかを概観する[59]。

「挿犋」（「搭具」ともいう）とは、数戸の農家が共同で役畜および農具を出し合い、それぞれの農家の農地を耕作する慣行のことである[60]。「挿犋」が最も導入されていたのは、特に役畜や農具を必要とする春耕の時期であった。満洲の春耕では、犂のほかに最低2、3頭の役畜が必要であった。土地改革によって、多くの農家は1頭さえ確保できず、2、3頭で耕作することはなおさら難しかった。そのため、各農家が所有する役畜と農具を出し合って、共同で耕作を行う必要があった[61]。

牡丹江市興隆区東村は約770晌の土地に対し、使用できる馬100頭、牛

23 頭、騾 5 頭、驢 26 頭がいた。春耕前に互助の方法について農会で討論を行った結果、47 の「挿具」組を組織し、各組（犁 1 個と馬 3 頭あるいは牛 2 頭）が約 16.4 晌の土地を耕作することが決定された[62]。鏡泊県東溝村には 144 戸の農家が生活し、178 人の労働力と 193 人の半労働力、104 頭の役畜によって 598.55 晌の土地が耕作されていた。工作隊の指導のもとで、同村落は 37 の「挿犋」組が組織され、例年よりも半月早く播種を完了し、さらに土地 40 晌分を多く耕作することができたという[63]。このような「挿犋」組の成果が各地方新聞で数多く紹介され、そこでは農民が例年以上の効率で作業を進められたという「成功体験」が強調されている[64]。

　「挿犋」組を組織するにあたって、どのように役畜と農具を組み合わせるべきかは常に議論されていた。前述した北安県第 6 区の事例をみると、馬何頭で互助組を結成すべきかについて様々な意見が交換された[65]。たとえば、馬 6 頭で互助組を結成した場合、播種時に大犁と組み合わせることで 1 日約 1 晌分の土地を耕作することができる。中耕になると、さらに二つのグループに分けることで、1 日約 4 晌分（各グループが 2 晌分）の作業ができるという。一方、馬 7 頭で組むべきという農民たちの見解としては、1 頭を増やすことでほかの雑業にも役畜を活用でき、さらに役畜が病気にかかった際に余った 1 頭を代替として利用できるという利点がある。また、これらの意見に加え、馬 8 頭や 9 頭、10 頭、11 頭、12 頭の場合の長所や欠点がそれぞれ述べられている。その結果、当該地区では馬 10 頭をもって一つの「生産小組」を作ることが決定された。その要因として、生産効率の良さや病弱な馬・牛もうまく活用できること、より多くの農家を動員できること、など計 7 つの理由が挙げられている。

　「挿犋」の組織方法がもっと具体的に紹介されたのは、寧安県四区木其屯の例である。当該村落も農業状況に合わせて、23 組の「挿犋」組を組織した。そのうち、陳常山一家（4 人家族）は労働力 1 人と牛 1 頭、陳徳才一家（4 人家族）は労働力 1 人と驢 1 頭、陳徳発一家（7 人家族）は労働力 1 人と牛 1 頭、于秉訓一家（3 人家族）は労働力 2 人をそれぞれ有していた。この 4 戸の農家が一つの「挿犋」組を組織し、計 11.5 晌（小麦 2.5 晌とそのほか 9

晌）の土地を耕作していた。なお、于秉訓一家は役畜を所有していなかった
ため、役畜の飼料を負担していた[66]。

　次は「換工」（「変工」ともいう）についてである。「換工」とは、人間労働
力を多く必要とする農繁期に近隣者同士が相互に自家の労働力を融通し、助
け合いながら作業を行う慣行のことである。除草期と収穫期は春耕期ほど役
畜を必要としなかったが、短期間で大量の労働力を必要としていたため、個
別農家で農作業を行うより、数戸で労働力を合わせて作業を実施した方がよ
り効率的であった。このような共同作業の方式は、土地改革以前の満洲に一
般的にみられた農繁期に大量の雇農を雇用して集中的に労働させるという、
大農経営方式と類似していたといえる。また、「換工」は労働力同士の交換
に限定されず、労働力と「挿犋」との交換のような「人畜換工」もみられた。
これは、役畜を所有していない農家が、労働力あるいは現金を使ってほかの
農家の役畜を利用させてもらうための方法でもある。以下ではいくつかの具
体的な例からみてみる。

　たとえば、牡丹江市謝家村は共同で中耕除草を行うために、11 の互助組
が結成された。その中で最も優れていたのは、林国臣のグループである。当
該グループは当初 10 数人で一斉に作業していたが、途中からさらに二つの
小組（6 家族と 7 家族）に分けた方がより効率が良いということに気づいた。
そして、それぞれの小組から「打頭的」を選び、彼らが作業を指示・管理・
記録していた[67]。

　八面通県純盛村は降雪や凍結による被害を防止するために、集団収穫を行
うことを決定し、102 戸のうち 80 数戸が「自発的」に参加した。具体的な
方法は、①村全体が一つの生産大隊として、さらに男女をそれぞれ五つの生
産小組に分けて、男性グループと女性グループがセットとなり、共同で収穫
を行う。②作業期間中の食事は各小組の状況に応じて決定する。③穀物運搬
で役畜を使用した際に、その利用分の労働を成員で分担し、役畜 2 頭を 1 日
利用した場合は 3 人分の労働力、4 頭を利用した場合は 4 人分の労働力とし
て換算する。④女性と子どもも仕事内容に応じて労働分に換算するという[68]。

　五林県奎山村でも収穫隊が組織された。通常ならば、同地域の収穫におい

ては、トウモロコシ 1 晌分につき 1 人分の労働力、大豆 1 晌分につき 3 人分の労働力、粟 1 晌分につき 5、6 人分の労働力が必要であった。そのため、1人でこの 3 晌分を収穫しようとすると 10 日前後を要し、天候の影響でもっとかかる可能性もある。しかし、5 人で集中的に作業を行えば、わずか 2 日で完成できるという利点がある。このような背景で、当該村落では 10 余りの収穫隊が組織され、例年より 1 週間から 10 日間早く収穫できたという。

　農作物の収穫は「公糧」(穀物で納める農業税) の徴収に直接結びつくため、共産党が互助合作の有効性とその成果の宣伝に特に力を入れていた。新聞記事の中でも、各互助組が軍人家族の農地を優先して収穫したことや[69]、良質な食糧をいち早く納められるように競い合っていることが強調されていた[70]。興味深いのは、公糧の納付は共産党の勝利のためではなく、入隊している家族のため、あるいは地元子弟のためであるという論理で宣伝している点である。すなわち、公糧を食べているのは他人ではなく、入隊している自分たちの子どもであるから、彼らのためにも迅速かつ良質な食糧を納付しなければならないというわけである[71]。

互助合作の普及

　それでは、互助合作は満洲でどの程度普及したのだろうか。1940 年代末の状況に関する統計資料がほとんど存在していないため、表補 - 3 は 1950-1956 年の全国主要地方における互助組と合作社に参加した農家の割合を示したものである。1940 年代末とは時期がやや異なるが、1950 年代初頭の展開を知ることは 1940 年代末の状況を理解する上でも有用であろう。そして、当該時期の中国における統計資料の信憑性についてもよく批判されるが、傾向や変化を把握する上で一定の価値があると考える。

　まず挙げられるのは、黒龍江省、吉林省、遼寧省の 3 省における互助合作の参加割合が高く、全国の中でも突出している点である。特に 1954 年頃まで、この 3 省は常に上位を占めていた。さらに具体的にみてみると、北満洲に位置する黒龍江省の割合の高さが際立っている。1950 年の段階で既に約 75% の農家が互助合作に参加しており、1952 年以降は 80% を超えていた。

表補 - 3　1950-1956 年主要地方における互助合作の参加率

	1950 年	1951 年	1952 年	1953 年	1954 年	1955 年	1956 年
全国	10.91	17.54	39.90	39.47	60.32	64.86	91.70
黒龍江	75.28	72.42	83.87	88.08	90.56	91.14	98.80
吉林	57.75	69.30	78.34	79.93	85.87	81.92	97.60
遼寧	42.41	49.67	60.69	65.24	73.12	68.80	98.80
内蒙古	8.41	26.78	48.65	49.99	59.74	65.62	91.70
河北	27.60	41.82	41.99	42.04	57.04	57.95	99.40
山東	31.79	34.97	54.24	48.68	67.90	67.32	93.30
山西	30.00	36.02	40.43	52.24	61.64	73.58	99.40
江蘇	—	6.96	43.55	36.66	52.61	60.88	96.40
安徽	1.68	7.81	51.62	48.37	60.08	66.58	95.90
浙江	—	3.77	39.40	48.51	56.05	58.50	96.10
福建	—	11.23	47.03	51.10	62.31	70.48	88.90
上海	—	—	37.05	29.35	54.62	65.47	94.50
河南	10.88	34.50	29.97	41.87	58.31	60.32	99.00
湖北	4.05	15.07	26.70	30.48	63.54	64.99	88.70
湖南	—	0.09	12.25	22.16	55.60	63.82	80.00
江西	—	12.66	18.49	24.60	51.80	66.90	94.60
広東	—	—	13.29	17.30	44.42	50.97	91.80
広西	—	—	27.44	19.57	55.68	60.24	98.60
陝西	9.17	17.99	49.87	45.24	57.77	66.35	91.80
甘粛	6.94	22.74	51.30	44.47	55.25	67.23	92.50
青海	—	22.81	27.80	35.23	47.06	52.08	95.10
新疆	13.23	22.34	34.97	27.60	40.42	58.25	91.90
四川	—	—	44.09	34.34	69.82	71.96	76.70
雲南	—	—	23.43	39.01	66.06	66.44	80.40
貴州	—	—	50.00	42.71	67.35	71.84	93.60

※単位は％である。1951 年より初級合作社が漸次組織され、1952 年以降本格的に増加していった。
出典：黄道霞・余展・王西玉主編『建国以来農業合作化史料彙編』北京、中共党史出版社、1992 年、1355-
1381 頁より作成。

一方、南満洲に位置する遼寧省は、互助組に参加する農家の割合が相対的に
低かった。1950 年は約 42％、1951 年にようやく 50％前後に達していたこ
とがわかる。両地域にこのような差異がみられたのは、以下の二つの背景が
あったからと考えられる。

一つ目は、共産党政権の浸透時期による差異である。共産党は 1945 年以降、北満洲を比較的安定して掌握しており、早期から多くの幹部を送り込み、政策や宣伝を展開していた。加えて、北満洲は旧支配層の権力が強力であったため、共産党の諸政策が農民により受容されやすい環境にあった。一方、南満洲は国共内戦の主戦場となっていたため、土地改革はようやく 1948 年から本格的に始動した。そのため、「新解放区」としての南満洲は、北満洲と比較して政策のタイムラグが生じ、大規模な動員や政策の浸透にも一定の時間を要していたと考えられる。

　二つ目は、農業生産における必要性による差異である。中華人民共和国建国前後における両者の差異は政策浸透の過程や国共内戦による影響で生じたものであると推測できるが、1955 年に至っても両者の間に大きな差が存在し続けていた点に対しては説明がつかない。そこで考えられるのは、黒龍江省と遼寧省における内在的需要がもたらす差異である。大農経営が合理的であった北満洲は、土地改革に伴う均分からの影響が大きく、農業生産のためにより互助合作を必要としていた。これに対して、南満洲は土地改革前から零細化が進んでおり、また農法や自然環境などについても北満洲との違いがみられた。それゆえ、遼寧省はほかの地域と比較して農家の参加率が高かったが、より需要性が高い黒龍江省と吉林省ほど互助組を必要としていなかった。

互助合作の諸問題

　最後に、初期における互助合作の諸問題について触れておきたい。

　共産党にとっては互助合作の安定化が重要な課題であったが、容易ではなかった。春耕期に様々な互助組は組織されたが、春耕を終えると相次いで解散するという事態が頻発していた。たとえば、1948 年の黒龍江省では、夏季になると約 3 分の 1 の互助組織は機能不全に陥り、特に拝泉県の 69%、肇東県 3 区の 60%、綏化県宝山区の 80% の互助組織が停止もしくは解散したという [72]。解散するに至った理由はいくつかあるが、以下の 2 点が重要であったと考えられる。

一つ目は幹部の強制的な組織作りや干渉による影響である。互助組を組織する際に最も重視されていたのは、「自願両利」（自発かつ相互に利益があること）であった。「自願」（自発）とは、農民が自らの意思で参加することである。東北局や各省委員会は指示や生産計画の中でたびたび「自願」というキーワードを用いて、農民たちの「自主性」を強調していた。しかし、互助合作を組織する過程で、一部の幹部が「形式主義」や「成果主義」にとらわれたため、組織すること自体が自己目的化するという問題が起こっていた。たとえば、1949年における綏中県の約31%、錦州市の約41%、新民県の約11.5%の互助組は強制的に組織されたものである[73]。このうち、綏中県の一部の農民は雇用されるために工夫市（第4章）に出向いたが、それを知った幹部は工夫市が互助組の組織の妨げになると判断し、工夫市の閉鎖を命令したというようなこともあった[74]。

　そして、「自願」についてもう一つ注意しなければならないのは、そこに強制性も内包されていたという点である。共産党が指摘する「自願」は、あくまでも農民が公糧を納付するということが前提となっている。役畜や農具を充分に所有していない農家は、農業生産のために、そして共産党から課された納付目標を達成するために、互助組に参加してほかの農家の労働手段や労働力に頼らざるをえない状況にあった。

　二つ目は「両利」の問題である。「両利」とは、参加者全員が平等かつ相互に利益を享受できることである。たとえば、食事を誰の家でとるか、誰の家から作業を始めるか、役畜の飼料をどのように負担するか、労働時間や作業量をどのように記録するのか（「記工」）、他人の労働力や役畜を借りた場合にどのように返すのか（「還工」）、女性労働力や子どもの労働をどう計算するかなど、互助組が共同作業する過程でいかに「両利」を保つかが常に問われていた。東北局や各省委員会は互助組に関する方針や指示を多く発表しているものの、平等や相互利益という大方針を繰り返して強調するのみで、農民の需要に即した具体的な指針や解決策を見出せないまま、多くの互助組が解散するに至った。

　以上のように、共産党にとって農村から食糧を確実に確保するためには、

互助合作の安定化、さらに互助合作を通しての動員が不可欠であった。しかし、互助組の組織と解散が繰り返され、必ずしも共産党の思惑通りには展開されていなかった。その背景には、上述の2点の理由のほかに、従来の慣行との違いも指摘できる。第5章でも明らかにしたように、満洲においても「挿犋」や「換工」のような慣行が存在し、特に零細化が進んでいた南満洲ではより一般的であった。「挿犋」は、役畜や農具を所有する農家とそれらを所有していない農家間が時期や需給関係に応じて行うもので、現金・現物や労働力が報酬として支払われていた。借主である小経営農家にとっては、役畜や農具を完備するよりも、むしろほかの農家に依存した方がより効率的であり、わずかな土地や労働手段、労働力を農家経営に活かすための重要な手段であった。他方、貸主にとっても一定の収入が得られる、あるいは労働力を必要とする時期に農作業に協力してもらえるという利点があった。これらの慣行は多くが同族や親戚、仲の良い近隣同士2、3戸で行われていたことからもわかるように、人間関係が重要な選定基準であった。もっといえば、たとえ借主と貸主間で報酬をめぐって多少の「不公平さ」がみられたとしても、農民にとって人間関係に問題がなければ許容できた。逆にいえば、人間関係が悪ければ、継続して共同作業することが難しかった[75]。農民は常に人間関係や利益を総合して、彼らなりの基準で「公平」・「両利」であるかを判断していたのである。

　しかし、この時期のおける互助合作は2、3戸から10数戸まで、「換工」に至っては村全体で一つの組織としてみなす事例も多くみられた。また、組織する際には、それまで重要視されてきた人間関係ではなく、役畜・農具の有無や、農法という客観的な生産条件のみで判断されることが多かった。このような状況で組織された互助組は、共産党がどれだけ平等性や「両利」を強調したとしても、農民から共感を得ることが難しく、短期間で解散していたのである。

補　論　1945年以降の農村社会　　235

おわりに

　土地改革は様々な課題を抱えながらも満洲で比較的順調に行われていた。
それは、旧支配層の権力が強力であったことに加え、大量の雇農が存在した
ため、土地改革の「果実」を農民に分配しやすかったからである。しかし、
土地改革による土地や役畜、農具の均分は、農業生産の面から考えれば必ず
しも合理的ではなかった。大農経営がより適合していた満洲においては、そ
れらが分散されたことで、多くの農業経営の問題が浮上した。満洲における
農業生産力の回復や、食糧生産の安定化、増産を図るためにも、共産党はこ
れらの問題を早急に解決しなければならなかった。

　共産党は土地改革と同時に、役畜の屠殺撲滅や防疫、繁殖などを通して役
畜不足問題にとりかかったり、女性労働力の動員などを利用して不足する労
働力を補塡しようとしたり、互助組を組織し農作業の共同化や大経営化を行
ったり、労働模範や模範互助組、模範婦女などを推奨し選定することで農民
の競争心を高めたりして様々な問題を解決しようとした。

　「挿犋」や「換工」などの互助合作は以前から存在しており、特に零細化
が進展した南満洲においてより重要な役割を果たしていた。一方、北満洲は
満洲国末期まで依然として大経営農家と膨大な土地無所有者層とに二極化し
た構造であった。大経営農家は役畜や農具を集中的に投下し、また労働力に
ついてももっぱら雇農に依存したため、「挿犋」や「換工」を必要としてい
たのは一部の小経営農家のみであった。ところが、土地改革によってこの状
況は一転し、土地や役畜、農具が均分化されたことで、むしろ北満洲が互助
をより必要とするようになった。黒龍江省における互助の参加割合が高いの
は、単に共産党の政策推進の成果として捉えきれず、農家が「挿犋」や「換
工」などの様々な互助合作を通して、農作業の共同化や大経営化を進めてい
かなければならなかったからである。土地改革で浮上した問題を解決するた
めに取り組まれた互助合作は、結果的に北満洲の大農経営がより合理的であ

るという内的要因や農業生産の特徴と合致していたのである。

　共産党によれば、1949 年の農業生産量が満洲国末期の 94% にまで回復できたのは[76]、互助組が重要な役割を果たしたからだという[77]。また、こうした互助組は「無頼漢」や「地主」・「富農」を改造し労働に動員できたことや、女性を動員できたことも成果として強調されていた。一方、いかに「自願両利」のもとで互助組を持続させるかは初期の互助合作運動の課題として存在し続けていた。それらの問題が後の合作社や人民公社でどのように解決したのか、あるいは未解決のままであったのか、また農業集団化期の生産にみられた満洲の特徴についてはさらに検討する必要がある。

1　満洲における国共内戦の展開については、松本俊郎『「満洲国」から新中国へ——鞍山製鉄業からみた中国東北の再編過程 1940-1954』（名古屋大学出版会、2000 年）が詳しく整理している。ほかにも、西村成雄「第 5 章 東北基層政権の形成と土地改革——植民地社会構造からの脱却」（『中国近代東北地域史研究』法律文化社、1984 年）や、張憲文・張玉法主編、林桶法・田玄・陳英傑・李君山著『中華民国専題史——第 16 巻 国共内戦』（南京、南京大学出版社、2015 年）、が詳しい。

2　ソ連による協力については、阿南友亮「米・台の機密文書からみる中国内戦へのソ連の軍事介入——四平街会戦の前後を中心として」（『東洋史研究』第 82 巻第 1 号、2023 年）や、丸山鋼二「戦後満洲における中共軍の武器調達——ソ連軍の『暗黙の協力』をめぐって」（江夏由樹・中見立夫・西村成雄・山本有造編『近代中国東北地域史研究の新視角』山川出版社、2005 年）などが詳しい。兵士の大幅増員については、松本前掲『「満洲国」から新中国へ』111 頁でも言及されている。

3　新兵の増員と土地改革との関係については、「中国共産党史観」に即していえば、土地改革によって土地と財産を得た農民の共産党に対する強い支持が原因であると主張されてきたが、角崎信也はそれとは異なる見解を示している。つまり、共産党が短期間で大量の兵隊を徴募できたのは、土地改革によって農民の広範な支持を獲得したからではなく、共産党が土地改革を通して新兵を「雇用」するための財政力を一時的に独占できたからである。角崎信也「新兵動員と土地改革——国共内戦期東北解放区を事例として」『近きに在りて——近現代中国をめぐる討論のひろば』第 57 号、2010 年。

4　代表的なものとして、大沢武彦の諸成果が挙げられる。大沢武彦「内戦期、中国共産党による都市基層社会の統合——哈爾浜を中心として」（『史学雑誌』第 111 巻第 6 号、2002 年）や大沢武彦「戦後内戦期における中国共産党統治下の大衆運動と都市商工

補　論　1945 年以降の農村社会　　237

業──東北解放区を中心として」（『中国研究月報』第 58 巻第 5 号、2004 年）などが
ある。また、ほかに、隋藝『中国東北における共産党と基層民衆 1945-1951』（創土
社、2018 年）や、尹国花「戦後初期、延辺における基層社会政権の変容──延辺人
民民主大同盟と中国共産党との関係に着目して」（『東洋学報』第 104 巻第 2 号、2022
年）などがある。満洲の土地改革に関する最新の研究には、Matthew Noellert, *Power over Property: The Political Economy of Communist Land Reform in China*, Michigan: University of Michigan Press, 2020. がある。Matthew Noellert は、豊富な檔案
史料や聞き取りの成果を利用して、双城県における土地改革の過程を詳細に分析して
いる。

5 角崎信也「土地改革と農業生産──土地改革による北満型農業形態の解体とその影
響」『国際情勢』第 80 巻、2010 年。

6 角崎信也「土地改革と農業集団化──北満の文脈 1946〜1951 年」梅村卓・大野太
幹・泉谷陽子編集『満洲の戦後──継承・再生・新生の地域史』勉誠出版、2018 年。
また、1940 年代末から 1950 年代初頭の満洲における互助組の組織と展開については、
菅沼圭輔による詳細な研究がある。菅沼圭輔「1950 年代の中国における農業生産合
作化と家族経営に関する研究──東北・黒龍江省を対象として」東京大学、博士学位
論文、1992 年。

7 共産党による大衆動員は、強制的な側面が大きく、また民衆にとって必ずしも合理的
ではなかったことが夙に指摘されてきた。たとえば、田中恭子『土地と権力──中国
の農村革命』（名古屋大学出版会、1996 年）や、Jeremy Brown and Paul G. Pickowicz, eds., *Dilemmas of Victory*（Cambridge: Harvard University Press, 2007）、高橋
伸夫編著『救国、動員、秩序──変革期中国の政治と社会』（慶應義塾大学出版会、
2010 年）などがある。

8 なお、本章で指す「地主」（ほかに、「富農」、「中農」、「貧農」）は、共産党が区分し
た階級であり、本書の第 2 章から第 6 章で指す経営形態としての「地主」と区別する
必要がある。

9 江南地方で展開された土地改革に関する最新の研究として、夏井春喜「江南の土地改
革と地主（上）・（下）」（『史朋』第 48-49 巻、2015-2016 年）がある。共産党による
土地改革は、1953 年春までに一部の少数民族地区を除いて基本的に完了した。朝鮮
族における土地改革や農業集団化については、李海燕「中国朝鮮族社会における土地
改革と農業集団化の展開（1946-1960）」（『相関社会科学』第 22 号、2012 年）を参照
されたい。

10 たとえば、鳳城県の辺門村では「減租大会」が 3 日間かけて開催された。そこでは、
小作農がこれまで支払った超過分の小作料を地主に払い戻させた。また、小作農の権
益を守るために、「7 年間の小作権」（期間内に地主が一方的に小作契約を解除できな
い）などの規則が定められた（「辺門村農民減租勝利──找回多納租糧訂立七年契約」

『安東日報』1946 年 2 月 21 日付）。荘河県の範山村と石橋村でも「減租減息」運動が実施され、小作農は地主に対して「減租」および小作契約の保証を要求したという（「範山村石橋村佃戸討論誰養活誰後組織起来進行減租並湧出大批積極分子」『安東日報』1946 年 3 月 31 日付）。

11 「積極分子」の問題については、角崎信也「『積極分子』とはだれか──国共内戦期における村幹部リクルートの諸問題」（『国際情勢』第 81 号、2011 年）がある。角崎によると、初期の「積極分子」は共産党が理想としたものとは乖離していた。また、途中から「積極分子」を村幹部としてリクルートする方式を放棄したことも指摘されている。

12 中共中央東北局「関於処理日偽土地的指示」東北解放区財政経済史編写組・遼寧省檔案館・吉林省檔案館・黒龍江省檔案館編『東北解放区財政経済史資料選編』哈爾濱、黒龍江人民出版社、1988 年。また、この時期における開拓団の土地分配の展開については、小都晶子「ソ連軍進攻前後の中国東北地域──賓県を事例に」（日ソ戦争史研究会編『日ソ戦争史の研究』勉誠出版、2023 年）がある。

13 田中前掲『土地と権力』140 頁。

14 「五・四指示」は、国共内戦の展開や農民の希望により、「減租減息」のみでは不十分となり、農民の土地問題を解決すべく漸次的に「耕者有其田」（「耕す者が其の土地を有する」）の実現を目指すための方針転換であった。同指示の全文は、日本国際問題研究所中部部会編『新中国資料集成（第 1 巻）』（日本国際問題研究所、1963 年、241–246 頁）を参照。

15 中共中央文献編集委員会編『陳雲文選 1926-1949 年』北京、人民出版社、1984 年、229-235 頁。

16 宋慶齢が回想しているように、「国共内戦が東北地方で最も熾烈に展開していた時、土地改革は既に東北地方で開始されていた。事実上、1946 年 7 月から 12 月頃は国民党勢力が最高潮に達し、人民解放軍がまさに撤退せんとしていた時期に、1.2 万人の幹部が農村に派遣され、土地改革を担当した」という。宋慶齢『為新中国奮闘』北京、人民出版社、1952 年、244 頁。

17 「清算分地」運動は村落内の村長や「漢奸」などの旧支配層を対象に、その財産や食糧、土地を分配するものであった。たとえば、復県中和村では、運動に参加した農民が満洲国期に村長を 6 年間務めた張景福を批判闘争した上、彼の土地や財産を貧農および中農に分配し、その結果、512 戸の農家が土地を獲得した。「復県中和村群衆向偽屯長清算後三千貧農有了地種中農亦獲勝利果実、群衆組織普遍拡大」『遼東日報』1946 年 7 月 13 日付。五林県第 2 区では、1946 年 6 月 24 日から 7 月 27 日までの約 1 ヶ月間をかけて「敵地」を分配し、古城鎮の農民が 1 人あたり 5 畝、それ以外の地方の農民が 1 人あたり 10 畝の土地を獲得できた。「五林二区公平分配敵地古城鎮毎人五畝外屯毎人十畝」『牡丹江日報』1946 年 8 月 6 日付。

18 「煮生飯」（生煮え飯を煮る）運動は、「清算分地」運動が推進される過程において、一部の幹部が成果を追求するあまり、進行の不均衡や分配の遅れ、大衆が自ら立ち上がっていないという運動の「半生半熟」（生煮え）状態という問題が発生したことを受け、その運動を徹底化するものである。たとえば、八達溝村では「工作隊」の協力のもとで「清算分地」運動が実施されたが、分配が必ずしも均等ではなかったことや、約70晌の「黒地」（未申告や未登記の土地）が存在していたこと、一部の富農の所得分の土地が予定より多くかつ肥沃なものであったことなどが発覚した。たとえば、富農の郭禄は虚偽の人口数を報告した結果、本来より7晌も多い土地を獲得していた。また、村長の劉銀才（貧農）は、村長の権限を利用して土地分配を操作して、土地3晌分を多く獲得していた。ほかにも類似した「悪行」が多く、それらの問題を受けて、村内で再度土地を計測し、階級に即して再分配を行った。加えて、「悪行」を行った農家からは、懲罰として一定の食糧を徴収した。当該村落の関連記事は3日連続掲載された。「八達溝完成査田運動幾次検討教訓、反覆丈量和深入教育終於克服困難、査出黒地、実行合理調整」『牡丹江日報』1946年11月22日–11月24日付。

19 「砍大樹、挖財宝」（大樹を切り倒し、財宝を掘り出す）運動は端境期における農村の食糧飢饉という問題を解決するために、地主や旧支配層の金銀や現金、土地、役畜、食糧、衣服などあらゆる財産を分配する運動である。「石頭坑子窮人扣起壊蛋挖出黒糧解決困難進行教育壊幹部重新建立農会」『牡丹江日報』1947年7月15日付。同県第2区の新安村では農会の指導のもとで運動が行われた。その結果、地主をはじめとする旧支配層の財宝や銃を掘り出し、その一部を大衆に分配した「寧安新安村深入闘争起出地主元宝槍械解決糧食困難群衆加緊補苗鏟蹚」『牡丹江日報』1947年7月19日付。ほかには、たとえば、「萬良鎮群衆猛烈展開翻透身闘争四天挖黒地三千余畝張明発下薬害人被処死刑」（『遼東日報』1947年7月31日付）や「中河区貧雇農団結中農闘争奸覇挖出牛馬七百余頭追浮中掲穿奸覇避重就軽隠多繳少詭計」（『遼東日報』1947年8月31日付）などもある。

20 「東北解放区実行土地法大綱補充辦法」『東北日報』1947年12月1日付。

21 「中国共産党東北中央局告農民書」『牡丹江日報』1947年12月7日付。各地が発表した「農民に告ぐる書」は、時期にずれがあった。晋綏局は1947年10月15日、晋察冀局は1947年11月10日、晋冀魯豫局は1948年1月20日にそれぞれ「農民に告ぐる書」を発表した。田中前掲『土地と権力』286-302頁、を参照。興味深いことに「東北農民に告ぐる書」の最後の項目は、「前線を支援して、勝利に導こう」という内容であった。それは、「農民諸君！東北解放軍はいまや前線で蒋軍と戦い、われわれの土地均分を守って」おり、「われわれ生まれ変わった農民は、兵を出し、食糧を出し、担架を出し、戦地勤務者を出し、車馬を出し、あらゆる力を出して前線を支援しなければならない」とした。その結果、「地主を打ち倒すことができるばかりでなく、蒋××を打倒することができる。ただ蒋××を打倒してこそ、われわれの勝利は保証

され、われわれの土地は保証され」るようになるという。

22　「東北局関於平分土地運動的基本総結」『東北日報』1948 年 5 月 17 日付。そして、今後の任務として「1、全力で生産を発展させ、戦争を支援する」、「2、積極的に大衆性の強い党組織を建設する」、「3、農村大衆組織と政権問題を検討する」、「4、今後は地区ごとにその地区に適する政策を実施する」という四つの課題を挙げながら総括を締めくくった。

23　中共中央東北局「対新区土改的指示」や中共中央東北局「新区土地改革概況」などがある。これらはいずれも、『東北解放区財政経済史資料選編』に所収されている。

24　天野元之助によれば、1946 年末の段階で既に約 330 万晌の土地を約 420 万の農民に、1947 年 7 月までになると、約 530 万晌の土地が約 629 万の農民に分配されていたという。天野元之助『中国の土地改革』アジア経済研究所、1962 年、37-38、42 頁。また、牡丹江市の状況についてみてみると、仙洞地区では 1946 年 11 月末までに約 2 万 3,000 畝の土地を均分し、農民 1 人あたり約 7 畝（約 0.7 晌）の土地が分配された（「仙洞完成土地改革毎人 7 畝共分地 2 万 3 千多畝挙行慶祝大会 2 千人遊行示威」『牡丹江日報』1946 年 11 月 29 日付）。石海区前揚村では、1947 年 3 月 4 日から 1 週間をかけて、村民 864 人に 856 晌の土地を再分配し、村民 1 人あたり約 1 晌分の土地を得ることができた（「前揚村完成土地改革平均毎人分地 1 晌在農会領導下準備春耕生産」『牡丹江日報』1947 年 3 月 24 日付）。同じく鉄嶺河南岔屯では、1947 年 4 月の段階で土地改革が完了し、農民 1 人あたり約 1 晌の土地が分配されたという（「南岔屯完成分地毎人得地 1 晌群衆利用果実買馬種地」『牡丹江日報』1947 年 4 月 6 日付）。また、合江省は農民 1 人あたり 7-12 畝の土地が分配されたという（朱建華主編、王雲・張徳良・郭彬蔚副主編『東北解放区財政経済史稿』哈爾濱、黒龍江人民出版社、1987 年、119 頁）。

25　各地区をみてみると、瀋陽市郊外の四つの区では 1 人あたり約 5 畝を、長春市郊外の三つの区では 1 人あたり約 4.8 畝を、遼北省 55 の区では 1 人あたり約 5 畝を、安東省 10 の区では 1 人あたり約 2.7 畝を、遼寧省遼中県では 1 人あたり約 2.5 畝を農民に分配した。『東北解放区財政経済史稿』131-132 頁。

26　ちなみに、天野元之助が残したデータをよれば、南満洲では農民 1 人あたり平均して約 3 畝（0.3 晌）、北満洲では農民 1 あたり平均して 4-7 畝の土地が分配されていたという。天野前掲『中国の土地改革』104 頁。

27　中共黒龍江省委「黒龍江省農業生産総結」黒龍江省檔案館編『黒龍江革命歴史檔案史料叢編——大生産運動』哈爾濱、黒龍江省檔案館、1985 年、以下、『大生産運動』。

28　実業部臨時産業調査局編『康徳元年度農村実態調査報告書　産調資料（45）ノ（3）農業経営篇』実業部臨時産業調査局、1937 年、4-5 頁。

29　野間清「中国の土地改革——月例会報告」『現代中国』第 26 号、1954 年。また、野間清は、多くの農民が役畜以外に分配された農作物の種も食べたことを回想している。

補　論　1945 年以降の農村社会

30 東北行政委員会「為開展生産運動、解決畜力困難、保護耕畜的通令」『東北解放区財政経済史資料選編』。また翌年の1948年3月8日には、新たに「保護耕畜令」を発布し、役畜の保護・管理・防疫不足による役畜の大量死亡への対応方法を指示した。そこでは、役畜を農会や生産組で飼うのではなく農民への均分、役畜の愛護および飼育の強化、防疫の強化、屠殺禁止の四つが指摘された。東北行政委員会「保護耕畜令」『東北解放区財政経済史資料選編』。

31 中共中央東北局「関於今年農業生産的総結与明年農業生産任務的決議」『大生産運動』。

32 中共松江省委「松江省1948年度経済建設計画（草案）」『大生産運動』。さらには、農業融資による役畜の購入も推奨されていた。この点については、魏震五「農業生産報告（1947年7月27日）」『東北解放区財政経済史資料選編』でも言及されていた。

33 佐藤武夫『満洲農業再編成の研究』生活社、1942年、122-23頁。

34 中共中央東北局・東北行政委員会「関於春耕運動指示」『東北解放区財政経済史資料選編』。

35 東北行政委員会「関於開展農村生産運動的指示」『大生産運動』。また、この運動を通して農村内にいる不労者に対する「改造」や教育の成果を期待される一面もあった。

36 東北行政委員会「頒布奨励農業生産令」『大生産運動』。

37 「謝家区各村労模競選大会94名労模獲得光栄奨賞」『牡丹江日報』1947年6月2日付。

38 「綏芬河区四村群衆召開労模競選大会選出頭二三等労模共12名」『牡丹江日報』1947年6月14日付。

39 中共黒龍江省委「黒龍江省農業生産総結」『大生産運動』。また、模範労働者の推奨運動においてはいくつの問題もみられた。たとえば、選出された模範は必ずしも階級の良い者ではなかったこと（魏前掲「農業生産報告」）や幹部に推薦されることを恐れて（自家の農業労働ができなくなるという恐れ）模範労働者になることを拒んだ者がいたこと（中共合江省委「関於夏鋤工作中的幾個問題」『大生産運動』）なども挙げられる。

40 章雲龍「対開展農業大生産運動的簡単回顧」中共吉林省委党史工作委員会編『中共吉林党史資料叢書——転戦三年』長春、中共吉林省委党史工作委員会、1989年。

41 たとえば、東北局が1948年の「三八婦女節」（国際女性デー）前に発表した指示では、多くの農村女性を動員・組織して、「労働に参加させ、生産を発展させ、家庭を安んじて富を築き、戦争を支援する」ことが主要な任務であると位置づけられた（「中共東北中央局関於『三八』節的指示」『安東日報』1948年2月25日付）。同時期に東北行政委員会が発表した1948年における春耕の指示でも、農村の各階級の老若男女をすべて動員する必要があり、「今年は女性と児童を組織して、各種労働や副業の生産に参加させることがより一層重要である」と指摘された。中共中央東北局・東北行政委員会「関於春耕運動指示」『東北解放区財政経済史資料選編』。

42 同様の指示として、中国共産党合江省委員会が発表したものもある。合江省委員会は、

1947 年の合江省の「翻身」運動および戦争支援、農業生産などの各面において女性が大変重要な役割を果たしたことを述べた上で、今年はより計画的に、さらに多くの女性を農業生産に動員すべきであるとした。合江省政府・中共合江省委「連合通告」『大生産運動』。

43 中共松江省委「関於生産情況報告」『大生産運動』。

44 張策「今後工作的方針任務与政策――張策同志在県書聯席会上的総結」『大生産運動』。

45 たとえば、「小団山海浪両村婦女積極打柴開荒生産提出搶作模範口号」(『牡丹江日報』1947 年 5 月 27 日付) や、「小旬子区徐家堡子村大部分婦女投入秋収」(『安東日報』1948 年 10 月 2 日付)、「本渓趙家村婦女送糞幹的好郭代両村婦女提出向她們学習」(『安東日報』1948 年 3 月 8 日付)、などがある。副業についていえば、靖宇県二区の王淑珍は、鶏や豚の飼育、きのこ拾いなどの副業を通して、279 万 3,000 元の収入を得ることができた。その結果、一家は役畜(驢)や農具、布などを購入できた。王は、副業を中心に生産に参加し、ほかの女性も模範として見習うべきであることが新聞で紹介された(「勤労婦女人人高看王淑珍不亜男子漢」『安東日報』1949 年 1 月 27 日付)。女性による副業の推進は、ほかにも「安東県婦委会布置冬季工作」(『安東日報』1948 年 11 月 18 日付) や「撫松万良区婦女積極進行副業生産」(『安東日報』1949 年 1 月 20 日付) などがある。

46 「婦女生産模範何素珍」『安東日報』1949 年 2 月 28 日付。

47 「第 1 回安東省労模大会」は 1949 年 2 月 15 日から 2 月 21 日にかけて開催され、308 名の労働模範が参加した。大会の目的の一つは、様々な労働模範に会議中に自らの経験を語らせ、相互に刺激させることで、さらなる生産向上につなげることであった。また、参加者 308 人の中から、15 名が安東省労働模範として選出された。興味深いことに、15 名のうちの 6 名が女性であった。関連記事には、「全省第 1 届労模大会隆重挙行開幕式」(『安東日報』1949 年 2 月 16 日付) や「找出榜様明確今後道路省労模大会勝利閉幕『把大会的精神帯到生産中去！』」(『安東日報』1949 年 2 月 22 日付) などがある。

48 中共合江省委「関於婦女参加生産問題給蔡暢的信」『大生産運動』。また、手紙の中で諸対応策も提案された。最初に挙げられたのが、女性の組織方法についてである。女性労働力をより効率的に活用するためには、「家庭生産から離脱しない形で、かつその労働力を発揮できるという原則が重要である。そのため、女性を男性と一緒に組ませるか、あるいは女性を男性のグループに参加」させるべきであると指摘した。次に、女性の労働内容についてである。満洲の農法は粗放的であり、加えて農具も大きく、女性労働に適していなかった。そういった重労働よりも、男性ができない作業や、男性の補助で女性を活用するべきと指摘した。

49 中共黒龍江省委「黒龍江省農業生産総結」『大生産運動』。

50 中共黒龍江省委「黒龍江省農業生産総結」『大生産運動』。

補　論　1945 年以降の農村社会　　243

51 満洲農村の女性動員については多くの論考が残されている。横山政子によれば、大躍進運動期に女性労働力を動員するために託児所が開設されたが、理念通りには女性労働力の創出に結びつかず、限界があった。また、年配の女性を保母として農村託児所に動員したが、労働点数は少ないなど多くの問題を抱えていたという。横山政子「大躍進運動前後の農村託児所と女性労働力——黒竜江省の事例」(『現代中国』第 86 号、2012 年)や、横山政子「中国大躍進運動前後の農村託児所——保母を中心とした乳幼児の受け入れ態勢に関する黒竜江省の事例」(『日本ジェンダー研究』第 15 号、2012 年)などがある。また、女性の動員については、ほかに張静「土地証中的『登記』與『缺席』——二十世紀中期農村婦女土地権益研究」(『中国農史』2014 年第 4 期、2014 年)や、Gail Hershatter, *The Gender of Memory: Rural Women and China's Collective Past*, Berkeley: University of California Press, 2011 などがある。これらの研究は、土地証明書に女性の名前が必ずしも記載されていない場合も多いことや、女性の副業が必ずしも農業労働(労働点数が低い)として評価されなかったことなどが指摘されている。

52 江西ソビエト期の互助は「耕田隊」と称されていた。江西ソビエト期の互助組については、張憲文・張玉法主編、葉美蘭・黄正林・張永龍・張艶著『中華民国専題史——第 7 巻 中共農村道路探索』(南京、南京大学出版社、2015 年、213-215 頁)を参照。

53 中共中央東北局「関於開展生産運動的指示」『東北解放区財政経済史資料選編』。同指示は『東北日報』(1946 年 3 月 31 日付)にも掲載され、記事タイトルは「中共中央東北局関於開展生産運動的指示」である。

54 東北行政委員会「関於開展農村生産運動的指示」『大生産運動』。当該指示の中で、互助については「東北農村は長期にわたる日本帝国支配の破壊を経て、土地を獲得した大部分の農民は役畜や農具、種などが欠乏している」としている。

55 この点について、前述の中共黒龍江省委「黒龍江省農業生産総結」(『大生産運動』)が最も端的に示している。また農業生産における互助の重要性は、1948 年 10 月の東北局会議で採決された「関於今年農業生産的総結与明年農業生産任務的決議」の中で、より一層強調されている。すなわち、土地改革以後、「土地、役畜、農具の分散と自然災害などの困難」が生じ、加えて「東北農業経営の特徴により、一定数の役畜や農具が必要」であり、さらに「農村にいる大量の地主と『遊民』、および一部の富農を適当な方法で生産運動に取り込む必要」があるため、互助を推進することが急務であるという。中共中央東北局「関於今年農業生産的総結与明年農業生産任務的決議」『大生産運動』。

56 王鶴寿「北安六区組織生産経験」『東北日報』1947 年 4 月 16 日付。同記事は 1947 年 4 月 19 日付の『牡丹江日報』にも転載されている。この 22 項目の中には、労働者や小経営農に対する「搾取」をめぐる批判も多く指摘されているが、経営形態や分業制度の長所について評価している点が注目に値する。

57 「組織起来──換工挿具、合作互助」『東北日報』1948 年 3 月 10 日付。

58 黒龍江農業合作史編委会編『黒龍江農業合作史』北京、中共党史資料出版社、1990 年、37 頁。黒龍江省農業合作化史編輯部編『黒龍江省農業合作化史料選編（1946-1986）』哈爾濱、黒龍江省農業系統宣伝中心出版、1988 年、1012 頁。分配された土地を他人に売却してしまう人もいたという。

59 そして、農業のほかに、副業の共同作業化も進められた。従来、副業は農家を単位とするものであったが、農家間が協力して行うものではなかった。一方、共産党は農業と同じく集団で行う大規模な副業を農村に導入しようとした。華北地域における互助組を分析した河野正によると、副業導入の背景には余剰労働力の有効活用という狙いがあったという。河野正「第 6 章　互助組・初級合作社時期の社会の組織化（二）」『村と権力──中華人民共和国初期、華北農村の村落再編』晃洋書房、2023 年。満洲でも早期から副業が導入されていた。これらの副業については今後さらに検討を深める必要がある。

60 これは近代満洲で行われていた「牛具」とも類似しており、同様に役畜と農具を対象とする助け合いである。「牛具」はほとんど有償（現金、穀物、労働力など）で行われていたため、その賃借関係によって「雇牛具」（役畜や農具の借り入れ）と「貸牛具」（役畜や農具の貸付け）に分かれていた。

61 「挿犋」の規模については南満洲と北満洲で違いがみられた。南満洲で最もみられた「挿犋」は、農家 2-3 戸、役畜 2-3 頭、労働力 3-5 人であった。一方、北満洲北部で最もみられた「挿犋」は、役畜 3-6 頭、労働力 5-6 人であった。『東北解放区財政経済史稿』166-167 頁。

62 「東村農会組織春耕生産搭具換工抽空開荒」『牡丹江日報』1947 年 4 月 12 日付。

63 「東溝全屯互助鏟地組織起来多鑼一遍」『牡丹江日報』1947 年 5 月 25 日付。

64 ほかに、類似した多数の記事が各地方新聞にみられる。たとえば、「朱家村農会召開生産大会全村組織起来忙送糞」（『牡丹江日報』1947 年 4 月 14 日付）や「小団山群衆自願組織互助生産全屯種麦百余晌均已開犁約在 7 天左右種完」（『牡丹江日報』1947 年 4 月 20 日付）、「朱家村農会召開生産大会全村組織起来忙送糞」（『牡丹江日報』1947 年 4 月 14 日付）、「秦家屯毎人分地 8 畝組織換工開始種麦」（『牡丹江日報』1947 年 4 月 21 日付）などがある。

65 王鶴寿「北安六区組織生産経験」『東北日報』1947 年 4 月 16 日付。

66 「寧安四区木其屯群衆組織起来搶種小麦」『牡丹江日報』1947 年 4 月 17 日付。

67 「謝家村組織互助鋤草訂立模範条件」『牡丹江日報』1947 年 6 月 12 日付。直接農作業に参加しなかった人たちは、薪採取などの雑業を行ったという。

68 「純盛村実行変工辦法群衆開会決定成立生産大隊全村男女老少参加秋収工作」『牡丹江日報』1946 年 10 月 3 日付。

69 たとえば、寛甸県大泡子村にある 127 戸のうち 26 戸が軍人家族である。軍人家族の

農業生産を助けるべく、同村落は「代耕隊」を結成し、あらゆる耕作を支援するという。「大泡子成立代耕隊保証軍属生活不困難先帮軍属秋収」『安東日報』1947 年 10 月 12 日付。

70　たとえば、寧安県四区八家子村は、農民による互助のもとで収穫を迅速に完成することができた。現在は、数日内に公糧を納められるように準備を進めているところである。同記事には、ほかの村落の取り組みも紹介されている。「各地群衆加緊拉打提出早交公糧支前線寧安八家子村準備十号完成任務」『牡丹江日報』1947 年 11 月 6 日付。

71　「各地群衆熱烈支援前線揀選好麦送公糧寧安二区超過麦徴任務」『牡丹江日報』1947 年 9 月 13 日付。記事では寧安県の二区各村落は既に公糧として小麦の納付を完了しており、またいくつかの村落では超過して納めたことが紹介されている。また、別の県にある農民たちも公糧を納めた上で、春に政府から借り受けた種の分の還付も終了しているという。そして、様々な農民の声が紹介されている。

72　『黒龍江農業合作史』46 頁。

73　農村発展研究編集部『遼寧省農業合作化史料選編』瀋陽、中共遼寧省委農村工作委員会、遼寧省人民政府農村発展研究中心、1987 年、136-137 頁。

74　『東北解放区財政経済史稿』163-164 頁。

75　この点については、華北地方の互助組を分析した河野正によっても鋭く指摘されている。河野によれば、農民は格差というよりも互助組の成員間の感情的な問題や関係性の方に重きが置かれていたという。河野前掲「第 6 章　互助組・初級合作社時期の社会の組織化（二）」。

76　農林部「東北三年来的農業」『東北解放区財政経済史資料選編』。ほかに、『黒龍江農業合作史』65-68 頁。

77　農林部農業処「東北農業生産労働互助組織概況」『東北解放区財政経済史資料選編』。

終 章

労働力と農家経営からみる満洲農村社会

農村における冬の備蓄用および都市へ出荷用の白菜の山
出典：亜細亜写真大観社『亜細亜大観』第 1 冊、亜細亜写真大観社、1924-1925 年。

本書の冒頭でも述べたように、満洲国の成立に伴い満洲農業は、日本との植民地的結びつきがより一層強くなった。特に戦争末期の農村では強力な統制政策のもと、生産統制や流通統制が敷かれ、農民の生活に大きな影響をもたらした。そして、日本の満洲農業移民政策によって、多くの現地農民が土地や家を失ったことも周知の通りである。また、満洲国や関東軍の移民抑制政策や労工政策によって、労働者が過酷な環境で働かなければならなかったのも事実である。このような近代日本による満洲進出・支配が現地の農村社会および農民に重大な被害を及ぼしたことは贅言を要さない点であり、本書もそれを否定するものではない。

　本書は、このような日本の満洲経営と農村社会との関係を前提としながら、現地農民の視点や行動原理から彼らの生活の営みを捉え、農家レヴェルや個別村落レヴェルというミクロな視点から、満洲農村社会の特徴を明らかにすることが目的である。

　以下では、本書の内容を振り返りながら、労働力と農家経営という二つの視点から本書が関連分野の中でどのような意義があるのかを示したい。

1　本書の内容

　第1章では、満洲国期に実施された農村調査について整理し、その意義や問題点を述べた。産調によって行われた2回の農村実態調査は、当時における調査の中心であり、後の農村調査や農村研究の出発点でもある。産調解散後、各政府機関や学校がその方式や手法に倣って多くの調査を実施したが、産調のような大規模かつ詳細な調査は行われなかった。調査当時の時代背景や目的、方法などを考えれば、史料として限界を有していることは厳然たる事実である。しかし、中国側による調査が絶対的に欠落しているため、これらの調査資料は満洲農村について考察する上で不可欠の史料群である。これらの調査報告書を利用するためには、数字からなる統計資料と関連記述資料とを組み合わせたり、同一村落あるいは同一県の別村落で行った異なる調査

を照合したり、補完資料として中国側の地方文献や民間資料を参照したりする作業が欠かせないだろう。本書はそれらの方法を意識しながら農村調査報告書の利用を試みたものである。今後、日本が残したこれらの「遺産」をどう活用するかは関連分野の共通課題であろう。

第2章-第4章では、雇農を中心とする労働力に焦点をあて、その労働形態や労働力の移動、およびそこからみえる社会関係などについて検討した。

満洲の農村社会は、清末から徐々に形成され、20世紀以降の鉄道敷設に伴う移民の増加や、大豆を中心とする農業生産の拡大、世界市場と中国本土の市場との接触などによってさらに加速した。特に華北地方から流入してきた大量の移民が満洲農村社会の形成や農業の発展において重要な役割を果たしていた。農地の開墾や生産の拡大には大量の労働力が必要であり、雇農がまさに満洲農業の発展を支える存在であった。満洲における雇農は、能力や雇用形態（年工、月工、日工）、職務によって細分化されており、雇用主はそれぞれの地域の特性や農家の需要に合わせて雇用していた。また、南満洲と北満洲では、開墾の時期や経営形態の違いによって、雇農の雇用パターンや賃金水準にも差異がみられた。より労働力の需要が大きい北満洲は、賃金が高く、農繁期を中心に多くの労働力が集まっていた。

一部の雇農は土地を購入するなどして村落に定住したが、雇農の中には生産リスクを最小限にするため、あるいは自由に移動するために、意図的に自作農や小作農にならずに、雇農として働き続けることを選択していた人も少なくない。これらの雇農農家は1930年代以降も村落間を転々と移動し、特に労働力需要のより多い北満洲において顕著であった。雇農農家が移動する背景には、居住地における生活困難やさらなる高賃金、より良い生活環境を目指す傾向があり、その移動先を選択する際には親戚や知人などの社会関係が重要な要素として働いていた。

こうした社会関係は年工の雇用にもみられた。満洲の基幹労働力である年工を雇用する際には、親戚や知人といった社会関係が極めて重要な役割を果たしていた。それは、年工が1年間の農業生産の成否を大きく左右する存在であったのと同時に、長期にわたって雇用主の家に住み込むことが多かった

終　章　労働力と農家経営からみる満洲農村社会　　　249

ため、身元が確かな労働者を雇用する必要があったからである。年工の雇用にあたり保証人が必要とされることもあったが、保証人の責任は明確ではなく、契約書もほとんど交わされなかった。このことから、保証人、雇用主、雇農の三者のそれぞれの間には日常生活において一定の信用関係があったことが確認できる。

一方、日工の雇用においてはこうした社会関係がそれほど重視されなかった。農繁期に大量の労働力が必要であったため、村落内や近隣の労働力では十分に供給することができなかった。その時に重要な役割を果たしたのが、工夫市であった。需要や農作サイクルの差異に合わせて各工夫市が開かれており、雇用主と労働者はいくつかの選択肢から自らの需要に合う工夫市に赴くことが可能であった。工夫市では農業労働力の雇用が主要であったが、農閑期を中心に土建業やそのほかの雑業の雇用もみられた。そして、仲介人が存在しなかったため、雇農は就業先を自由に選択することができた。また賃金も、ほとんど労働者と雇用主との直接交渉によって決定されていた。工夫市の形態は、位置、歴史、時期、規模などの面においてそれぞれ地域的な特性を有しており、南満洲と北満洲の間にも差異がみられた。

第5章–第6章では、労働力を利用する農家側に焦点をあて、再生産過程における農家の労働力活用方法や、農家経営と農業外就業との関係、農家経営の変容などについて検討した。満洲の農家経営においては労働力の分配・利用が重要であり、いかに労働力を雇用し、自家労働力と合わせてそれらをいかに活用するかが、経営の成否を左右していた。農業生産の面についていえば、零細化が必ずしも雇農の雇用減少に結びつかず、むしろ役畜や農具も分散されたことで、かえって一層雇農への依存度を強化することにつながった。この点については特に大農経営がより合理的であった北満洲で顕著であった。なぜならば、十分な労働手段や労働力を有していなかった小経営農家は、生計を立てるために、経営の重心を地主経営に移行したり、あるいは小作経営を組み入れたりして経営形態を多様化し、さらに雇農の雇用を増加して不足分を調整する必要があったからである。

一方、農業外就業の機会が多かった地域では異なる展開がみられた。なか

でも南満洲の多くの地域では農業外諸産業への就業が可能な状態になっており、多くの農民が地域の特性に合った職種に就業していた。これらの就業は、単なる余剰労働力の送出としては捉えられず、むしろ農家がより多くの利益を得るための労働力分散であった。つまり、より収入が多い農業外就業に労働力を送出し、女性労働力や雇農、各種農業慣行を利用して農業を行うというものである。各農家は労働力を最大限に活用することを通して、戦略的な農家経営を展開していた。このような農業外就業の機会が豊富な地域において、零細化は必ずしも農家の困窮を意味しなかった。零細化と農業外就業とは相互に関連しながら展開していき、農家により多くの就業の選択肢を提供することになった。

　補論では、共産党によって実施された土地改革や互助合作運動に着目し、これらの政策が実施された背景や、そこからみえる満洲農村社会の特質について初歩的な分析を行った。土地改革は、満洲農村社会に抜本的な変化をもたらし、これまでの生産体制や農家経営のあり方を変化させる契機となった。特に北満洲の変化が鮮明であり、大経営農家と土地無所有者層という構図が土地改革を経て再編成された。共産党にとって国共内戦で勝利するためには、兵士の増員と食糧の確保が重要な課題であった。したがって、満洲での様々な大衆動員もそのような背景で展開され、共産党もその目的を一定程度達成できたといえよう。

　しかし、大農経営がより適合していた満洲においては、土地改革で土地、労働力、役畜、農具が分散されたことで、新たな問題が浮上した。共産党は諸政策を通して役畜不足や労働力不足を解決しようとした。そして、その中で最も比重を置いたのが互助合作運動の推進であった。つまり、各農家が農作業を共同化し、再び「大経営化」するというものである。満洲が中国の他地域と比較して互助組の参加率が高かったのは、大農経営が合理的であるという満洲の内的要因が重要な役割を果たしていたからといえる。

終　章　労働力と農家経営からみる満洲農村社会

2 本書の成果と位置づけ

流動する労働力と人的ネットワーク

満洲の農業経営は、自然環境や伝統的な農法などに規定されていた。大農経営を中心とする北満洲と、零細化が進行し始めた南満洲との間に差異があったとはいえ、労働力が満洲農業経営を左右する重要な要素であった。満洲は中国の他地域と比較して雇農の割合が高く、その独自性が際立っていた。膨大な雇農が存在していたこと自体が、満洲農村社会の特徴であり、雇農が果たした役割は中国の他地域よりも突出していた。従来の研究では、雇農が過酷な環境で労働していたことや、雇農がやむなく農業労働を選択していたこと、満洲国期の雇農の生活がさらに困窮化したことに議論が集中していた[1]。

しかし、本書が明らかにしたように、雇農を含む満洲の労働力は流動性が高く、満洲国の労働政策による一定の制限があった中でも、地域内・地域間や職業間を「能動的」に動いていた。その際に、彼らの動機（より良い労働条件や生活環境など）や人的ネットワーク（親戚・親族や知人・友人など）が行動原理としてみられていた。

20世紀頃からの急速な開墾に伴い、満洲の就業機会と高賃金は多くの移民を華北地方から引き寄せた。特に農業労働者の賃金は華北地方よりも高く、ほかにも鉄道敷設を含む土建業や林業、砂金採取などの需要も高かった。また、農業中心であった満洲は1930年代以降に「工業の時代」に入り、これらの労働力は工業や関連産業の発展を支える存在にもなった。そして、満洲国による重工業政策の推進や関東軍による移民流入の制限などによって満洲に労働力不足が生じると、工業と農業による労働力の奪い合いが激化した。このような状況の中で、労働者は時期や労働条件などに鑑みながら農業セクターと非農業セクターを選択することができた。また、工夫市における雇農と雇用主の交渉過程からみてとれるように、雇農は決して受動的な側面だけ

では理解しきれないだろう。彼らは時期や需要によって雇用主と同等の立場で交渉することも可能であり、より有利な労働条件や環境を選択することができた（第4章）。

　そして、労働者が職業間・地域間を移動する際には様々な社会関係を活用していた。同一村落から複数人の労働者が同じ炭鉱や会社に雇用された背景には、近隣による紹介や斡旋、あるいは雇用経験があったからであろう（第5章）。また、こうした社会関係は農業労働者の雇用（特に年工）においてより鮮明にあらわれていた。大経営農家が卓越した村落において、農業経営は膨大な雇農によって維持され、両者の間には労働力需給上の強い依存関係がみられた。雇用主は身元や能力が確かな雇農（特に年工と月工）を雇用するため、親戚や知人といった社会関係の有無を重要視していた。また、契約はほとんど口頭で行われたこと、賃金の事前受け取りが可能であったことなどを踏まえれば、両者の間には恒常的な雇用関係や信用関係があったと指摘できよう（第2章）。また、雇農農家は移動する際に、大経営農家に頼る傾向が強かった。したがって、雇農と雇用主の間には労働力需給の相互依存のみならず、移動する際の依存関係もみられた（第3章）。そして、これらの依存関係のもとにも、両者間にある親戚や知人などの社会関係が作用していた。従来の満洲研究は必ずしもこれらの社会関係が果たした役割を重視してこなかった。しかし、本書が明らかにしたように、農村社会にみられたこれらの社会関係こそが農民の生活や行動の根源にあるものといえよう。

　総じていえば、労働者は常に労働条件や雇用主との関係などを総合しながら仕事先を選定していたということである。労働者の中には、村落に定住せずに、あるいは定職に就かずに、南満洲と北満洲を移動しながら季節や待遇によって職業を選んでいた者も多く、一旦、労賃が悪いと判断すれば、あるいは雇用主との人間関係が悪くなれば、躊躇なく仕事先や居住先を変更していた。そして、新しい移動先と雇用先を選定する際には、身の回りの血縁関係（親族や親戚）や地縁関係、知人・友人などの様々な社会関係が最大限利用されていた。ここで重要となるのは、彼らが保持・利用するネットワークは決して一つに限らないということである。彼らは親戚や前住地、同郷、知

人・友人などのようなネットワークを同時にいくつも持っており、その時々の状況に応じて利用するものを選択・構築していたと考えられる[2]。つまり、たとえ雇用主との関係が悪化したとしても、親戚を頼りに次の仕事先を紹介してもらったり、そこでも環境に適応できないならば今度は知人・友人に頼って新しい場所を探してもらったり、非農業セクターでの労働条件が良くなければ村落や前住地に戻って再び農業労働に従事したりすることができたのである[3]。満洲労働力の高い流動性を可能にしたのは、まさにこのような彼ら自身の人的ネットワークが生活の根底にあるからだろう。

農家経営の多様性と特徴

華北地方や江南地方を対象とする中国史研究の厚い蓄積と比較して、満洲の農家経営については十分に明らかにされてきたとはいい難い。限られた研究成果のほとんどは、農業のみから農家経営を捉えており、手工業や鉱工業、商業などを含む農村経済という枠組みからの分析に欠けている。また、満洲の農民層分解をめぐる議論も、日本の植民地支配による影響が強調されるあまり、満洲における社会環境や自然環境などの特有な内的要因については注目されていない。

さらに、満洲農村は一概に論じられることが往々にしてあるが、南満洲と北満洲ではその農家経営の形態や特質に差異があり、もっといえば、自然環境や開墾の時期、都市や県城との距離、鉄道駅との距離、農作物の種類、農業外就業や副業の多寡などによっても大きく異なっていた。本書はこれらの要素に留意しながら、いくつかの村落を事例に具体的に分析した。以下では、南満洲と北満洲、さらに華北地方や江南地方などのいわゆる「中国本土」と比較しながら、農家経営からみえる満洲農村社会の特質を述べる。

南満洲は、満洲全体の中で早期に開墾されたため、満洲国期に至っては零細化が進んでおり、小経営自作農や小作農が村落の中心であった。南満洲では、農業雇用関係は農民が労働力の余剰と不足を調節するための補助的なものであり、自家労働力が農業労働の中心であった。したがって、これらの地域では、工夫市が近隣の余剰労働力を調整する役割を果たしていた。そして、

女性労働力、「牛具」や「換工」などの各種農業慣行は、南満洲の零細化した小経営農家がわずかな土地や労働手段、労働力を農家経営に活かすための重要な手段であった。ところが、南満洲では棉花、煙草、果樹など栽培可能な商品作物が多様であったため、農家にとっての選択肢も多かった。また、農業外就業の機会も多く、その収入が家計にとって重要なものであった。

　このような南満洲の農家経営は、華北地方や江南地方と類似した側面を有していた。序章でも述べたように、1930年代における華北地方や江南地方では、「副業」と「主業」の逆転現象が起きていたり、非農業収入が家計の主要な収入源になったりしていた。零細化した農家の経営重心が農業から農業外就業や副業に移行するという点についてみれば、南満洲の産業化した地域はこれらの地域と非常に類似していた。換言すれば、地理的・歴史的背景や商品経済の進展、多様な農業外就業の選択などの諸要素を有していた南満洲のこれらの地域は、華北地方や江南地方のような農村経済モデルに向かっていたといえる。農業外就業の選択肢が豊富なこれらの地域において、零細化は必ずしも農家の困窮を意味しなかった。零細化と農業外就業とは相互に関連しながら展開していき、農家により多くの選択肢を提供することになった。もっといえば、農家が農業における単位面積あたりの生産性の向上には必ずしもこだわらず、むしろ家族内労働力の投入先を分散して家族収入の安定維持や増加を図っていたのである。

　一方、北満洲の開墾は南満洲と比較して歴史が浅く、満洲国期に一部の鉄道沿線地域で零細化がようやく始まったばかりである。そのため、依然として大経営農家と膨大な土地無所有者層に二極化する構造のままであった。これらの大経営農家は広大な土地と豊富な労働手段を保有していたため、南満洲のような農業慣行を必要とせず、雇農を集中的に投下する経営方式がとられていた。この点については、当該時期の北満洲の工夫市が中継地点として遠方から集中する労働力を分配する役割を果たしていた点からもうかがえる。北満洲は大農経営がより合理的であったため、大経営農家は労働力や役畜、農具を農業に集中投下していたのである。

　また、同時期の北満洲は、南満洲の一部地域や華北地方、江南地方と比較

して、農業外諸産業や家庭内副業の展開は依然未熟な段階にあり、農家経営を支えるほどの力量を備えていなかった。加えて、北満洲では常時大量の農業労働力を必要としていたため、雇農の労賃は常に高賃金を維持しており、労働力不足になると高騰がより一層顕著となった。つまり、北満洲では農業外諸産業に就業するよりも、むしろ雇農として雇用された方がより高賃金を得られるという労働力の需給関係が常に存在していた。

　分家による分割相続が大農経営の解体と農家経営の変容を促した原因であったという点においては、北満洲は中国のほかの地域と共通性を有していた。しかし、零細化の進展過程は異なる様相を呈していた。多種多様な就業機会があった地域において、小経営形態での再生産が可能であったのは、商工業や家庭内副業が進展した結果であり、零細化と農業外就業とが相互に関連しながら発展していたからである。それに対し、北満洲は開墾から零細化までの過程が極めて短期間に展開した点、零細化は必ずしも農業外就業の増加と同時に進展していなかった点、さらに自然環境や農法などにより零細化が農家経営に与えた影響がより鮮明であった点に特徴を見出せる。

　零細化した小経営農家は、農業外収入で家計を支えることができないため、農業収入に頼らざるをえず、安定した生計を立てるためには経営方式を変えなければならなかった。すなわち、自然環境や農法により大経営農家が優勢であった北満洲において、農業収入を維持するためには一定量の労働力や労働手段が不可欠であり、零細化した農家は小作経営を織り交ぜるか、雇農の利用を増すかなどして調整するしかなかった。このように、零細化がむしろ雇用労働力需要の急増を招いたのである。

　本書が明らかにしたように、近代満洲農村は、農業を基盤としつつも多種多様な経済活動が行われていた。その労働力や農家経営のあり方からもみられるように、農村社会は流動性が高く、かつ柔軟性に富んでいた。本書は南満洲と北満洲、さらに満洲と中国のほかの地域との比較を通じて、いくつかの事例をもとに、それぞれの地域における農家経営の特徴を指摘した。これは決してどの地域の農村が発展している、あるいは遅れていると主張したいのではなく、異なる自然環境や社会環境の中で、農民や農家がどのように人

的ネットワークを維持・構築・利用しながら生活を営み、いかにその時々の状況に応じて最善な経営方式を選んでいたのかなどを明らかにすることに主眼が置かれている。満洲農村にはもとから自律した内的要因を有していた。その内的要因は、列強の進出、日本による植民地支配、共産党による新中国建設という異なる時代や支配体制下において形を変えながら農村社会の発展・変容を根本から支えてきたものでもある。本書は農民の姿や行動原理をありのままに描くことを通じて、満洲農村社会が有していた自律的な内的要因の一端を解明した。

　しかし本書は、史料上の制限により日本の支配が及んでいた満洲の平原地域、すなわち満鉄主要幹線の沿線地域を対象としており、将来的には比較検討対象を東側（山間地域）や西側（草原地域）にまで拡大する必要がある。また、満洲における都市や県城と農村との関係や、農業セクターと非農業セクターとの関係、人的結合の様相とその役割などについては初歩的な議論にとどまっており、さらに分析を深めていくべきである[4]。そして、様々な視角から近代期の分析を深めるとともに、計画経済期における社会経済の変容も視野に入れながら、長期にわたる農村社会の連続性を解明していくことも今後の課題となる。

1　この点については一部の日本植民地研究と中国側の研究に指摘できることである。特に中国側の研究は「共産党史観」の限界ともいえるものが多い。

2　重層的な個人的ネットワークの重要性については、閻雲翔（Yunxiang Yan）の研究が参考になる。閻は黒龍江省農村における贈与に着目して、人々が人的ネットワークを構築過程を描き、中国が「関係」（guān xi）に基礎を置く社会であることを明らかにした。Yan, Yunxinag, *The Flow of Gifts: Reciprocity and Social Networks in a Chinese Village.* Stanford, California: Stanford University Press. 1996.

3　この点については、田原史起が「環流」という言葉を用いて農村からの「出稼ぎ」を理解するという点が大変示唆に富む。すなわち、農民の大都市と農村の循環を「移住」としてではなく「環流」の一部と捉え、都市でたとえ解雇されたとしても農村に戻って農作業や用事をこなしつつ次の出稼ぎに備え待機することができたという。また、田原はこの「環流」の背後には革命を経ても変わらない現世的な家族主義と、そ

終　章　労働力と農家経営からみる満洲農村社会　　257

れに基づく家庭内労働力を「遊ばせない」という発想があると指摘している。田原史起『中国農村の現在──「14億分の10億」のリアル』中央公論新社、2024年、38-41頁。

4 この点については、安冨歩が提示している「県城経済」（安冨歩・深尾葉子編『「満洲」の成立──森林の消尽と近代空間の形成』名古屋大学出版会、2009年）という満洲の特徴とも絡めて議論を深める必要がある。また、弁納才一は中国農村発展モデルについて独自の見方を示しており、大変興味深い。弁納は、農村経済の発展は農業経営規模の縮小（零細農化）をもたらし、農村経済発展史の最終的段階においては農業・農民・農村が消滅し、都市化したとみなすことができる。したがって、「都市経済の発展は農村経済の発展の上に構築されていたのであり、都市の地域的拡大は都市近郊農村地域の都市への包摂による農村経済と都市経済とを分割して対立的に捉えるべきではなく、むしろ農村経済の発展と都市経済の発展を連続的に把握し、両者の相関関係を明らかにする必要がある」という。弁納才一「近現代中国農村経済史分析の新たな枠組みと発展モデルの提示」『金沢大学経済論集』第33巻第2号、2013年。

主要史料一覧

*中国語文献と史料（「調査報告」以外）については、著者編集者名もしくは史料名のピンイン標記でアルファベット順に並べた。

調査報告

吉林省開拓庁農林科『農村実態調査報告書——扶餘県四字子屯』吉林省開拓庁農林科、1939年。

経済部工務司『満洲国工場統計——康徳7年』満洲国経済部工務司、1942年。

経済部大臣官房資料科『満洲国工場統計——康徳5年』経済部大臣官房資料科、1940年。

公主嶺経済調査会『満洲一農村の社会経済的研究——大泉眼部落調査』大連運送組合、1934年。

国務院実業部臨時産業調査局『康徳元年度農村実態調査　戸別調査之部』（全3冊）国務院営繕需品局用度科、1935年。

国務院実業部臨時産業調査局『康徳3年度農村実態調査　戸別調査之部』（全4冊）国務院実業部臨時産業調査局、1936年。

国務院実業部臨時産業調査局『康徳3年度農村実態調査報告書（戸別調査之部）正誤表』国務院営繕需品局用度科、1936年。

国務院実業部臨時産業調査局『康徳3年度県技士見習生農村実態調査報告書』（全4冊）国務院実業部臨時産業調査局、1937年。

国務院産業部農務司『康徳4年度県技士見習生農村実態調査報告書』（全5冊）国務院産業部農務司、1938年。

国立北京大学附設農村経済研究所編『山東省に於ける農村人口移動——県城附近一農村の人口移動について』国立北京大学附設農村経済研究所、1942年。

産業部官方資料科「奉天省遼陽県農村実態調査一般調査報告書」産業部大臣官方資料科『産業部月報』第2巻第2号・第5号、1938年。

産業部大臣官房資料科『康徳3年度農家経営経済調査』（全3冊）産業部大臣官房資料科、1936年。

産業部大臣官房資料科『綿布並に綿織物工業に関する調査書』国務院産業部大臣官房資料科、1937年。

産業部大臣官房資料科『満洲国工場統計——康徳3年』産業部大臣官房資料科、1938年。

産業部大臣官房資料科『農村実態調査（綜合・戸別）調査項目』産業部大臣官房資料科、1939年。

実業部臨時産業調査局『満洲国工場統計——康徳元年』満洲国実業部臨時産業調査局、1936年。

実業部臨時産業調査局『康徳元年度農村実態調査報告書　産調資料（45）ノ（1）農家概況篇』実業部臨時産業調査局、1937年。以下、各報告書名を簡略表記する。

『40-1 満洲における小作関係（南満・中満ノ部）』
『40-2 土地関係並に慣行篇（南満・中満ノ部）』
『40-3 農民の衣食住』
『45-1 農家概況篇』
『45-2 小作関係並慣行篇』
『45-3 農業経営篇』
『45-4 販売並に購入事情篇』
『45-5 雇傭並に慣行篇』
『45-6 農家の負債並に賃借関係篇』
『45-7 農業経営続篇』
『45-8 土地関係並に慣行篇』
『45-9 農村社会生活篇』
『45-10 農産物販売事情篇』
『45-11 農家経済収支』
『45-12 主要農産物生産量』
『45-13 土地関係並に慣行篇（補遺）』
『45-14 租税公課篇（北満・南満）』
『45-15 農家の負債並に賃借関係篇（南満ノ部）』
『45-16 耕種概要篇（北満農具之部）』。

大同学院第 1 部第 9 期生農業経済演習班『満洲農村の実態——中部満洲の一農村に就て』満洲帝国大同学院、1938 年。

大同学院図書部委員編『満洲国各県視察報告』大同学院、1933 年。

中国農村慣行調査会編『中国農村慣行調査』岩波書店、1952-1958 年。

中支建設資料整備委員会『支那各省農業労働者雇傭習慣及び需給状況』中支建設資料整備事務所、1941 年。

東亜同文書院『中国調査旅行報告書』雄松堂出版、1996 年。

濱江省綏化県公署総務科『濱江省綏化県一般状況』濱江省綏化県公署、1938 年。

北満経済調査所『濱江省ニ於ケル農耕労働量ノ過不足状態』北満経済調査所、1936 年。

満洲国実業部総務司文書科『満洲国産業概観（康徳 4 年版）』実業部総務司文書科、1936 年。

満洲国大同学院図書部委員編『満洲国郷村社会実態調査抄』満洲国大同学院、1935 年。

満洲国立開拓研究所『満農雇傭労働事情調査』満洲国立開拓研究所、1941 年。

満洲国立公主嶺農事試験場『棉作地の農村及農家経済』公主嶺農事試験場、1941 年。

満洲帝国大同学院編『満洲農村社会実態調査報告書』満洲帝国大同学院、1936 年。

満洲帝国地方事情大系刊行会編『錦州省盤山県事情』満洲帝国地方事情大系刊行会、1936 年。

満洲評論社編『満洲農村雑話』満洲評論社、1939 年。

満鉄経済調査会『満洲の鉱業』南満洲鉄道株式会社、1933 年。

満鉄新京支社調査室『戦時経済下ニ於ケル北満農村ノ動態——克山県程家油房屯実態調査報告第一編』満鉄新京支社調査室、1940 年。

満鉄新京支社調査室『大豆統制ノ北満農村ニ及ボセル影響——克山県程家油房屯実態調査報告第二編』満鉄新京支社調査室、1940 年。

満鉄総裁室弘報課編『満洲農業図誌』非凡閣、1941 年。

満鉄調査課編『満洲出稼移住漢民の数的考察』南満洲鉄道株式会社、1931 年。

満蒙産業研究会編『満洲産業界より見たる支那の苦力』満洲経済時報社、1920 年。

南満洲鉄道株式会社経済調査会『満洲農産物収穫高豫想』南満洲鉄道株式会社、1932 年。

南満洲鉄道株式会社経済調査会『満洲の苦力』南満洲鉄道株式会社、1934 年。

南満洲鉄道株式会社経済調査会『満洲に於ける一農村の金融——吉林省永吉県農村調査中間報告』南満洲鉄道株式会社、1935 年。

南満洲鉄道株式会社経済調査委員会協同組合研究小委員会『満洲農村行政組織ト其ノ運営現態——綏化県』満鉄産業部、1936 年。

南満洲鉄道株式会社鉱業部地質課編『満洲ニ於ケル鉱山労働者』南満洲鉄道鉱業部地質課、1918 年。

南満洲鉄道株式会社興業部農務課『満洲の棉花』南満洲鉄道興業部農務課、1928 年。

南満洲鉄道株式会社社長室調査課『満洲農家の生産と消費』南満洲鉄道株式会社社長室調査課、1922 年。

南満洲鉄道株式会社庶務部調査課編『哈爾濱大洋票流通史』南満洲鉄道株式会社庶務部調査課、1928 年。

南満洲鉄道株式会社地方部地方課『南満洲農村土地及農家経済ノ研究』南満洲鉄道地方部地方課、1916 年。

南満洲鉄道株式会社調査部編『北満農業機構動態調査報告——第 1 編濱江省呼蘭県孟家村孟家区』博文館、1942 年。

南満洲鉄道株式会社調査部編『北満農業機構動態調査報告——第 2 編北安省綏化県蔡家窩堡』博文館、1942 年。

南満洲鉄道株式会社総務部事務局調査課編『満洲旧慣調査報告書』南満洲鉄道株式会社総務部事務局調査課、1913-1915 年。

南満洲鉄道株式会社総務部調査課『満洲の農業』南満洲鉄道株式会社、1931 年。

南満洲鉄道株式会社農事試験場『南満洲在来農業』南満洲鉄道農事試験場、1918 年。

南満洲鉄道株式会社北満経済調査所『労働を中心として見たる北満農村の農業経営事情——双城県大白家窩堡に於ける調査』南満洲鉄道株式会社北満経済調査所、1939-1940 年。

臨時産業調査局『(20 世紀日本のアジア関係重要研究資料 3) 農村実態調査一般調査報告書——黒河省瑷琿県——康徳 3 年度』(復刻版) 龍渓書舎、2010 年。

臨時産業調査局調査部第 1 科『康徳 3 年度農村実態調査一般調査報告書』(全 21 冊) 臨時

産業調査局調査部第 1 科、1936 年。

新聞

『安東日報』

『東北日報』

『遼東日報』

『牡丹江日報』

地方志

康熙『広寧県志』

光緒『盤山庁郷土志』

民国『盤山県志略』

盤錦市人民政府地方志辦公室編『盤錦市志』北京、方志出版社、1998 年。

盤山県地方志編纂委員会辦公室編『盤山県志』瀋陽、瀋陽出版社、1996 年。

綏化地区地方志編集委員会『綏化地区志』哈爾濱、黒龍江人民出版社、1995 年。

綏化県志編委会編『綏化県志』哈爾濱、黒龍江省人民出版社、1985 年。

族譜

蒼久勛・蒼久武・蒼恵馨編『蒼氏家譜』私家版、2006 年。

その他（檔案集、資料集など）

東北解放区財政経済史編写組・遼寧省檔案館・吉林省檔案館・黒龍江省檔案館編『東北解放区財政経済史資料選編』哈爾濱、黒龍江人民出版社、1988 年。

東北局宣伝部編『東北農村調査』瀋陽、東北書店、1947 年。

黒龍江省檔案館編『黒龍江革命歴史檔案史料叢編——土地改革運動』哈爾濱、黒龍江省檔案館、1984 年。

黒龍江省檔案館編『黒龍江革命歴史檔案史料叢編——大生産運動』哈爾濱、黒龍江省檔案館、1985 年。

黒龍江省農業合作化史編集部編『黒龍江省農業合作化史料選編（1946-1986）』哈爾濱、黒龍江省農業系統宣伝中心出版、1988 年。

黄道霞、余展、王西玉主編『建国以来農業合作化史料彙編』北京、中共党史出版社、1992 年。

李文海主編『民国時期社会調査叢編——郷村経済巻』福州、福建教育出版社、2009 年。

農村発展研究編集部篇『遼寧省農業合作化史料選編』瀋陽、中共遼寧省委農村工作委員会、遼寧省人民政府農村発展研究中心、1987 年。

史敬棠・張凜・周清和・畢中傑編『中国農業合作化運動史料』北京、生活・讀書・新知三聯書店、1957-1959 年。

中共哈爾濱市委党史研究室・中共賓県県委党史研究室編『中共中央北満分局』哈爾濱、黒龍江人民出版社、1998 年。

中共吉林省委党史工作委員会編『中共吉林党史資料叢書——転戦三年』長春、中共吉林省委党史工作委員会、1989 年。

中共遼寧省委党史研究室編『解放戦争中的遼吉根拠地』北京、中共党史出版社、1991 年。

中共中央東北局農村工作部編『東北農村調査彙集 1950-1952 年』長春、東北人民出版社、1954 年。

中共中央東北局農村工作部編『東北農村調査彙集』長春、東北人民出版社、1954 年。

中央檔案館編『解放戦争時期土地改革文件選編 (1945-1949 年)』北京、中共中央党校出版社、1981 年。

主要参考文献一覧

日本語

愛甲勝矢「南満洲農村に於ける出稼労働の問題」『産業部月報』第 1 巻第 2 号、1937 年。

愛甲勝矢「農村に於ける労働事情」『産業部月報』第 2 巻第 8 号、1938 年。

赤松智城・秋葉隆『満蒙の民族と宗教』大阪屋号書店、1941 年。

浅田喬二『日本帝国主義と旧植民地地主制——台湾・朝鮮・満洲における日本人大土地所有の史的分析』御茶の水書房、1968 年。

浅田喬二「満州農業移民の富農化・地主化状況」『駒沢大学経済学論集』第 8 巻第 3 号、1976 年。

浅田喬二「満州移民の農業経営状況」『駒沢大学経済学論集』第 9 巻第 1 号、1977 年。

浅田喬二「『満州経済論争』をめぐる諸問題」『駒沢大学経済学論集』第 14 巻第 1 号、1982 年。

浅田喬二・小林英夫編『日本帝国主義の満州支配——15 年戦争期を中心に』時潮社、1986 年。

足立啓二『明清中国の経済構造』汲古書院、2012 年。

阿南友亮「米・台の機密文書からみる中国内戦へのソ連の軍事介入——四平街会戦の前後を中心として」『東洋史研究』第 82 巻第 1 号、2023 年。

天野元之助『山東農業経済論』南満洲鉄道株式会社、1936 年。

天野元之助『中国農業史研究』農業総合研究所、1962 年。

天野元之助『中国の土地改革』アジア経済研究所、1962 年。

天野元之助『中国農業の地域的展開』龍渓書舎、1979 年。

天海謙三郎「中国旧慣の調査について——天海謙三郎氏をめぐる座談会」『東洋文化』第 25 号、1958 年。

荒武達朗『近代満洲の開発と移民——渤海を渡った人びと』汲古書院、2008年。

石田興平『満洲における植民地経済の史的展開』ミネルヴァ書房、1964年。

石田精一「北満農村の動態的考察」『満鉄調査月報』第19巻第10号、1939年。

石田精一「南満の村落構成——特に旧官荘所在地を中心として」『満鉄調査月報』第21巻第9号、1941年。

石田精一「南満に於ける大農経営」『満鉄調査月報』第21巻第10号、1941年。

石田精一（南満洲鉄道株式会社調査部編）『北満に於ける雇農の研究』博文館、1942年。

石田浩『中国農村社会経済構造の研究』晃洋書房、1986年。

石田浩『中国農村の歴史と経済——農村変革の記録』関西大学出版部、1991年。

石田眞「戦前の慣行調査が『法整備支援』に問いかけるもの——台湾旧慣調査・満州旧慣調査・華北農村慣行調査」早稲田大学比較法研究所編『比較法研究の新段階——法の継受と移植の理論』成文堂、2003年。

今井良一「『満州』試験移民の地主化とその論理——第三次試験移民団『瑞穂村』を事例として」『村落社会研究』第9巻第2号、2003年。

今井良一『満洲農業開拓民——「東亜農業のショウウィンドウ」建設の結末』三人社、2018年。

井村哲郎編『満鉄調査部——関係者の証言』アジア経済研究所、1996年。

岩佐捨一「北満農村に於ける大家族分家の一事例——綏化県蔡家窩堡屯」『満鉄調査月報』第20巻第12号、1940年。

尹国花「国共内戦期延辺における中国共産党の民族政策——朝鮮人幹部の動向を中心として」『歴史学研究』第997号、2020年。

尹国花「戦後初期、延辺における基層社会政権の変容——延辺人民民主大同盟と中国共産党との関係に着目して」『東洋学報』第104巻第2号、2022年。

上田信「村に作用する磁力について（上）・（下）——浙江省勤勇村（鳳渓村）の履歴」『中国研究月報』第40巻第1号、第2号、1986年。

上田貴子『奉天の近代——移民社会における商会・企業・善堂』京都大学学術出版会、2018年。

碓氷茂『南満洲の農村』地人書館、1940年。

内田智雄『中国農村の家族と信仰』弘文堂、1948年。

内山雅生「近代中国における地主制——華北の農業経営を中心として」『歴史評論』、第319号、1976年。

内山雅生「近代中国における葉煙草栽培についての一考察——20世紀前半の山東省を中心として」『社会経済史学』第45巻第1号、1979年。

内山雅生『現代中国農村と「共同体」——転換期中国華北農村における社会構造と農民』御茶の水書房、2003年。

内山雅生『日本の中国農村調査と伝統社会』御茶の水書房、2009年。

内山雅生・菅野智博・祁建民「中国内陸農村訪問調査報告（5）」『研究紀要』（長崎県立大

学）第 15 号、2015 年。

海野磯雄「農村の年中行事——部落日記 3 月」『満鉄調査月報』第 23 巻第 12 号、1943 年。

梅村卓『中国共産党のメディアとプロパガンダ——戦後満洲・東北地域の歴史的展開』御茶の水書房、2015 年。

梅村卓・大野太幹・泉谷陽子編集『満洲の戦後——継承・再生・新生の地域史』勉誠出版、2018 年。

エ・エ・ヤシノフ著（哈爾濱事務所訳、南満洲鉄道株式会社庶務部調査課編）『北満洲支那農民経済』南満洲鉄道、1929 年。

江夏由樹「清朝の時代、東三省における八旗荘園の荘頭についての一考察——帯地投充荘頭を中心に」『社会経済史学』第 46 巻第 1 号、1980 年。

江夏由樹「清末の時期、東三省南部における官地の丈放の社会経済史的意味——錦州官荘の丈放を一例として」『社会経済史学』第 49 巻第 4 号、1983 年。

江夏由樹「旧錦州官荘の荘頭と永佃戸」『社会経済史学』第 54 巻第 6 号、1989 年。

江夏由樹「1930 年代の中国東北農村における公租公課——満洲国の『農村実態調査報告書』の記述から」『一橋論叢』第 120 巻第 6 号、1998 年。

江夏由樹「『満洲国』の農村実態調査」『年次研究報告書』第 6 号、2006 年。

江夏由樹・中見立夫・西村成雄・山本有造編『近代中国東北地域史研究の新視角』山川出版社、2005 年。

王紅艶『「満洲国」労工の史的研究——華北地区からの入満労工』日本経済評論社、2015 年。

大上末広「満洲農業恐慌の現段階」満鉄経済調査会編『満洲経済年報』改造社、1935 年。

大沢武彦「戦後内戦期における中国共産党統治下の大衆運動と都市商工業——東北解放区を中心として」『中国研究月報』第 58 巻第 5 号、2004 年。

大沢武彦「戦後内戦期における中国共産党の東北支配と対ソ交易」『歴史学研究』第 814 号、2006 年。

大沢武彦「国共内戦期の農村における『公民権』付与と暴力」『歴史評論』第 681 巻、2007 年。

太田出・佐藤仁史編『太湖流域社会の歴史学的研究——地方文献と現地調査からのアプローチ』汲古書院、2007 年。

大野太幹「満鉄附属地華商と沿線都市中国商人——開原・長春・奉天各地の状況について」『アジア経済』第 47 巻第 6 号、2006 年。

奥村哲『中国の資本主義と社会主義——近現代史像の再構成』桜井書店、2004 年。

奥村哲編『変革期の基層社会——総力戦と中国・日本』創土社、2013 年。

小都晶子『「満洲国」の日本人移民政策』汲古書院、2019 年。

小都晶子「ソ連軍進攻前後の中国東北地域——賓県を事例に」日ソ戦争史研究会編『日ソ戦争史の研究』勉誠出版、2023 年。

海阿虎『「満洲国」農事改良史研究』清文堂出版、2018 年。

風間秀人「『満洲国』における農民層分解の動向（Ⅰ）・（Ⅱ）——統制経済期を中心として」『アジア経済』第 30 巻第 8-9 号、1989 年。

風間秀人『満州民族資本の研究——日本帝国主義と土着流通資本』緑蔭書房、1993 年。

角崎信也「新兵動員と土地改革——国共内戦期東北解放区を事例として」『近きに在りて——近現代中国をめぐる討論のひろば』第 57 号、2010 年。

角崎信也「土地改革と農業生産——土地改革による北満型農業形態の解体とその影響」『国際情勢』第 80 巻、2010 年。

角崎信也「『積極分子』とはだれか——国共内戦期における村幹部リクルートの諸問題」『国際情勢』第 81 号、2011 年。

角崎信也「土地改革と農業集団化——北満の文脈 1946～1951 年」梅村卓・大野太幹・泉谷陽子編集『満洲の戦後——継承・再生・新生の地域史』勉誠出版、2018 年。

梶原子治『満洲に於ける農地集中分散の研究』満洲事情案内所、1942 年。

加藤聖文『海外引揚の研究——忘却された「大日本帝国」』岩波書店、2020 年。

加藤豊隆『満洲国警察小史——第 1 編満洲国権力の実態について』満蒙同胞援護会愛媛県支部、1968 年。

河合洋尚・奈良雅史・韓敏編『中国民族誌学——100 年の軌跡と展望』風響社、2024 年。

川島真・中村元哉編著『中華民国史研究の動向』晃洋書房、2019 年。

菅野智博「北満洲の雇農と村落社会——満洲国期の農村実態調査資料に即して」『史学』第 81 巻第 3 号、2012 年。

菅野智博「近代南満洲における農業労働力雇用——労働市場と農村社会との関係を中心に」『史学雑誌』第 124 巻第 10 号、2015 年。

菅野智博「満洲研究の視座——記録と記憶をめぐって」加藤聖文・田畑光永・松重充浩編『挑戦する満洲研究——地域・民族・時間』東方書店、2015 年。

菅野智博「近代南満洲における農業外就業と農家経営——遼陽県前三塊石屯の事例を中心に」『東洋学報』第 98 巻第 3 号、2016 年。

菅野智博「分家からみる近代北満洲の農家経営——綏化県蔡家窩堡の蒼氏を中心に」『社会経済史学』83 巻 2 号、2017 年。

菅野智博「中国東北地方における土地改革の展開と農家経営の諸問題」富士ゼロックス株式会社小林基金小林フェローシップ 2016 年度研究助成論文、2018 年。

菊池秀明『広西移民社会と太平天国』風響社、1998 年。

祁建民『中国における社会結合と国家権力——近現代華北農村の政治社会構造』御茶の水書房、2006 年。

祁建民「互助組の結成から見る中国の国家権力と人間関係」『東アジア評論』（長崎県立大学東アジア研究所）第 4 号、2012 年。

祁建民「中国における伝統的な水利『共同関係』とその変容——山西省霍州市・洪洞県四社五村を中心として」『東アジア評論』（長崎県立大学東アジア研究所）第 12 号、2020 年。

貴志俊彦・松重充浩・松村史紀編『二〇世紀満洲歴史事典』吉川弘文館、2012 年。

金美花『中国東北農村社会と朝鮮人の教育——吉林省延吉県楊城村の事例を中心として（1930-49 年）』御茶の水書房、2007 年。

久保亨『20 世紀中国経済史論』汲古書院、2020 年。

久保亨・瀧下彩子編『戦前日本の華中・華南調査』東洋文庫、2021 年。

雲塚善次「満洲農業の資本主義化に就て（1）—（完了）」（全 8 号）『満洲評論』第 18 巻第 21 号—第 19 巻第 15 号、1940 年。

河野正『村と権力——中華人民共和国初期、華北農村の村落再編』晃洋書房、2023 年。

呉振輝「労力・畜力を中心とせる北満の農業経営について」『満鉄調査月報』第 18 巻第 3 号、1938 年。

小林英夫「1930 年代『満洲工業化』政策の展開過程——『満洲産業開発五カ年計画』実施過程を中心に」『土地制度史学』11 巻 4 号、1969 年。

小林英夫『〈満洲〉の歴史』講談社現代新書、2008 年。

近藤康男『満洲農業経済論』日本評論社、1942 年。

斎藤修『プロト工業化の時代——西欧と日本の比較史』日本評論社、1985 年。

榊谷仙次郎『榊谷仙次郎日記』榊谷仙次郎日記刊行会、1969 年。

左近幸村編著『近代東北アジアの誕生——跨境史への試み』北海道大学出版会、2008 年。

笹川裕史編『戦時秩序に巣喰う「声」——日中戦争・国共内戦・朝鮮戦争と中国社会』創土社、2017 年。

佐藤大四郎『綏化県農村協同組合方針大綱』満洲評論社、1937 年。

佐藤武夫『満洲農業再編成の研究』生活社、1942 年。

佐藤正広『帝国日本と統計調査——統治初期台湾の専門家集団』岩波書店、2012 年。

滋賀秀三『中国家族法の原理』創文社、1967 年。

首藤明和『中国の人治社会——もうひとつの文明として』日本経済評論社、2003 年。

スキナー、G. W. 著、今井清一ほか訳『中国農村の市場・社会構造』法律文化社、1979 年。

隋藝『中国東北における共産党と基層民衆 1945—1951』創土社、2018 年。

末廣昭責任編集『岩波講座「帝国」日本の学知　第 6 巻——地域研究としてのアジア』岩波書店、2006 年。

菅沼圭輔「1950 年代の中国における農業生産合作化と家族経営に関する研究——東北・黒龍江省を対象として」東京大学、博士学位論文、1992 年。

鈴木小兵衛『満洲の農業機構』白揚社、1935 年。

鈴木小兵衛「満洲農村に於ける血縁関係」『満鉄調査月報』第 19 巻第 6 号、1939 年。

須藤功『若勢——出羽国の農業を支えた若者たち』無明舎出版、2015 年。

瀬川昌久『中国人の村落と宗族——香港新界農村の社会人類学的研究』弘文堂、1991 年。

瀬川昌久『族譜——華南漢族の宗族・風水・移住』風響社、1996 年。

瀬川昌久「中国人の族譜と歴史意識」『東洋文化』第 76 号、1996 年。

曹建平「近代満州における葉煙草栽培地域とその農業経営」『北大史学』第 55 号、2015年。

染木煦、満鉄総裁室弘報課編『北満民具採訪手記』座右宝刊行会、1941 年。

高野麻子『指紋と近代——移動する身体の管理と統治の技法』みずす書房、2016 年。

高橋伸夫編著『救国、動員、秩序——変革期中国の政治と社会』慶應義塾大学出版会、2010 年。

瀧澤俊亮『満洲の街村信仰』満洲事情案内所、1940 年。

田中恭子『土地と権力——中国の農村革命』名古屋大学出版会、1996 年。

田原史起『中国農村の権力構造——建国初期のエリート再編』御茶の水書房、2004 年。

田原史起『草の根の中国——村落ガバナンスと資源循環』東京大学出版会、2019 年。

田原史起『中国農村の現在——「14 億分の 10 億」のリアル』中央公論新社、2024 年。

田中義英『農村実態調査の理論と実際』富民社、1957 年。

陳祥「『満州国』統制経済下の農村闇市場問題」『環東アジア研究センター年報』第 5 号、2010 年。

陳祥「『満洲国』期の農村経済関係と農民生活——吉林省永吉県南荒地村を中心に」『環日本海研究年報』第 17 号、2010 年。

塚瀬進「中国近代東北地域における農業発展と鉄道」『社会経済史学』第 58 巻第 3 号、1992 年。

塚瀬進『中国近代東北経済史研究——鉄道敷設と中国東北経済の変化』東方書店、1993年。

塚瀬進『満洲国——「民族協和」の実像』吉川弘文館、1998 年。

塚瀬進「日本人が作成した中国東北に関する調査報告書の有効性と限界」『環東アジア研究センター年報』3 号、2008 年。

塚瀬進「中国東北地域の社会経済史」『近きに在りて——近現代中国をめぐる討論のひろば』第 59 号、2011 年。

塚瀬進「満洲国における産業発展と地域社会の変容」『環東アジア研究センター年報』7号、2012 年。

塚瀬進『マンチュリア史研究——「満洲」六〇〇年の社会変容』吉川弘文館、2014 年。

塚瀬進「『満洲』の土地制度と漢人流入——満洲国期に作成された調査報告書」劉建輝編著『「満洲」という遺産——その経験と教訓』ミネルヴァ書房、2022 年。

寺林伸明・劉含発・白木沢旭児編『日中両国から見た「満洲開拓」——体験・記憶・証言』御茶の水書房、2014 年。

東亜経済懇談会『満洲農業懇話会報告書』東亜経済懇談会、1941 年。

Dornetti, Filippo「地域社会における満洲国協和会の展開と農民の動向——奉天省撫順県を中心に」『三田学会雑誌』110 巻 3 号、2017 年。

Dornetti, Filippo「近代中国東北部における農業水利組織（1913～1943 年）——撫順県を事例に」『三田学会雑誌』111 巻 2 号、2018 年。

中兼和津次『旧満洲農村社会経済構造の分析』アジア政経学会、1981 年。

中兼和津次「中国の農業生産構造の変容——東北三省にかんする分析的試論」『経済研究』第 33 巻第 1 号、1982 年。

長岡新吉「『満州国』臨時産業調査局の農村実態調査について」『経済学研究』第 40 巻第 4 号、1991 年。

中西功「満洲経済研究の深化——1935 年版『満洲経済年報』を評す」『満鉄調査月報』第 15 巻第 11 号、1935 年。

中見立夫『「満蒙問題」の歴史的構図』東京大学出版会、2013 年。

中村興「濱江省綏化県蔡家保、蔡家窩堡屯の実態調査」『内務資料月報』第 2 巻第 9 号、1938 年。

中村孝俊『把頭制度の研究』龍文書局創立事務所、1944 年。

夏井春喜「江南の土地改革と地主（上）・（下）」『史朋』第 48-49 巻、2015-2016 年。

仁井田陞『中国の農村家族』東京大学出版会、1952 年。

聶莉莉『劉堡——中国東北地方の宗族とその変容』東京大学出版会、1992 年。

西村成雄『中国近代東北地域史研究』法律文化社、1984 年。

西村成雄「戦後中国東北における政治的正統性の源泉——『東北抗日聯軍』の記憶から『北満根拠地』へ」山本有造編著『満洲——記憶と歴史』京都大学学術出版会、2007 年。

日本国際問題研究所中部部会編『新中国資料集成（第 1 巻）』日本国際問題研究所、1963 年。

野田公夫編『日本帝国圏の農林資源開発——「資源化」と総力戦体制の東アジア』京都大学学術出版会、2013 年。

野間清「東北の農民はどのように組織されたか——互助組みから生産協同組合へ」『アジア経済旬報』第 194 号、1953 年。

野間清「中国の土地改革——月例会報告」『現代中国』第 26 号、1954 年。

野間清「『満洲』農村実態調査の企画と業績——満鉄調査回想の 2」『愛知大学国際問題研究所紀要』第 58 巻、1976 年。

野間清「満鉄調査関係者に聞く第 1 回——『満洲』農村実態調査遺聞（Ⅰ）」『アジア経済』第 26 巻第 4 号、1985 年。

野間清「満鉄調査関係者に聞く第 2 回——『満洲』農村実態調査遺聞（Ⅱ）」『アジア経済』第 26 巻第 5 号、1985 年。

旗田巍『中国村落と共同体理論』岩波書店、1973 年。

濱島敦俊『総管信仰——近世江南農村社会と民間信仰』研文出版、2001 年。

朴敬玉『近代中国東北地域の朝鮮人移民と農業』御茶の水書房、2015 年。

費孝通著、大里浩秋・並木頼寿訳『江南農村の工業化——「小城鎮」建設の記憶 1983-84』研文出版、1988 年。

平野蕃『満洲の農業経営』中央公論社、1941 年。

広川佐保「『満州国』初期における土地政策の立案とその展開」『一橋論叢』第132巻第6号、2004年。

広川佐保『蒙地奉上——「満州国」の土地政策』汲古書院、2005年。

廣田豪佐「北満農村に於ける家族共同体の形成と解体（上）（下）」『満鉄調査月報』第20巻第10-11号、1940年。

深尾葉子「山東葉煙草栽培地域と『英米トラスト』の経営戦略——1910～30年代中国における商品作物生産の一形態」『社会経済史学』第56巻第5号、1991年。

深尾葉子・安冨歩「中国陝西省北部農村の人間関係形成機構——〈相夥〉と〈雇〉」『東洋文化研究所紀要』第144冊、2003年。

福武直『中国農村社会の構造』大雅堂、1946年。

藤田佳久『東亜同文書院中国大調査旅行の研究』大明堂、2000年。

フリードマン、M.著、田村克己・瀬川昌久訳『中国の宗族と社会』弘文館、1987年。

古島敏雄「中国農村慣行調査第一巻を読んで」『歴史学研究』第166号、1953年。

弁納才一「20世紀前半中国におけるアメリカ棉種の導入について」『歴史学研究』第695号、1997年。

弁納才一『近代中国農村経済史の研究——1930年代における農村経済の危機的状況と復興への胎動』金沢大学経済学部、2003年。

弁納才一『華中農村経済と近代化——近代中国農村経済史像の再構築への試み』汲古書院、2004年。

弁納才一「農村経済史」久保亨編『中国経済史入門』東京大学出版会、2012年。

弁納才一「近現代中国農村経済史分析の新たな枠組みと発展モデルの提示」『金沢大学経済論集』第33巻第2号、2013年。

弁納才一『近代中国の食糧事情——食糧の生産・流通・消費と農村経済』丸善出版、2019年。

細谷亨『日本帝国の膨張・崩壊と満蒙開拓団』有志舎、2019年。

本庄比佐子・内山雅生・久保亨編『華北の発見』汲古書院、2014年。

牧野巽『牧野巽著作集』御茶の水書房、1979-1985年。

松重充浩「榊谷仙次郎日記」武内房司編『日記に読む近代日本5——アジアと日本』吉川弘文館、2012年。

松村高夫・解学詩・江田憲治編著『満鉄労働史の研究』日本経済評論社、2002年。

松本俊郎『「満洲国」から新中国へ——鞍山鉄鋼業からみた中国東北の再編過程1940-1954』名古屋大学出版会、2000年。

松本俊郎編『「満洲国」以後——中国工業化の源流を考える』名古屋大学出版会、2023年。

満史会編『満州開発四十年史』満州開発四十年史刊行会、1964年。

満洲回顧集刊行会編『あゝ満洲——国つくり産業開発者の手記』満洲回顧集刊行会、1965年。

満州国治安部警察司編『満洲国警察史』（完全復刻版）加藤豊隆（元在外公務員援護会）、

1976 年。

満州史研究会編『日本帝国主義下の満州——「満州国」成立前後の経済研究』御茶の水書房、1972 年。

三品英憲「近代中国農村研究における『小ブルジョア的発展論』について」『歴史学研究』第 735 号、2000 年。

三品英憲「近代における華北農村の変容過程と農家経営の展開——河北省定県を例として」『社会経済史学』第 66 巻第 2 号、2000 年。

三品英憲「近代中国農村における零細兼業農家の展開——河北省定県の地域経済構造分析を通して」『土地制度史学』第 43 巻第 2 号、2001 年。

三品英憲「大塚久雄と近代中国農村研究」小野塚知二、沼尻晃伸編『大塚久雄『共同体の基礎理論』を読み直す』日本経済評論社、2007 年。

水谷国一（満鉄経済調査会編）「満洲に於ける一農村の農業労働者——吉林省永吉県南荒地農村調査中間報告」『満鉄調査月報』第 14 巻第 10 号、1934 年。

三谷孝編『農民が語る中国現代史——華北農村調査の記録』内山書店、1993 年。

三谷孝編『中国農村変革と家族・村落・国家——華北農村調査の記録』汲古書院、1999 年。

峰毅『中国に継承された「満洲国」の産業——化学工業を中心にみた継承の実態』御茶の水書房、2009 年。

村上勝彦「本渓湖煤鉄公司と大倉財閥」大倉財閥研究会編『大倉財閥の研究——大倉と大陸』近藤出版社、1982 年。

守田利遠編述『満洲地誌』丸善、1906 年。

森正夫「中国前近代史研究における地域社会の視点——中国史シンポジウム『地域社会の視点——地域社会とリーダー』基調報告」『名古屋大学文学部研究論集 史学』第 28 巻、1982 年。

安岡健一『「他者」たちの農業史——在日朝鮮人・疎開者・開拓農民・海外移民』京都大学学術出版会、2014 年。

安冨歩・深尾葉子編『「満洲」の成立——森林の消尽と近代空間の形成』名古屋大学出版会、2009 年。

安松康司「黒山県城に於ける工夫市に就て——附近農村に於ける農業労働者の雇傭関係」『内務資料月報』第 2 巻第 3 号、満洲行政学会、1938 年。

山田賢『移住民の秩序——清代四川地域社会史研究』名古屋大学出版会、1995 年。

山本英史編『伝統中国の地域像』慶應義塾大学出版会、2000 年。

山本英史編『近代中国の地域像』山川出版社、2011 年。

山本真『近現代中国における社会と国家——福建省での革命、行政の制度化、戦時動員』創土社、2016 年。

山本晴彦『満洲の農業試験研究史』農林統計出版、2013 年。

山本有造『「満洲国」経済史研究』名古屋大学出版会、2003 年。

主要参考文献一覧　　　271

山本有造編著『満洲——記憶と歴史』京都大学学術出版会、2007年。

山本義三「北満一農村の家族関係——北安省綏化県彦郷村于坦店屯」『満鉄調査月報』第20巻第6号、1940年。

湯川真樹江「満洲における米作の展開 1913-1945——満鉄農事試験場の事務とその変遷」『史学』第80巻第4号、2011年。

湯川真樹江「中国東北地方における『満洲国』の農業遺産接収過程と水稲品種の変遷——中国共産党による接収と再建を中心に」『社会システム研究』第26号、2013年。

湯川真樹江「『満洲国』における興農合作社の組織化と水稲奨励品種の普及活動」『中国研究月報』第73巻第6号、2019年。

横山政子「中国大躍進期における農村公共食堂の地域的な運営形態——黒竜江省の場合」『歴史学研究』第883号、2011年。

横山政子「大躍進運動前後の農村託児所と女性労働力——黒竜江省の事例」『現代中国』第86号、2012年。

横山政子「中国大躍進運動前後の農村託児所——保母を中心とした乳幼児の受け入れ態勢に関する黒竜江省の事例」『日本ジェンダー研究』第15号、2012年。

横山政子「農業集団化における中国東北地域の家畜の飼育」『研究紀要』（志學館大学）第41巻、2020年。

吉川忠雄「北満農業労働人口の研究」『満洲経済』創刊号、満洲経済社、1940年。

吉田浤一「20世紀中国の一棉作農村における農民層分解について」『東洋史研究』第33巻第4号、1975年

吉田浤一「20世紀前半華北穀作地帯における農民層分解の動向」『東洋史研究』第45巻第1号、1986年。

吉田建一郎「20世紀中葉の中国東北地域における豚の品種改良について」村上衛編『近現代中国における社会経済制度の再編』京都大学人文科学研究所附属現代中国研究センター、2016年。

李海燕『戦後の「満州」と朝鮮人社会——越境・周縁・アイデンティティ』御茶の水書房、2009年。

李海燕「中国朝鮮族社会における土地改革と農業集団化の展開（1946-1960）」『相関社会科学』第22号、2012年。

李海訓「中国東北北部における農業と『満州国』」『歴史と経済』65巻4号、2023年。

劉正愛『民族生成の歴史人類学——満洲・旗人・満族』風響社、2006年。

凌鵬「『共同体』理論と中国農村社会研究——谷川道雄『共同体』論の意義を論する」『東アジア研究（大阪経済法科大学アジア研究所）』第72号、2020年。

路遙・佐々木衛編『中国の家・村・神々——近代華北農村社会論』東方書店、1990年。

中国語

『本鋼史』編写組編『本鋼史——1905-1980』瀋陽、遼寧人民出版社、1985年。

曹幸穂『旧中国蘇南農家経済研究』北京、中央編訳出版社、1996 年。

陳玉峰「三十年代中国農村雇傭労働者」『史学集刊』1993 年第 4 期。

池子華『中国流民史・近代巻』合肥、安徽人民出版社、2001 年。

戴茂林・李波『中共中央東北局——1945-1954』瀋陽、遼寧人民出版社、2017 年。

戴迎華『清末民初旗民生存状態研究』北京、人民出版社、2010 年。

定宜庄・郭松義・李中清・康文林『遼東移民中的旗人社会——歴史文献、人口統計與田野
　　調査』上海、上海社会科学院出版社、2004 年。

范立君『近代関内移民與中国東北社会変遷（1860-1931）』北京、人民出版社、2007 年。

高楽才『日本「満洲移民」研究』北京、人民出版社、2000 年。

高楽才・王友興「解放戦争時期東北的日本移民用地的土地改革」『黒龍江社会科学』2008
　　年 5 期。

何方著・邢小群録音整理『従延安一路走来的反思——何方自述』香港、明報出版社、
　　2008 年。

黒龍江農業合作史編委会編『黒龍江農業合作史』北京、中共党史資料出版社、1990 年。

晋察冀文芸研究会編『東北解放戦争』瀋陽、遼寧美術出版社、1992 年。

菅野智博「従『満洲国』時期的農村調査探討雇工与農村社会的関係」『曁南史学』第 17 期、
　　2014 年。

菅野智博「従大家庭分裂探討近代北満地区的農村社会」胡春恵、劉祥光主編『2015 両岸
　　三地歴史学研究生研討会論文集』香港珠海書院亜洲研究中心、国立政治大学歴史学系、
　　2016 年。

孔経緯『中国東北経済変遷』長春、吉林教育出版社、1999 年。

孔経緯『東北経済史』成都、四川人民出版社、1986 年。

李秉剛・高嵩峰・権芳敏『日本在東北奴役労工調査研究』北京、社会科学文献出版社、
　　2009 年。

李金錚「生態、地権與経営的合力——従冀中定県看近代華北平原郷村的雇用関係」『近代
　　史研究』2020 年第 2 期。

李強『偽満時期東北地区人口研究』北京、光明日報出版社、2012 年。

李淑娟『日偽統治下的東北農村 1931-1945 年』北京、当代中国出版社、2005 年。

李文明・王秀清『中国東北百年農業増長研究（1914-2005）』北京、中国農業出版社、2011
　　年。

李文治・魏金玉・経君健『明清時代的農業資本主義萌芽問題』北京、中国社会科学出版社、
　　1983 年。

林志宏「地方分権與『自治』——満洲国的建立及日本支配」黄自進・潘光哲主編『近代中
　　日関係史新論』新北、稲郷出版社、2017 年。

林志宏「有毒的聖杯——満洲国『民族協和』的実践及其困境」『新史学』第 31 巻第 8 期、
　　2020 年。

林志宏「重建合法性——満洲国的地方調査、模範村及其『教化』」『中央研究院近代史研究

所集刊』第 117 期、2022 年。

林志宏「満洲国研究的回顧與動向（1998-2023）——従『帝国転向』談起」『中央研究院近代史研究所集刊』第 124 期、2024 年。

劉潔「論解放前後東北土地占有関係的変革及其積極作用」『史学集刊』2008 年第 3 期。

羅崙・景甦『清代山東経営地主経済研究』済南、斉魯書社、1985 年。

馬平安『近代東北移民研究』済南、斉魯書社、2009 年。

単永新・郭雨佳「解放戦争時期中国共産党在東北地区率先勝利的戦略策略因素探析」『東北師大学報（哲学社会科学版）』2015 年第 2 期。

尚海濤『民国時期華北地区農業傭習慣規範研究』北京、中国政法大学出版社、2012 年。

宋慶齢『為新中国奮闘』北京、人民出版社、1952 年。

綏化簡史編纂委員会『綏化簡史』哈爾濱、黒龍江省新聞出版局、1996 年。

孫邦『偽満史料叢書　経済掠奪』長春、吉林人民出版社、1993 年。

王大任「近代東北地区雇工経営農場的再検討」『史林』2011 年第 4 期。

王大任「圧力下的選択——近代東北農村土地関係的衍化與生態変遷」『中国経済史研究』2013 年 4 期。

王大任『圧力與共生——動変中的生態系統與近代東北農民経済』北京、中国社会科学出版社、2014 年。

王広義『近代中国東北郷村社会研究（1840-1931）』北京、光明日報出版社、2010 年。

王広義・高哲「近代東北郷村経済的生産協作関係及其変化」『中国社会歴史評論』第 28 巻、2022 年。

王友明『解放区土地改革研究：1941-1948——以山東莒南県為個案』上海、上海社会科学院出版社、2006 年。

呉滔・佐藤仁史『嘉定県事——14 至 20 世紀初江南地域社会史研究』広州、広東人民出版社、2014 年。

烏廷玉・張雲樵・張占斌『東北土地関係史研究』長春、吉林文史出版社、1990 年。

肖夢「偽満時期的農村地主階級」『社会科学輯刊』1984 年第 3 期。

薛暮橋「桂林六塘的労働市場」『新中華』第 2 巻第 1 期、1934 年。

衣保中『朝鮮移民与東北地区水田開発』長春、長春出版社、1999 年。

衣保中「論近代東北地区的『大農』規模経済」『中国農史』2006 年第 2 期。

于春英・衣保中『近代東北農業歴史的変遷——1860-1945 年』長春、吉林大学出版社、2009 年。

于春英・王鳳傑「偽満時期東北農業雇工研究」『中国農史』2008 年第 3 期。

張静「土地証中的『登記』與『缺席』——二十世紀中期農村婦女土地権益研究」『中国農史』2014 年第 4 期、2014 年。

張思『近代華北村落共同体的変遷——農耕結合習慣的歴史人類学考察』北京、商務印書館、2005 年。

張憲文・張玉法主編、葉美蘭・黄正林・張玉龍・張艶著『中華民国専題史——第 7 巻　中

共農村道路探索』南京、南京大学出版社、2015 年。

張憲文・張玉法主編、林桶法・田玄・陳英傑・李君山著『中華民国専題史——第 16 巻 国共内戦』南京、南京大学出版社、2015 年。

趙中孚「1920-30 年代的東三省移民」『中央研究院近代史研究所集刊』第 2 期、1971 年。

中共中央文献編集委員会編『陳雲文選』北京、人民出版社、1984-1986 年。

中国人民政治協商会議遼寧省盤山県委員会文史資料研究委員会編『盤山文史資料』第 5 集、盤山、中国人民政治協商会議遼寧省盤山県委員会文史資料研究委員会、1990 年。

周海・杜成安・呉中華・馬東「試論南満根拠地的土地改革」『遼寧師専学報（社会科学版)』2012 年第 4 期。

朱建「関於中国農業的資本主義萌芽問題——與『清代山東経営地主底社会性質』一書作者商権」『学術月刊』1961 年第 4 期。

朱建華主編、王雲・張徳良・郭彬蔚副主編『東北解放区財政経済史稿』哈爾濱、黒龍江人民出版社、1987 年。

佐藤仁史・林志宏・湯川真樹江・菅野智博・森巧「中国東北地方文献調査記」『国史研究通訊』第 2 期、2012 年。

英語

Brown, Jeremy and Paul G. Pickowicz, eds., *Dilemmas of Victory*, Cambridge: Harvard University Press, 2007.

Duara, Prasenjit, *Culture, Power, and the State: Rural North China, 1900–1942*, Stanford, California: Stanford University Press, 1988.

Hershatter, Gail, *The Gender of Memory: Rural Women and China's Collective Past*, Berkeley: University of California Press, 2011.

Huang, Philip C. C., *The Peasant Economy and Social Change in North China*, Stanford, California: Stanford University Press, 1985.

Huang, Philip C. C., *The Peasant Family and Rural Development in the Yangzi Delta, 1350–1988*, Stanford, California: Stanford University Press, 1990.

Myers, Ramon H., *"Socioeconomic Change in Villages of Manchuria during the Ch'ing and Republican Periods: Some Preliminary Findings"*, Modern Asian Studies, 10 (4), 1976.

Myers, Ramon H. and Thomas R. Ulie, *"Foreign Influence and Agricultural Development in Northeast China: A Case Study of the Liaotung Peninsula, 1906–42"*, Journal of Asian Studies, 31 (2), 1972.

Noellert, Matthew, *Power over Property: The Political Economy of Communist Land Reform in China*, Michigan: University of Michigan Press, 2020.

Seow, Victor, *Carbon Technocracy: Energy Regimes in Modern East Asia*, Chicago: University of Chicago, 2021.

Sun, Kungtu C., *The Economic Development of Manchuria in the First Half of the Twentieth Century*, Cambridge, Mass.: Harvard University Press, 1969.

Yan, Yunxinag, *The Flow of Gifts: Reciprocity and Social Networks in a Chinese Village*, Stanford, California: Stanford University Press, 1996.

あとがき

　本書は、2018年3月に一橋大学大学院社会学研究科より博士学位を授与された博士学位論文「近代満洲における農業労働力と農村社会」が土台になっている。この場を借りて、主査を担当してくださった佐藤仁史先生、副査を務めてくださった江夏由樹先生、洪郁如先生、加藤圭木先生にはまず深く御礼を申し上げたい。博士課程修了後の数年間は、中国の中山大学での就職、新型コロナウイルスの影響、慶應義塾大学への転任、さらには結婚や子どもの誕生など、人生の大きな節目となる出来事が次々と訪れた。このように、自分を取り巻く環境が目まぐるしく変化する中で、心を落ち着かせて研究に専念することが難しく、先生方からご指摘いただいた審査意見を十分に修正しきれなかった箇所もある。もう少し時間をかけて出版すべきだったかもしれないが、多くの研究者がおっしゃる「博士論文は、研究の途中経過を示すものであり、次の課題を発見するためのステップである」という言葉に背中を押され、出版を決心した。

　各章の初出は以下の通りである。本書をまとめるにあたって、大幅に加筆・改稿すると共に、一部で構成を組みかえている。

序章　書き下ろし

第1章　書き下ろし

第2章　書き下ろし

第3章　「北満洲の雇農と村落社会——満洲国期の農村実態調査資料に即して」『史学』第81巻第3号、2012年。「従『満洲国』時期的農村調査探討雇工与農村社会的関係」『暨南史学』第17期、2014年。

第4章　「近代南満洲における農業労働力雇用——労働市場と農村社会との関係を中心に」『史学雑誌』第124巻第10号、2015年。

第5章　「近代南満洲における農業外就業と農家経営——遼陽県前三塊石屯の事例を中心に」『東洋学報』第98巻第3号、2016年。

277

第6章 「分家からみる近代北満洲の農家経営——綏化県蔡家窩堡の蒼氏を中心に」『社会経済史学』83巻2号、2017年。

補論 「中国東北地方における土地改革の展開と農家経営の諸問題」富士ゼロックス株式会社小林基金小林フェローシップ2016年度研究助成論文、2018年。

終章 書き下ろし

　母親がよく私に「あなたは運がいい。謙虚な気持ち忘れずに、いつまでも周りに感謝しない」という。その言葉の通り、私は自分が運と人間関係に恵まれていると自負している。ここからは、研究テーマや様々な人との出会いを振り返りながら、本書が完成に至るまでの経緯について述べたい。私事を記すことを、どうかご容赦いただきたい。

　私は中国人の両親のもと、一般的な中国家庭で生まれ育った。小学校卒業までは吉林省長春市で過ごした当時、私の日本に対する印象といえば、漫画やアニメ、有名な日本人サッカー選手に加え、学校行事の映画鑑賞会で観た抗日映画（『地道戦』や『地雷戦』など）や長春市に数多く残る満洲国時代の建築物といった歴史関係のものくらいだった。

　私が8歳過ぎた頃、第一汽車（中国の自動車メーカー）で働いていた父が急逝し、その数年後、母は日本人の継父と再婚した。こうして13歳の私は、日本に移り住むことになった。日本語が全く話せなかったため、学校生活に馴染むのは決して容易ではなかったが、よい先生方や友人に恵まれた。特に高校3年間は、「国際文化科」という多様性を受け入れる国際色豊かな学科に所属していたこともあり、自己のアイデンティティ形成期においても、中国人であることを隠す必要がなく、充実した学校生活を送ることができた。このような高校時代の経験が影響し、宇都宮大学国際学部を進学先に選んだ。

　大学時代に内山雅生先生との出会いが、その後の私の人生を大きく変えてくれた。学部2年の前期に、「楽をしよう」という浅はかな考えで、内山先生が開講していた中国史の授業を履修した。だが、想像以上に難しく途中で放棄しようとも思った。さらに、授業時間内に鑑賞した中国映画『活きる』

（原題『活着』）の後半部分を見逃したため、先生から DVD を直接借りようとしたら、嫌味を言われた上にあっさり断られた。そのことに嫌気が差した私は、なぜかそこから奮起し、「学期末にギャフンと言わせてやる」という思いで、毎回の授業を真剣に受講するようになった。そうすると、次第に授業の面白さと内山先生の魅力に引き込まれ、はじめて歴史学の勉強が楽しいと感じるようになったのである。それ以来、先生が開講する講義をすべて履修し、自然な流れで「内山ゼミ」を選んだ。先生の指導を受ける中で、戦時期における日本人の中国農村調査や 1990 年代以降の再調査からみえる中国農村社会の奥深さや、先生が常々口にしていた「一つの村から中国社会の全体がみえる。そして、一つの中国の村から世界が語れる」という言葉に強烈な印象を受けた。それはまた私が中国農村社会に興味を持つきっかけとなった。学部 4 年の留学中に、調査で訪中していた先生と北京友誼賓館で面談し、「卒論で満洲の雇農について書きたいです」と相談したところ、先生は非常に面白がって背中を押してくれた。先生と 2009 年末に相談して決めた卒業論文のテーマが、本書の出発点ともいえる。

　大学卒業後、一橋大学大学院社会学研究科に進学し、修士課程および博士課程を通じて 7 年間にわたり佐藤仁史先生のご指導をいただいた。内山先生が私の「生みの親」だとすれば、佐藤先生は「育ての親」ともいえる存在である。佐藤先生から最初に教わったのは、ゼミに入る前に勝気な私に向けた「研究は他人との勝負ではなく、自分との勝負である」という言葉である。今でもその言葉が心に刻まれている。先生はいつも深夜遅くまで研究の相談に乗ってくださり、論文を迅速かつ丁寧に添削し、真っ赤な状態にして返却してくださった。また、日本各地や中国大陸、台湾、香港での調査にも同行させていただき、直接現地で学ぶことも多くあった。雨の中、国立から小平までの約 5km の道のりを論文の相談をしながら歩いたことも、今ではいい思い出である。博士学位取得後も就職活動をはじめ多方面において先生に大変お世話になった。今思えば、研究についていつでも気軽に相談できる先生が身近にいたという環境は、本当に贅沢だった。私は歴史学研究に必要な知識や素質を欠いた不肖の学生だった。それでもここまで研究を進めることが

あとがき　　279

できたのは、佐藤先生の厳格なご指導と心温かい激励があったからである。

　直接指導を受けた恩師以外に、多くの先生方のご助力とご支援を賜った。宇都宮大学在学中は、内山ゼミの先輩方や同期にも恵まれた。特に、ゼミの先輩である古泉達矢先生（金沢大学）には、在学時から様々な場面で多大なご支援をいただいた。また、学部3年時には松金公正先生のゼミにも参加し、文献や論文の調べ方・選び方から、レジュメの作成、註釈の付け方に至るまで、学術研究に欠かせない基礎的なスキルを教わり、現在の研究生活において確かに息づいている。

　一橋大学在学中は、江夏由樹先生のゼミにも参加させていただき、多くの学びを得ると共に、日本や世界各地の若手研究者と知り合う貴重な機会に恵まれた。江夏ゼミで意気投合したMatthew Noellert先生（一橋大学）やDornetti Filippo先生（ミラノ大学）は、現在では共同研究者であり、家族ぐるみでお付き合いする大切な友人でもある。また、朝鮮史のゼミにも参加し、糟谷憲一先生と加藤圭木先生（一橋大学）からもご指導いただいた。加藤先生は糟谷ゼミの先輩でもあり、年齢が近いこともあって、身近な目標として修士課程の頃から多くのことを学ばせていただいた。

　宇都宮大学と一橋大学以外の先生方にも大変お世話になった。松重充浩先生（日本大学）にはこれまでの研究活動において様々なご配慮のもと常に気遣っていただいた。内山先生の紹介で2009年1月にはじめて松重先生の研究室のドアを叩いてから約16年の歳月が経った。研究の相談はもちろん、学会活動や関係者紹介、日本学術振興会特別研究員PDの受け入れなど、多方面でサポートしていただいた。弁納才一先生（金沢大学）、祁建民先生（長崎県立大学）、田中比呂志先生（東京学芸大学）には科研メンバーに加えていただき、中国各地の農村調査に参加させてもらうなど、大変貴重な経験を得ることができた。調査期間中に毎晩ホテルで開かれた「勉強会」は実に濃密な内容で、特に中国農村社会の捉え方についての議論が私の視野を大きく広げ、本書の基礎となった部分もある。林志宏先生（中央研究院）とは、2012年3月に中国東北地方での調査を共にして以来、頻繁に連絡を取り合い、台湾や中国大陸、日本国内での調査だけでなく、研究活動全般を気軽に相談で

きる心強い存在として大変お世話になった。また、中国の中山大学での研究生活は新型コロナウイルスや家庭の事情で短期間に終わってしまったが、呉浴先生や于薇先生をはじめ、諸先生方には多大なご支援をいただいた。満洲をフィールドとする私にとって、広東省での生活は何もかも新鮮で、短期間ながらも充実した日々を過ごせた。

　そして、大学院進学当初、佐藤先生から「同世代の研究仲間をみつけることが大切である」という話をうかがっていたが、幸運なことに、私は比較的世代の近い研究仲間にも恵まれた。同じ佐藤ゼミに所属していた尹国花氏（東京都立産業技術大学院大学）、大野絢也氏（静岡県立大学）、森巧氏（椙山女学園大学）は、孤独な大学院生活の苦楽を共にし、どんな些細なことでも相談できる心の支えであった。また、佐藤先生の紹介で交流が始まった香港出身の郭嘉輝氏（香港理工大学）と台湾出身の施昱丞氏（ハーバード大学）とは、同じく 1987 年生まれ（「87 組」）ということもあり、日頃から連絡を取り合いながら切磋琢磨し合う仲である。今振り返ると、みんなと酒を片手に学問について語り合ったことや時に「バカ騒ぎ」したこと、互いに研究や生活の悩みを相談し合ったことが懐かしい。

　2013 年夏に同世代の大学院生を中心に「満洲の記憶」研究会を結成し、10 年以上にわたり満洲引揚者や中国残留日本人の関係史資料の収集や聞き取り、研究成果の発信に努めてきた。飯倉江里衣氏（金沢大学）、大石茜氏（松山大学）、甲賀真広氏（名古屋商科大学）、佐藤量氏（立命館大学）、湯川真樹江氏（滋賀大学）をはじめ、研究会のメンバーからは大変良い刺激を受けてきた。発足当初、メンバーのほとんどが大学院生であったため、すべてが手探り状態で始まった。試行錯誤しながら遠回りしたこともあったが、その過程も重要な成長の糧となっている。また、他分野の優れた若手研究者との交流は、私の視野や問題意識、研究方法、満洲に対する理解をさらに豊富なものにしてくれた。今後も研究会のメンバーと共に、研究成果を積極的に発信していくことが楽しみである。

　上述した先生方や研究仲間以外も、多くの方々から様々な学恩を受けた。名前を逐一は列挙しないが、皆様からご教授やご支援、ご援助があったから

こそ、本書を刊行することができた。両恩師をはじめ、皆さんからいただいた学恩はあまりにも多く、どう恩返しできるかもわからないぐらいである。いつか自立した一人前の研究者として認めてもらえるように、研究活動を続けていくことが、今の自分にできる最大限のことである。

そして、本書の刊行に際しては、令和6年度科学研究費助成事業（研究成果公開促進費・24HP5077）から助成を受けた。また本書の元になった研究においては、霞山会（派遣留学）や岡村育英会（給付型奨学金）、日本学術振興会（特別研究員奨励費DC1・PDおよび研究スタート支援、若手研究）、富士ゼロックス小林基金、慶應義塾大学（学事振興資金）からの助成を受けている。関係各位に深く御礼を申し上げる次第である。

出版にあたっては、慶應義塾大学出版会の村上文さんに大変お世話になった。入稿が大幅に遅れた上、ゲラの段階でもかなり修正を加えたことで、多大なご負担とご迷惑をおかけした。村上さんのご尽力と励ましがなければ、本書の刊行は叶わなかったであろう。また、慶應義塾大学出版会に本書の出版をお願いした背景には、一橋大学糟谷ゼミの先輩である崔誠姫先生（大阪産業大学）からのご紹介があったことも記しておきたい。そして、尹氏、大石氏、大野氏、甲賀氏、佐藤氏、森氏、湯川氏には、本章の草稿および校正の段階で多くの有益なご意見をいただいた。梅村卓氏（西南学院大学）には、補論の章扉写真を提供していただいた。

最後に家族への感謝を伝えたい。どんな時でも私にとっての一番の心の支えとなったのは家族である。若くして未亡人となった母親は、当時どれだけ辛かったのか、家庭を持った今でさえ私には想像することができない。それでも前向きに私を育ててくれた母は、継父との再婚も子どもの将来を思っての決断だったのだろう。おそらく、家族は私が何を研究しているのかさえ理解していないだろう。それでも、とにかく何か研究らしいことに没頭している私の姿をみて、常に応援してくれた。このような家族の支えがあったからこそ、私が自由気ままに研究の道を追求することができた。この場を借りて今まで私の成長を温かく見守ってくださった母親、亡き実父・継父、弟、そして中国と日本にいる家族に謝意を表する。

結婚して、特に子どもが生まれてからは、生活の楽しさが倍増する一方で、十分な研究時間を確保するのが正直のところ、難しくなりつつある。それでも、私のために様々な工夫をして時間を確保してくれる妻と妻の両親がいるからこそ、本書をまとめ上げることができた。妻は、今の私にとって最も信頼できる相談相手であり、支えてくれる味方であり、私を一番深く理解してくれている存在でもある。また、最近2歳の長男がよくパソコンで仕事している私のところにきて「パパ、抱抱〔抱っこして〕。看看〔ちょっとみせて〕トーマス、看看アンパンマン」と強請ってくるようになった。子どもの成長の姿が何とも可愛らしく、今の私にとって何よりの癒しとなっている。これから増えていく家族との思い出を楽しみにしつつ、これまで支えてくれた妻と長男に感謝の気持ちを伝えて、筆を擱くこととしたい。

　日吉キャンパスの銀杏並木が黄金色に輝く 2024 年 12 月

菅　野　智　博

索　引

＊注および巻末付録からはノンブルをとっていない。また、「雇農」や「工夫市」、「年工」、「農家経営」など
　頻出する単語は除外した。

ア行

愛甲勝矢　35–36

アヘン　93, 178, 181, 201

天野元之助　30, 82

荒地　2, 55, 96, 176, 181

粟　3, 55–56, 64, 66, 93–94, 132, 152, 155,
　161, 183, 231

安東省　31, 150, 224–225

『安東日報』　215

石田精一　38, 53–54, 65, 71, 109, 124–125,
　136

一般調査　33, 35

『一般調査報告書』　34–35, 41, 109

移動経路　83, 87, 88–90, 97, 100, 102

伊通県　35, 110, 115, 119, 121

移動動機　82–83, 87–89, 95–98, 100, 102,
　252

移民　2, 7–10, 13, 57–59, 66, 73, 82, 120,
　127–129, 146, 150, 192, 248–249, 252

岩佐捨一　38, 173, 179, 181, 183, 189, 197,
　202–205

姻戚　90–91

牛　152, 181, 183, 203–204, 218–221, 228–
　229

馬　7, 96, 152, 181, 183, 185, 190, 192, 194–
　195, 202–204, 213, 218–221, 228–229

営口　127, 129

役畜　7, 60–61, 94, 152, 155–156, 161–162,
　165, 174–176, 178, 180, 183–193, 195, 214–
　215, 218–221, 226–230, 234–236, 250–251,
　255

沿岸　127, 130, 133

塩釐局　128

王家堡子　151, 157–159, 163

カ行

桜桃園　151, 157–159, 162–163

大上末広　30, 43

大野保　3, 35–36, 39

カ行

階級　43, 198–199, 217, 220

開墾　2, 7, 9, 16, 54–55, 57–58, 73, 85–87,
　90–91, 93, 96, 102, 112–113, 117–120, 125,
　127–129, 134–135, 137, 150–151, 156, 174–
　176, 181, 194, 219, 223, 249, 252, 254–256

開拓団　3, 185

開拓民　→満洲農業移民

懐徳県　30, 35, 111, 115, 119, 121–122

開発　2, 5, 16, 28–29, 91, 109, 112–113, 117,
　135, 137, 147–148, 150, 156, 159, 165

蓋平県　111, 113–114, 116, 121, 154, 166

開放　57–58, 96, 112, 128, 176

解放区　216–219, 221, 224, 233

家屋　3, 90, 98–99, 121, 157–158, 173, 180,
　188, 199, 205, 218–220

家計　13, 146, 154, 162, 164, 166, 177–178,
　186, 188, 224–225, 255–256

家産　178, 180–181, 197, 199

河川　127

花店　→旅館

家内工業　150

家譜／族譜　173, 177–180, 183–184, 186–
　187, 195–199, 201

貨幣経済　117

河北省　2, 87, 138–139, 146, 232

河北線　129

華北地方／華北　2, 7–10, 13, 40–42, 45, 55,
　58–59, 66, 73, 82, 87, 102, 108, 112, 119–
　120, 135, 137, 150, 155, 167, 182, 192, 216,

249, 252, 254–255

慣行　4, 32, 34, 36, 63, 111, 136, 155–156, 162, 228, 230, 235

換工　155–156, 162, 165, 227–228, 230, 235–236, 255

漢人／漢民族　2, 7, 55, 57, 66, 120

間接労働　59, 60–62, 73

看猪　→猪官児

関帝廟　69, 110, 115, 121, 128, 136

関東軍　27, 66, 120, 150, 192, 248, 252

関内　57, 93

幹部　137, 218, 223–224, 227–228, 233–234

管理者　114–115, 120–121, 131, 135–136, 184

旗人　57, 95–96, 176

季節　7, 34, 72, 116, 122, 253

吉林省　28–31, 56, 91, 176, 231–233

牛具　→挿犋

旧支配層　233, 236

教員　96, 99, 157–158, 163, 187–188, 194

供給地／供給源　110, 157

共産党　15, 17, 137, 214–222, 224–227, 231, 233–237, 251, 257

業種間　10, 82

錦州　127–129, 150, 234

均分　178, 180, 203, 218–220, 227, 233, 236

均分運動　218–220

近隣　70, 72–73, 91, 155, 202, 224, 230, 235, 250, 253

近隣村落　42, 117, 119–120, 156–157, 160

苦力（クーリー）　81–82, 96, 107

苦力宿　→旅館

経営形態　8, 13, 58, 73, 83, 85–88, 95–97, 99, 101, 118, 132, 147, 151, 158, 161–162, 172–175, 182–183, 189–190, 192, 194, 249–250

警察　93, 111–112, 114–115, 120–121

警察署　111, 114–115, 120, 136

京奉鉄道　2, 57, 129, 160

経路　→移動経路

罌粟　117, 154

血縁　13, 16, 83, 102, 195–196, 253

月工　59–61, 69, 73–74, 153, 158, 163, 183–184, 189, 191–192, 194, 249, 253

県技士見習生　35–37, 115

県公署　31–32, 37, 114, 118, 194

県城　7, 31–32, 42, 58, 70, 93, 101, 108, 110–118, 120–122, 124–125, 129–130, 134–137, 147–149, 151, 156–158, 160, 166, 177, 181, 225, 254, 257

県城経済　7–8, 118

現地調査／フィールドワーク　4, 8, 15, 109, 173

現地農民／現地住民　2–4, 10–11, 14, 25, 33, 41, 248

更官児　61–62, 65, 73–74

工業　9–10, 66, 82, 146–150, 252, 256

鉱業　10, 66, 82, 146–149, 159

工業化　9, 214

工業化政策　5, 10

黄家窩堡　67–70, 166

公権力　120–121

鉱工業　157, 254

合江省　218, 225–226

耕作面積　2, 56, 132–133, 151–152, 158, 160–161, 175, 183, 185, 187–190, 192, 222

工場　30, 108, 115, 149–150, 154, 157–158, 160, 162, 166

交渉過程　110, 118, 124–125, 135, 252

高賃金　9, 87, 100, 102, 148, 157, 159, 249, 252, 256

交通　32, 58, 93, 116, 132, 175

合同　180–182, 186–188, 193, 197

口頭契約／口頭／口契約　68, 71–72, 123, 125, 253

江南地方／江南　13, 108, 146, 167, 182, 254–255

高粱　3, 56, 68, 93–94, 127, 131–133, 152, 161, 174, 183, 222

公糧　231, 234

黒山県　71, 110, 112, 114–115, 122, 127, 132

克山県　120, 136

国民党　196, 214, 217, 220–221, 224

黒龍江省　29, 56, 195, 220, 223, 226, 231–233, 236

小作　30, 54, 83, 85, 87, 94, 96, 98–99, 102, 151, 158, 161–163, 182–185, 187, 189–193, 216, 249, 250, 256

小作関係　14, 34–36, 38, 43–44, 98

小作地　84, 94–95, 99, 160, 162–163, 176, 186, 190, 192

小作人／小作農　3, 59, 89, 95, 151, 177, 184, 216, 249

小作料　161–163, 184–185, 187, 190, 216

五・四指示　216–218

互助合作　224, 226–228, 231–236

互助合作運動　16–17, 214–215, 226, 237, 251

互助組　137, 223–224, 228–237, 251

胡仙　199, 201

国共内戦　6, 196, 214, 216–219, 222, 224, 227, 233, 251

戸別調査　32–35, 37

『戸別調査之部』　33–35, 67–68, 83–84, 86, 89–90, 96, 158, 161, 179, 183, 187, 192

小麦　56, 64–65, 93–94, 131–133, 174, 183, 222, 229

呼蘭県／呼蘭　37–38, 65, 111, 136, 219–220

跟做的　60–61, 65, 67–68, 73, 228

サ行

蔡家窩堡　91–94, 96–97, 99, 101, 171–173, 176, 180–183, 189, 192, 194–195, 197

蔡家／蔡氏　93, 95–96, 176–177, 182, 201

最盛期　114, 117, 125, 130–135

在来農法　8, 10–11

作付　2, 56, 93, 127, 152

雑役　157–158

雑業　114, 116, 118, 122, 130, 134, 137, 158, 163, 194–195, 229, 250

佐藤大四郎　93

佐藤武夫　38

山海関　2, 129

産業化　16, 147, 156–157, 160, 165–166, 255

参事官　31–32, 39

山東省／山東　2, 9, 82, 87, 96, 115, 119–120, 137, 148, 232

サンプル調査　28–30, 40

塩見友之助　30

自家労働力　59, 93, 108, 119, 153, 158, 161–162, 164, 175, 178, 183–185, 187–189, 191–194, 201, 250, 254

自願　234, 237

自然環境　6, 8, 11–14, 54, 156, 175, 193–194, 227, 233, 252, 254, 256

自然災害　42, 82, 117, 134–135, 164

七・七指示　218

市鎮　110, 112, 116–118, 135, 137, 149, 156, 166

祠堂　195, 199–201

地主　8, 11, 94–96, 99, 114–115, 121, 132, 146, 158, 160, 162–163, 172, 182–185, 187, 190–191, 193, 198–199, 216–218, 220, 227, 237, 250

地主化　10, 185–187

社会関係　13, 15–16, 34, 55, 67, 70–71, 74, 82–83, 89–91, 98, 100, 102–103, 197, 249–250, 253

収穫　59, 61–62, 65, 69, 74, 108, 131–133, 139, 230–231

銃器　180–181

就業機会　9, 165, 252, 256

収支差引　161–163, 186–187

住持　110–111, 115, 121, 128, 136

手工業　12, 146–147, 254

受動的／受動性　10, 12, 82, 135, 252

春耕　190, 222, 226–230, 233

索　引　　287

焼鍋　117, 150, 157–158

商業　2, 12, 28, 58, 117, 147, 181–182, 254

小経営農家　84, 94, 119, 146, 155–156, 165, 175–176, 182, 184–186, 188–191, 194, 227, 235–236, 250, 255–256

商工業　112, 116, 118, 146, 182, 256

松江省　218, 221, 224

小店　→旅館

小半拉子　61–62, 67–68

商品作物　10, 94, 154, 165–166, 255

植民地支配　4, 11, 13–15, 150, 172, 254

食糧　3, 11, 63–64, 214, 218, 222–223, 231, 234, 236, 251

食糧・原材料供給基地　3–4

女性動員　224–226, 237

女性労働力　153, 156, 162, 164–165, 176, 222, 224–226, 234, 236, 251, 255

除草　59, 61–62, 65, 69, 74, 123–124, 131–133, 153, 174, 222, 230

職工　149, 157–158

四隣村落　112, 114–115, 131, 135–136

新京　149

親戚　67–68, 70–72, 74, 90–91, 96–97, 100–103, 196, 235, 249, 252–254

親族　88, 90–91, 96–97, 100, 102, 202–203, 252–253

清朝　2, 57–58, 112, 127, 130

人的ネットワーク／ネットワーク　88, 90–91, 102, 252–254, 257

新民県　71, 110, 112–114, 116–117, 127, 159, 166, 234

信頼関係　64, 69, 72, 102

森林　2, 28, 30, 42

水害　88–89, 96, 98, 114, 117, 127, 129–130, 132, 186

綏化県／綏化　37–38, 64–65, 71, 91–93, 96–97, 99, 101, 124, 171–173, 176–177, 195–197, 199, 233

随当　→跟做的

犁　152, 181, 203, 219, 228–229

鈴木辰雄　30, 44

製塩　127

生活環境　89–90, 97, 100, 102, 252

生活困難　88–89, 95–96, 98, 100–102, 249

生活の営み　4, 8, 248

生計　54, 59, 103, 127, 132, 146, 160, 163, 180–182, 184–185, 187, 197, 250, 256

成工　61–62, 67–68

生産手段　177, 181, 188, 193, 218

生産性　9, 180, 185–186, 188, 190, 193, 219, 255

製粉業　150

世界恐慌　3, 177, 182

積極分子　216, 222, 226, 228

セメント工場　157–158, 160

前三塊石屯　145, 147, 151–152, 154–155, 157–159, 161, 164, 166, 194

前住地　83–87, 89, 91, 96, 98–99, 101, 253–254

戦争支援　223–224

挿犋／搭具／牛具　154–156, 161–162, 165, 227–230, 235–236, 255

蒼家／蒼氏　93, 95–98, 172–174, 177–185, 187, 189, 191–193, 195–202, 205

相互扶助　176, 178, 191

双城県　96, 119, 176, 221

宗族　16, 172–173, 182, 193, 195–196, 201–202

族人　176–178, 186, 193, 196–198, 201

粗放的　9, 12, 174, 222

タ行

第1回調査／第1回農村実態調査　33–37, 39, 42, 58, 87, 173, 197

大経営農家　61, 69, 74, 91, 94–95, 99–100, 117, 135, 151, 156, 164–166, 172, 174–175, 182, 185–188, 190–191, 193–194, 198, 214, 227, 236, 251, 253, 255–256

大師傅　61-62, 65, 73-74

大車　32, 93, 152, 181, 190, 194-195, 219-220, 223

大豆　2-4, 7-8, 12, 55-56, 93-94, 116, 127, 131-133, 150, 152, 161, 174, 183, 222, 231, 249

大同学院　29, 37, 39, 45

第2回調査／第2回農村実態調査　31, 34-36, 58, 67, 88, 109

大農経営　8-9, 16, 85, 156, 165, 188, 214, 227, 230, 233, 236, 250-252, 255

大半拉子　61-62, 67-68, 70

大連　107

台湾　28, 41, 195-196, 198, 201

打頭的　53, 60-62, 65, 67-68, 72-73, 227-228, 230

炭鉱　135, 148-150, 154, 157, 162-163, 166, 253

男性労働力　61, 153-154, 162-164, 184-188

治安　15, 31-32, 42, 66, 93, 98, 109, 112, 114, 120-121

地域間　9-10, 82, 88, 252-253

地域経済　7-8, 12, 109, 159

地域社会　6-8, 16, 57, 109-110, 125, 127, 134, 146-147

畜糞　61, 223

知人　16, 67-68, 70-71, 74, 83, 88, 90-91, 97-103, 177, 249, 252-254

斉斉哈爾　149-150

仲介人／仲介者／仲介役　102, 111, 121, 135, 250

中共中央　217-218, 221

中国農村慣行調査　41, 108

中国本土　2, 13-14, 137, 196, 249, 254

中東鉄道　2, 57

調査員／調査者　3, 15, 31, 33, 35, 37-38, 41-45, 63, 98, 103, 122, 153, 174-175, 177, 186

肇州県　32

朝鮮人　56, 114

徴兵　222

帳簿　63-64, 120, 202

朝陽県　35, 110, 112-115, 117, 121-122, 166

猪官児　61-62, 65, 67-68

直接労働　59-61, 73, 187

地理的　91, 117, 127, 151, 255

出稼ぎ　10, 13, 66, 82, 119-120, 132, 137, 148, 153, 162-164

鉄西地区　150

鉄道　2, 7-8, 15, 32, 42, 57-59, 66, 73, 93, 113-114, 117, 121-122, 125, 128-131, 134-135, 137, 146-149, 156, 160, 166, 194, 249, 252, 255

鉄道駅　58, 129-130, 166, 254

鉄道沿線　15, 32, 42, 58, 113, 129-131, 137, 149, 156, 160, 166, 255

鉄道敷設　2, 7, 57, 73, 113, 117, 122, 128, 134-135, 146-148, 249, 252

鉄嶺県　35, 114-115, 116, 121

転出　88, 94, 97-99, 101

転入　94, 98-101

動機　→移動動機

同郷　90-91, 103, 254

東北行政委員会　221-222

東北局　217-218, 221, 224, 226, 234

『東北日報』　215, 228

トウモロコシ　3, 55-56, 66, 93-94, 183, 231

土建業　109, 114-118, 121-122, 130, 134, 137, 147, 158, 250, 252

都市　12, 122, 137, 148-151, 156, 166-167, 247, 254, 257

土壌　9, 39, 127, 132, 146, 174, 220

土地改革　8, 16-17, 198-199, 213-220, 226-228, 230, 233, 236, 251

ナ行

日露戦争　4, 27-29, 117

日工　53, 59-60, 62-65, 71, 73, 96, 101, 108-

111, 114, 117, 121–122, 128, 153–154, 158, 162–163, 183–184, 187, 189, 191–192, 194, 249–250

日中戦争／日中全面戦争　3, 66, 217

日本植民地研究　5–6, 10, 13, 15

娘々廟　69

人間関係　15, 90, 97, 100, 103, 110, 197, 235, 253

農家収支　14, 29, 70, 186–187

農家略歴表　33, 83, 89–90, 96

農閑期　38, 42, 114–117, 122, 130, 136, 157, 162, 250

農業外就業　16, 90, 145, 147, 154, 156–167, 187, 194–195, 250–251, 254–256

農業外諸産業　9, 66, 88, 146–147, 150, 156–157, 165–166, 192, 251, 256

農業慣行　154–156, 164–166, 251, 255

農業セクター　13, 146, 160, 252, 257

農具　34, 36, 38–39, 94, 123, 152, 155–156, 162, 165, 175–176, 178, 180–181, 183–185, 187, 189–193, 195, 214, 218–221, 223, 226–229, 234–236, 250–251, 255

農作（耕作）サイクル　122, 125, 132–135, 164, 250

農事試験場　30, 37, 39, 114, 136

農村経済　8, 12, 16, 41, 108, 147, 165, 167, 254–255

農村実態調査　14, 16, 25, 27, 29–31, 33–45, 58, 63, 67, 83, 87–88, 109, 111, 115, 173, 197, 248

能動的／能動性　12, 82, 252

農繁期　59–62, 69, 74, 108, 110, 114–118, 120, 122, 125, 131–136, 153, 155–156, 162–164, 174–175, 191, 195, 222, 230, 249–250

農法　3, 8–12, 14, 39, 55, 156, 165, 174–175, 193–194, 222, 227, 233, 235, 252, 256

農民層分解　11, 172–173, 194, 254

農務会　32, 115, 121

野間清　30, 40–42, 44, 220

嫩江省　198, 218, 221

ハ行

播種　34, 62, 65, 72, 131–133, 152, 174, 229

八旗　57, 93, 176, 199

把頭　60, 114–115, 121–122, 135, 147, 162–163

払い下げ　57–59, 112–113, 175–176

哈爾濱　32, 111, 150, 176

盤山県　109–110, 113–114, 121, 125–134

匪賊　31, 42, 93, 96, 175

非農業セクター　9, 12–13, 146–147, 160, 252, 254, 257

廟／寺廟　108, 110–112, 114–115, 121, 128, 199

肥料　9, 61, 161, 174–175, 223

濱江省　31, 38, 91, 150

封禁政策　2, 57, 112

風俗　4, 57

副業　60, 146, 150, 194, 224–225, 254–256

不在地主　132, 172

豚　1, 61, 67, 181, 225

プッシュ要因　100, 134

富農　8, 11, 146, 172, 218, 220, 237

プル要因　134

分割相続　182, 193–194, 256

分家　16, 89, 94–95, 97, 171, 173, 176–186, 188–194, 197–199, 202–205, 256

分書　173, 177–178, 180, 202–204

分配　13, 109, 137, 160, 180, 213, 217–221, 223, 228, 236, 250, 255

貿易市場　128, 130

奉山線　129

紡織　149

奉天　129, 149–151, 166

奉天省　29, 31, 149, 151, 176

捕魚　127

北安県　227, 229

牧草地　2

保証人 68, 70-72, 74, 90, 102, 250
牡丹江 31, 150, 223, 228, 230
『牡丹江日報』 215
渤海 127, 130

マ行

満洲移民 →満洲農業移民
満洲経営 4-5, 248
満洲国建国 3-4, 150, 180
満洲国政府 14, 29-30, 35, 66, 112, 120, 150
満洲国成立 27-29, 40, 113, 115
満洲産業開発永年計画案 27
満洲産業開発五カ年計画 27, 37, 66, 149
満洲人 55, 57, 66, 73, 120
満洲農業移民 3-4, 10-11, 14, 185, 248
満鉄 14, 28-31, 33, 37, 39, 45, 56, 82, 113,
    148, 160, 173, 194, 257
満蒙開拓民 →満洲農業移民
明代 128, 131, 148
棉花 3, 152-154, 159-160, 166, 255

ヤ行

友人 72, 88, 90, 97-98, 100, 103, 252-254
有力者 32, 120-121, 135
油房 117, 150
油坊業 150
余剰労働力 117-119, 132, 135, 137, 146,
    162, 164, 166, 251, 254

ラ行

騾 152, 181, 185, 192, 202-204, 221, 229

龍江省 31, 136, 218
糧桟 116-117, 130, 182
遼西 57, 129
流通 2, 7-8, 32, 113, 116, 118, 173, 248
遼中県 67-69, 113-114, 166
遼東 57, 127
『遼東日報』 215
遼寧省 56, 125, 231-233
遼陽県 113, 145, 147, 151-152, 157-161
遼陽紡績会社 158-160
旅館 112, 114, 120-121, 136
臨時産業調査局／産調 14, 16, 27, 29-31,
    33, 35, 37, 39-41, 45, 58, 63, 111, 115, 148,
    248
零細化 9, 84, 117, 119, 134-135, 137, 146,
    152-153, 156, 163-167, 177, 182, 189-191,
    193-194, 233, 235-236, 250-252, 254-256
歴史的な経緯 6, 12-13, 193, 227
労働手段 152, 156, 163, 165-166, 174-175,
    177, 180-181, 184-185, 188, 191, 193-194,
    215, 234-235, 250, 255-256
労働条件 54-55, 62, 88-90, 95-98, 100, 102,
    134-135, 252-254
労働政策 66, 252
労働模範 222-226, 228, 236
労働力不足 66, 99-100, 110, 116, 125, 150,
    184-185, 192, 222, 224-226, 251-252, 256
驢 152, 181, 221, 229
老板子 60-62, 65, 73

菅野 智博（かんの　ともひろ）
慶應義塾大学経済学部准教授。
1987 年中国吉林省生まれ。東北師範大学歴史文化学院での留学を経て、
2011 年宇都宮大学国際学部国際文化学科卒業、2013 年一橋大学大学院
社会学研究科修士課程、2018 年一橋大学大学院社会学研究科博士後期
課程修了。博士（社会学）。日本学術振興会特別研究員 DC1 および PD、
中山大学歴史学系（珠海）副教授を経て、2021 年より現職。専門は中
国近現代史、東アジア近現代史。
共編著に『戦後日本の満洲記憶』（佐藤量・菅野智博・湯川真樹江編、
東方書店、2020 年）、『崩壊と復興の時代──戦後満洲日本人日記集』
（佐藤仁史・菅野智博・大石茜・湯川真樹江・森巧・甲賀真広編著、東
方書店、2022 年）など。

満洲の農村社会
──流動する労働力と農家経営

2025 年 2 月 25 日　初版第 1 刷発行

著　者───菅野智博
発行者───大野友寛
発行所───慶應義塾大学出版会株式会社
　　　　　〒 108-8346　東京都港区三田 2-19-30
　　　　　TEL〔編集部〕03-3451-0931
　　　　　　〔営業部〕03-3451-3584〈ご注文〉
　　　　　〔　〃　〕03-3451-6926
　　　　　FAX〔営業部〕03-3451-3122
　　　　　振替　00190-8-155497
　　　　　https://www.keio-up.co.jp/
装　丁───辻　聡
印刷・製本──株式会社理想社
カバー印刷──株式会社太平印刷社

Ⓒ2025 KANNO Tomohiro
Printed in Japan　ISBN 978-4-7664-3010-3